인디자인을 위한 GREP

인디자인을 위한 GREP
GREP FOR INDESIGN

2014년 12월 29일 초판 발행 ❍ 2015년 3월 27일 2쇄 발행 ❍ **지은이** 윤영준 ❍ **펴낸이** 김옥철
주간 문지숙 ❍ **편집** 김민희, 민구홍 ❍ **디자인** 안마노, 이현송 ❍ **마케팅** 김헌준, 이지은, 정진희, 강소현
인쇄 스크린그래픽 ❍ **펴낸곳** (주)안그라픽스 우413-120 경기도 파주시 회동길 125-15
전화 031.955.7766(편집) 031.955.7755(마케팅) ❍ **팩스** 031.955.7745(편집) 031.955.7744(마케팅)
이메일 agdesign@ag.co.kr ❍ **홈페이지** www.agbook.co.kr
등록번호 제2-236(1975.7.7)

이 책의 국립중앙도서관 출판예정도서목록(CIP)은 서지정보유통지원시스템 홈페이지(seoji.nl.go.kr)와
국가자료공동목록시스템(www.nl.go.kr/kolisnet)에서 이용하실 수 있습니다.
CIP제어번호: CIP2014038009

ISBN 978.89.7059.783.6(13560)

인디자인을 위한 GREP

GREP for InDesign

윤영준 지음

안그라픽스

시작하며

글의 구조를 시각화하는 편집디자인은 일종의 문자 데이터 처리
과정이다. 레이아웃에 맞춰 글을 배치하고, 문단의 성격에 따라
서식을 달리하고, 병기된 영문을 첨자로 만들고, 글꼴을 섞어
쓰기도 한다. 이렇게 편집디자인에는 다양한 층위의 문자 데이터
처리 과정이 존재한다. 이런 특징 덕분에 편집디자인은, 문자가
배열된 규칙을 표기하는 메타언어인, 정규표현식을 활용할 수
있는 유일한 디자인 분야다.

　정규표현식은 현재 프로그래밍 분야에서 광범위하게 활용되고
있지만 그 기원은 전산 분야가 아닌 1940년대 신경생리학자
워렌 맥쿨로흐(Warren S. McCulloch)와 월터 피츠(Walter
Pitts)의 신경계 모델 연구에서 찾을 수 있다. 그 후 수학자 스티브
클리니(Stephen C. Kleene)는 이 모델을 기술하기 위한 표기법을
고안했는데, 그것이 정규표현식의 시초가 되었다. 수학 이론으로
연구되던 정규표현식이 전산 분야에 도입된 계기는 1968년 켄
톰슨(Ken Thompson)의 논문으로 추정된다. 현재에 이르러서는
다양한 종류의 정규표현식이 프로그래밍 분야에서 사용되고 있다.
그리고 정규표현식의 한 종류인 GREP(General Regular Expression
Parser)은 어도비 인디자인(Adobe InDesign)에 성공적으로 도입
되었다.

　GREP의 원래 목적은 검색 및 치환이지만 인디자인 실무에서는
일종의 개인화된 자동화 메뉴로 기능한다. 자신의 작업 방식에
맞게 GREP을 익혀두면 원고를 복사해 붙여넣기만 해도 어느

정도 완성된 형태의 편집물을 만들 수 있으며, 자주 쓰는 GREP을 저장해놓으면 나만의 플러그인을 추가해 쓰듯이 활용할 수 있다. 그뿐 아니라 단락 및 문자 스타일과 연동해 다양한 디자인 효과를 낼 수도 있다.

GREP을 활용하지 않는다고 편집디자인을 하지 못하는 것은 물론 아니다. 하지만 인디자인이라는 강력한 편집 프로그램이 제공하는 기능을 놔두고 일부러 '삽질'을 할 필요는 없다. 편집 규칙을 일일이 적용하기 위해 반복하던 작업들을 GREP에 맡기면, 작업 시간을 단축하고 디자이너의 실수도 줄일 수 있다. 게다가 단축한 시간만큼 작업물의 질을 높이고 세부를 손볼 수 있으므로 책의 완성도도 높일 수 있다. GREP을 활용해 작업하기 시작하면, 그전과는 다른, 새로운 편집디자인을 경험할 수 있다.

GREP이 다른 분야에서 가져온 개념이다 보니 디자이너가 배우기 까다로운 면이 있다. 이런 어려움을 조금이나마 해소하기 위해 GREP에서 작성되고 적용되는 원리를 보여줄 수 있는 예제와 도표에 중점을 두고 집필했다. 이 책을 읽을 때는 예제로 쓰인 정규표현식과 검색 결과를 비교하면서 GREP의 문법을 이해하려고 노력하는 것이 중요하다. 도표를 볼 때는 세세한 부분을 따라가기보다는 전체적 흐름을 머릿속에 그리면서 이해하는 쪽이 도움이 될 것이다. 기존의 GREP은 주로 영문을 다루기 때문에 한글에 적용할 때 필요한 약간의 편법을 추가했다. 또한 인디자인에서 달라지거나 추가된 GREP 문법을 보완하기 위해 노력했다.

이 책은 앞의 내용을 바탕으로 뒤의 내용을 설명하기 때문에 중간에 필요한 내용만 읽는다면 GREP의 전체 문법을 파악하기가 어렵다. GREP의 원리를 이해하는 것이 가장 중요하므로 책을 처음부터 끝까지 꼼꼼히 읽어보기 바란다. 실제 편집디자인에서 사용하는 GREP은 '문법'편에 수록한 예제의 난이도까지 요구하지는 않는다. 이 책을 이해할 수 있다면 실무에서는 수월하게 GREP을 활용할 수 있을 것이다.

이 책이 나오기까지 많은 분의 도움을 받았다. 먼저 책의 발간을 허락하고 많은 아이디어를 내주신 안그라픽스 문지숙 편집주간, 안마노 디자이너, 이현송 디자이너, 민구홍 편집자님께 감사드린다.

김민희, 민구홍 편집자님은 두서없는 글을 자연스럽게 수정하고 독자가 이해할 수 있는지 내용을 꼼꼼히 검토해주었다. 안마노, 이현송 디자이너님는 까다로울 수 있는 책의 디자인을 명쾌한 형태로 만들어주었다. 인사이트 한기성 사장님과 일했기에 다양한 GREP을 실무에 적용해볼 수 있었고 이 경험이 책의 밑바탕이 됐다. 송우일 편집자님이 저작권 문제를 해결해주어 원안에 가깝게 책이 나올 수 있었다. 박승철은 개발자로서 프로그래밍과 관련된 내용을 리뷰해주었고, 스튜디오 보싸 이경원은 이 책의 부록 구성에 대한 중요한 조언을 해주었다. SADI 서효정 교수님과 mykc 김기문, 김용찬의 조언과 응원도 많은 의지가 되었다. 아이디를 밝힐 순 없지만 SNS에 올린 질문에 B모님이 답변해주어 책을 쓰는 데 도움이 되었다. 고마움을 어떻게 전해야 할지 모르겠다.

마지막으로 양가 부모님과 가족에게 지면을 빌어 사랑한다는 말을 전한다. 원고를 검토해주고 온갖 투정을 받아준 아내 김선희에게 이 책을 바친다. 아내가 없었다면 이 책은 나오지 못했을 것이다.

2014년 12월
윤영준

용어 설명

이 책에는 비슷한 의미를 지닌 다양한 용어가 나온다.
편집디자인과 인디자인 용어뿐 아니라 프로그래밍 분야에서
사용하는 용어와 한국어 문법과 관련된 용어도 일부 나온다.
기술적 설명을 하기 위해 비슷한 용어를 구분해 쓰거나, 설명의
편의를 위해 이 책에서만 통용되도록
정의를 변형하기도 했다.

문자와 관련된 용어

문자 화면이나 지면상에 보이는 낱개의 한글, 영문, 한자, 숫자, 기호, 공백 등을 말한다.

단어 분리해 자립적으로 쓸 수 있거나 이에 준하는 말로, 조사도 단어에 포함한다.

어절 한글의 띄어쓰기 단위를 말한다.

기호 여기서는 소릿값이 없는 문자를 말한다. 문장부호, 산술기호, 번호, 발음기호 등이 해당한다.

글리프 문자의 형태에 초점이 맞춰진 용어로, 인디자인 [글리프] 패널에 보이는 모든 문자가 글리프에 해당한다.

검색어 찾고자 하는 문자를 나타내는 메타문자와 일반문자를 말한다.

규칙과 패턴 문자가 일정한 법칙에 따라 배열된 상태를 규칙이라고 하며, 이를 GREP으로 표기한 형태를 패턴이라고 한다.

문자 종류와 관련된 용어

공백 스페이스 키를 눌러 입력하는 공백과 [문자] ▶ [공백삽입]으로 입력하는 모든 공백을 말한다.

줄바꿈 문자 리턴 키를 눌러 입력하는 줄바꿈 문자와 [문자] ▶ [줄바꿈 문자 삽입]으로 입력하는 모든 줄바꿈 문자를 말한다.

영숫자 영문과 숫자를 말한다.

영문자/영문 알파벳을 말한다.

프로그래밍 용어

메타문자 문자가 배열된 상태를 표기하는 특수문자를 말한다. 인디자인에는 'GREP 메타문자'와 '텍스트 메타문자' 두 종류가 있으며, 대개 GREP 메타문자를 의미한다.

일반문자 특수한 용도 없이 사용하는 보통의 문자를 말한다.

쿼리 '질의어'라고도 하며, 여기서는 GREP과 관련 서식의 설정을 언제든지 불러와 사용할 수 있도록 저장한 것이라고 생각하면 된다.

아스키 영문 문자 정보를 전송하는 문자 인코딩을 말한다. (부록 3, 부록 4 참조)

유니코드 전 세계 모든 문자를 다룰 수 있게 만든 문자 인코딩을 말한다. (부록 3, 부록 5 참조)

인디자인 용어

문서 하나의 인디자인 파일을 말한다.

스토리 하나 혹은 서로 연결된 여러 개의 텍스트 박스를 말한다.

서식과 스타일 문자나 문단에 부여한 타이포그래피 설정을 서식이라고 하며, 이를 인디자인에 저장해놓은 것을 '스타일'이라고 한다. 이 책에서 스타일은 '문자 스타일'과 '문단 스타일'을 가리킨다.

단락과 문단 인디자인 메뉴나 기능에 관련된 용어에는 '단락'이란 말을 사용하며(단락 스타일, 단락끝), 그 외의 문법적 단위의 의미로 사용할 때는 '문단'을 사용한다.

일러두기

이 책의 '문법'편과 '활용'편에 사용된 예문은 대부분 한국어 위키백과(ko.wikipedia.org)와
영문 위키백과(en.wikipedia.org)에서 발췌해 수정한 것이며, 그 외에는 필자가 쓴 글이다.
몇몇의 예문에는 실무에서 겪을 수 있는 일반적인 상황을 설명하기 위해 안그라픽스 편집 지침을
적용하지 않았다.

이 책의 '문법'편 순서는 『손에 잡히는 정규표현식』(벤 포터, 김경수 옮김, 인사이트)을 참고했다.

시작하며
용어 설명

1부 기초

2부 문법

1 문자 검색

2 범위 검색 1

3 범위 검색 2

4 수량자

1부

기초

1부에서는 GREP이 무엇인지 설명하고 어떤 방식으로 사용되는지 알아본다. 본문 중 GREP은 별색으로 구분하고, 기호를 병기할 때는 소괄호를 이용해 기호를 병기했다. 인디자인에 GREP이 도입된 것은 CS3부터지만 CS4에서 기능이 확장되었고, CS6에서는 문법이 일추가되었다. GREP을 제대로 활용하기 위해 CS4나 그 이후 버전 사용을 권장한다. 또한 이 책의 단축키는 OS X을 기준으로 한다. 윈도우 단축키는 Cmd 대신 Ctrl을, Opt 대신 Alt를 사용하며 GREP에 사용된 역슬래시(\)는 원(₩)기호로 바꿔 작성한다.

GREP이란

GREP은 General Regular Expression Parser의 약자로, 컴퓨터 운영
체제 중 하나인 유닉스(UNIX)에서 사용하는 정규표현식(Regular
Expression, ReGex)이다. 정규표현식은 텍스트 패턴을 표기하는 공식
으로, 텍스트 편집기와 프로그래밍 언어에서 사용하는 검색 및 치환
을 위한 규칙이다. 인디자인 역시 텍스트를 다루므로 정규표현식을
사용하는 기능이 도입되었고 이 기능을 통칭해 'GREP'으로 부른다.
먼저 GREP이 어떤 모습인지 예시로 살펴보자. 아래 GREP은 필자가
디자인을 맡은 원고를 정리할 때 사용한 GREP이다.

```
\+*[0-9]+\+
\t\s+(?=.)
(\t)(\d\.\s)(\w+
(<소제목>)(.+)(</소제목>)
(\{)([\u\1]+)(\})
·+
(\t\*)(\s)(.)
그림·\d+\.\d+
```

GREP에 익숙하지 않은 독자라면 아마 복잡한 암호처럼 느껴질 텐
데, 그 이유는 GREP을 만드는 방식이 기초적 암호 작성방법과 비슷
한데다, GREP을 이루고 있는 특수문자의 형태가 어떤 의미인지 아직
알지 못하기 때문이다. 좀 더 자세히 GREP의 구조를 알아보기 위해
위의 GREP에서 세 번째 줄에 있는 (\t)(\d\.\s)(\w+)를 살펴보자.
이 GREP은 탭을 \t로, 숫자를 \d로, 온점을 \.으로, 공백을 \s로, 한
글이나 영문을 \w+로 치환한 후 소괄호로 묶은 것이다. 그림으로 나
타내면 다음과 같다.

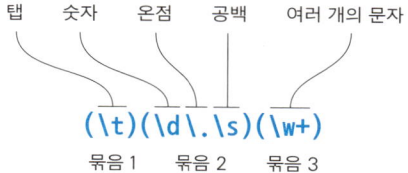

위의 GREP을 구성하고 있는 \t, \d, \., \s, \w+와 소괄호를 모두 '메타문자(metacharacter)'라고 한다. 메타문자는 문자가 배열된 규칙을 나타내기 위한 특수문자로, GREP을 배우는 것은 이 메타문자의 형태와 문법을 익히는 것이라고 할 수 있다. 메타문자는 일반문자와 달리 자신이 가리키는 문자와 형태가 다르기 때문에, 작성된 GREP을 봤을 때 한눈에 그 의미를 알기가 어렵다. 하지만 GREP을 작성하는 것은 디자이너가 찾은 규칙을 메타문자로 치환하기만 하면 되므로 GREP을 해석하는 것보다는 쉽다. 이 책을 차근차근 다 읽고 나면 GREP의 문법에 익숙해질 테니 나중에 돌아와서 16쪽의 GREP을 직접 해석해보자.

참고로 인디자인에서 사용하는 메타문자는 두 가지 종류가 있다. 이 책에서 배우게 될 'GREP 메타문자'와 인디자인에 GREP이 도입되기 전 패턴 검색에 사용하던 '텍스트 메타문자'다. 텍스트 메타문자는 주로 기호나 문자 세트, 인디자인용 특수문자 등을 검색하기 때문에 GREP 메타문자보다 기능이 제한적이며, GREP 메타문자와 형태가 달라서 구분이 가능하다. 텍스트 메타문자는 ^으로 시작하며, GREP 메타문자는 \나 ~로 시작한다. 예를 들어 탭을 검색하는 텍스트 메타문자는 ^t이고, GREP 메타문자는 \t다. 두 메타문자의 차이는 부록 2를 참고하자.

메타문자뿐 아니라 (소제목)(.+)(소제목)의 '소제목'이나 그림·\d+\.\d+의 '그림'처럼 찾고자 하는 문자 자체를 GREP에 넣을 수 있다. 이렇게 특수한 용도 없이, 원고에서 가리키는 문자와 형태가 일치하는 문자를 이 책에서는 '일반문자'라고 통칭하며, 이 일반문자를 이용해 보통의 찾기 및 바꾸기처럼 문자나 기호를 검색할 수

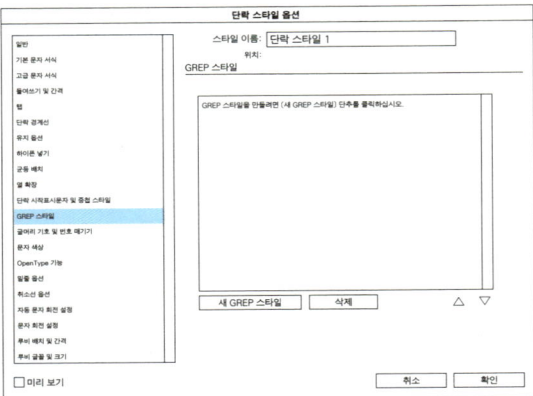

그림 1.1 [단락 스타일]의 [GREP 스타일] 탭

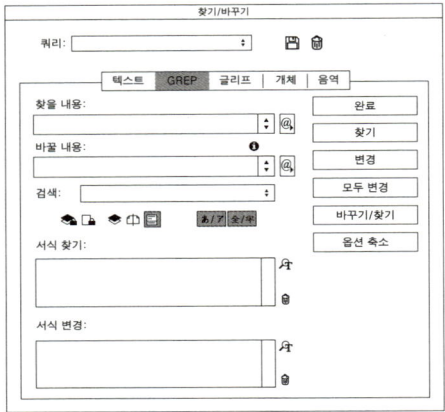

그림 1.2 [찾기/바꾸기]의 [GREP] 탭

있다. 즉, GREP은 메타문자와 일반문자를 조합해 작성한다.

인디자인에서 GREP이 쓰이는 곳은 두 군데로, 하나는 [단락 스타일 옵션]의 [GREP 스타일]이고 다른 하나는 [찾기/바꾸기]의 [GREP] 탭이다. [단락 스타일 옵션]의 [GREP 스타일]은 합성글꼴과 유사한 기능을 하며, [찾기/바꾸기]의 [GREP] 탭은 정교하고 유연한 찾기 및 바꾸기 기능을 한다. (이 두 군데를 제외하고 인디자인에서 사용하는 메타문자는 모두 텍스트 메타문자다.)

이 책에서는 GREP 메타문자를 기능에 따라 네 종류로 나눈다.

(1) 문자 검색
(2) 범위 검색
(3) 검색 보조
(4) 기호 검색

네 가지 메타문자의 전체 구성은 11장 메타문자 정리에 나와 있으며, '문법'편 1장-10장에서는 주로 (1) 문자 검색, (2) 범위 검색, (3) 검색 보조와 관련된 메타문자에 대해 알아볼 것이다. (4) 기호 검색은 사용 방법이 단순하므로 11장 내용만으로 충분할 것이다.

[단락 스타일]에서 GREP 사용하기

[단락 스타일 옵션] ▶ [GREP 스타일] ▶ [새 GREP 스타일]을 클릭하면 그림 1.3처럼 [GREP 스타일] 항목을 볼 수 있다. [스타일 적용] 옆의 [없음]을 클릭하면 그림 1.4처럼 '문자 스타일' 목록이 뜨며, [대상 텍스트] 옆의 '\d+'를 클릭하면 그림 1.5처럼 [@]이 생기면서 GREP을 편집할 수 있는 상태가 된다.

    [대상 텍스트]에 GREP을 입력하는 방식은 두 가지다. 첫 번째는 그림 1.5처럼 입력창에 키보드로 직접 입력하는 방식이고, 두 번째는 그림 1.6처럼 [@]을 누른 후 [GREP 표현식 일람]에서 필요한 메타문자를 선택하는 방식이다.

    GREP을 작성한 후 [스타일 적용]에서 필요한 문자 스타일을 선택하면, GREP이 검색한 텍스트에 문자 스타일이 적용된다. [스타일 적용]은 현재까지 만들어놓은 '문자 스타일'에서 가져올 수도 있고, 맨 밑의 [새 문자 스타일…]을 선택해 그림 1.7처럼 필요한 문자 스타일을 바로 만들 수도 있다.

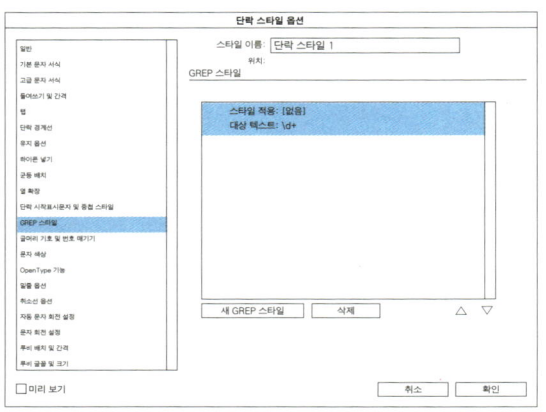

그림 1.3
[단락 스타일]의
[GREP 스타일] 항목

그림 1.4
[스타일 적용] 목록

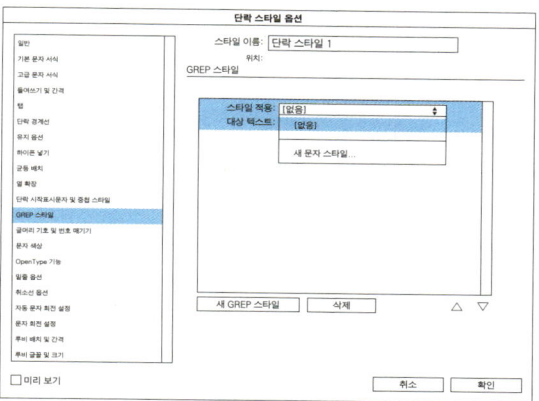

그림 1.5
[대상 텍스트]를 편집할
수 있는 상태

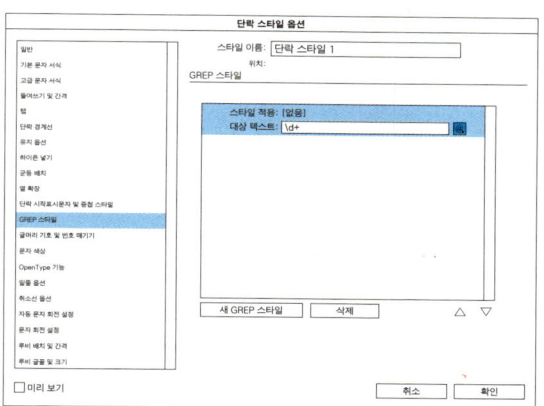

그림 1.6
[GREP 표현식 일람]

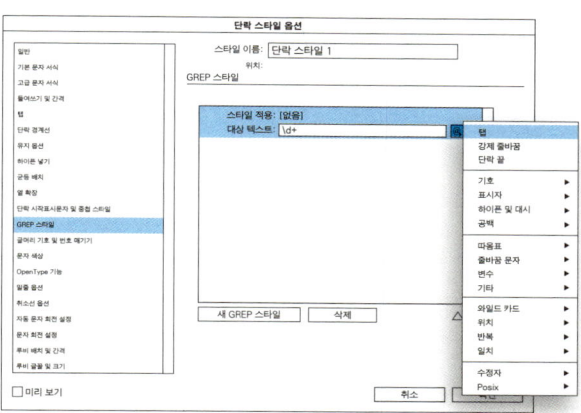

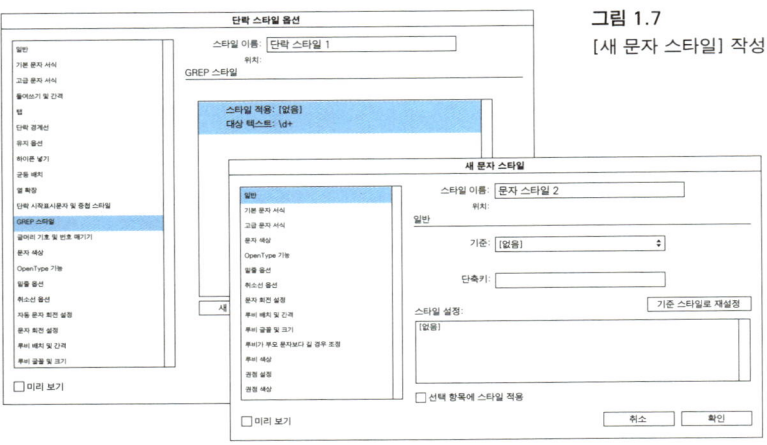

그림 1.7
[새 문자 스타일] 작성

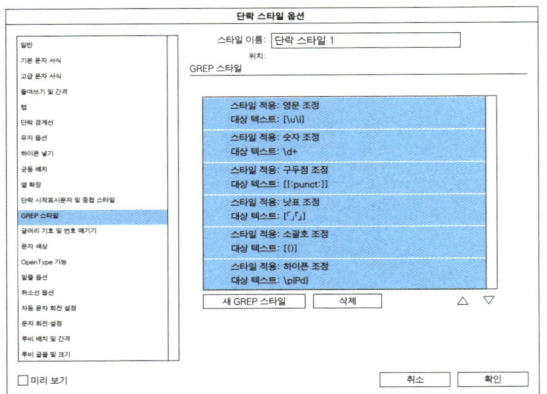

그림 1.8
여러 개의 문자 스타일 지정

[확인]을 누르면 작성한 GREP이 문단에 곧바로 적용되며, [단락 스타일 옵션] 좌측 하단의 [미리보기]를 체크하면 [확인]을 누르기 전이라도 GREP이 적용되는 것을 볼 수 있다. [단락 스타일 옵션] ▶ [취소]를 누르면 지금까지 작성한 GREP과 문자 스타일이 지워진다.

그림 1.8처럼 한 문단 스타일에 여러 GREP을 지정할 수 있으며, GREP이 검색하는 범위가 겹칠 경우 아래에 있는 GREP이 우선 적용된다. 화살표 버튼으로 GREP 스타일의 순서를 바꿔 원하는 대로 우선순위를 정할 수 있다.

[찾기/바꾸기]에서 GREP 사용하기

Cmd+F로 [찾기/바꾸기]를 열고 [GREP] 탭을 누르면 그림 1.9와 같은 대화창이 나온다. [찾기/바꾸기]의 메뉴는 다음과 같다.

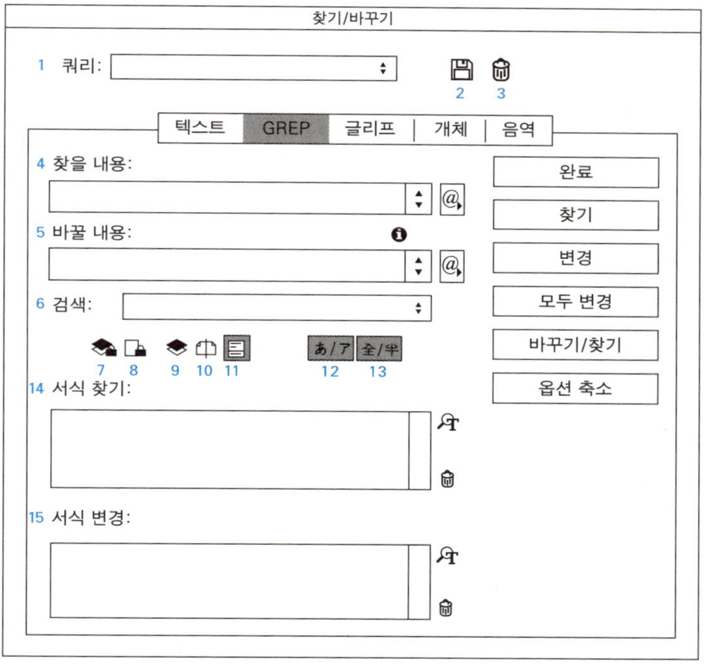

그림 1.9 [찾기/바꾸기]

1 쿼리 [찾기/바꾸기]에서 설정한 GREP과 서식(스타일)을 언제든지 불러올 수 있도록 XML 파일 형태로 저장한 것을 '쿼리(Query)'라고 하는데, 자주 쓰는 GREP을 쿼리로 저장하면 매번 GREP을 작성할 필요가 없어 편리하다. 그림 1.10은 인디자인의 기본 쿼리로, 'GREP 쿼리'뿐 아니라 '텍스트 쿼리'와 '개체 쿼리'가 같이 뜨는 것을 확인할 수 있다.

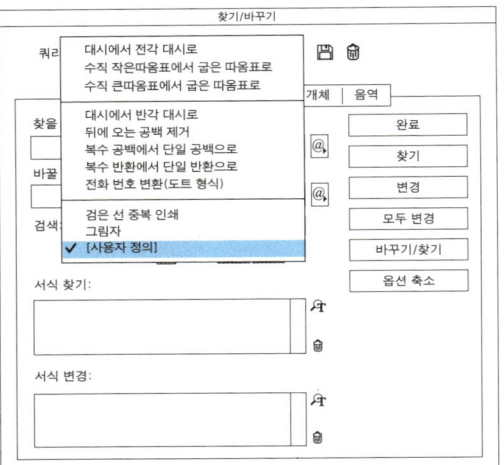

그림 1.10
[쿼리] 옵션

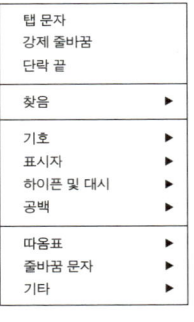

그림 1.11
[쿼리 저장]

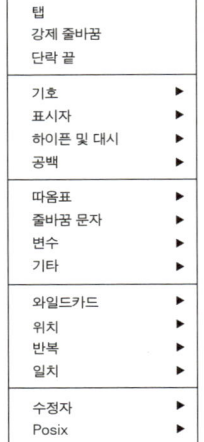

그림 1.12
[찾을 내용]의 [@]의
목록(왼쪽)과 [바꿀 내용]의
[@]의 목록(오른쪽)

24

기
초

2 쿼리 저장 [GREP] 탭에서 작성한 GREP과 설정값을 쿼리로
저장한다. 그림 1.11처럼 이름을 지정해 저장하면 나중에 쿼리를
불러올 때 편리하다. 다만, [검색] 항목은 쿼리에 저장되지
않으므로 주의한다.

3 쿼리 삭제 저장된 쿼리를 삭제한다. [쿼리]에서 삭제할 쿼리를
선택한 후 이 버튼을 누르면 쿼리가 삭제된다.

4 찾을 내용 찾고자 하는 GREP을 작성한다. 입력창에 직접 입력할
수도 있고, [@]에서 필요한 메타문자를 선택할 수도 있다.

5 바꿀 내용 치환하고자 하는 GREP을 작성한다. [찾을 내용]과
마찬가지로 직접 입력할 수도 있고, [@]에서 메타문자를 선택할
수도 있다. 그림 1.12에서 보듯이 [찾을 내용]과 [바꿀 내용]의
[@] 목록이 다른데, 상세한 내용은 부록 1을 참고한다.

6 검색 GREP으로 검색할 범위를 지정한다. 검색 범위에는
[모든 문서] [문서] [스토리] [여러 스토리] [스토리 끝까지]
[선택 항목]이 있다. 검색 메뉴는 인디자인 문서에서 선택된
항목에 따라 달라진다. (그림 1.13은 텍스트를 드래그 선택했을 때
보이는 메뉴다.)
- 모든 문서: 인디자인에 열려 있는 모든 문서를 검색한다.
- 문서: 인디자인에 열린 문서 중 작업 중인 문서 전체를
  검색한다.
- 스토리: 선택된 스토리 전체를 검색한다.
- 여러 스토리: 두 개 이상의 스토리가 선택되었을 때
  선택된 스토리를 검색한다.
- 스토리 끝까지: 커서가 놓인 위치에서 스토리 끝까지 검색한다.
- 선택 항목: 드래그 선택한 텍스트만 검색한다.

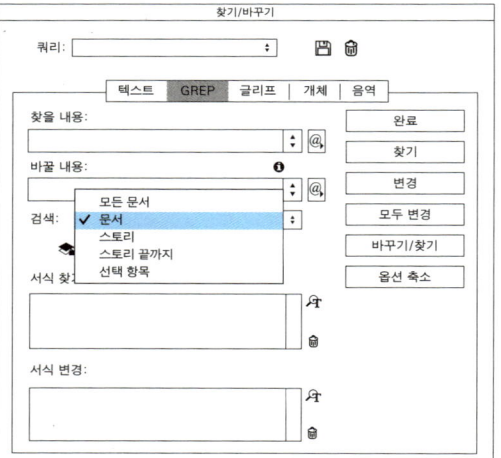

그림 1.13
[검색] 옵션

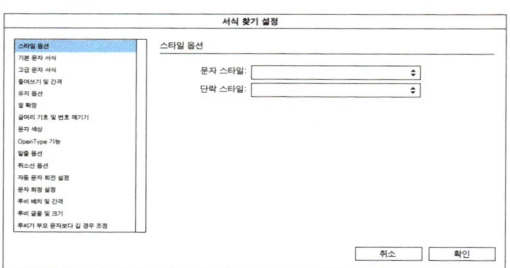

그림 1.14
[서식 찾기 설정]

기
초

7 잠긴 레이어 포함 잠긴 상태의 레이어를 검색 범위에
포함하는 옵션으로, 검색만 되며 치환은 되지 않는다.

8 잠긴 스토리 포함 잠긴 상태의 스토리를 검색 범위에 포함하는
옵션으로, 검색만 되며 치환은 되지 않는다.

9 숨겨진 레이어 및 개체 포함 숨겨진 레이어나 개체를
검색 범위에 포함하는 옵션이다.

10 마스터 페이지 포함 마스터 페이지를 검색 범위에
포함하는 옵션이다.

11 각주 포함 각주를 검색 범위에 포함하는 옵션이다.

12 가나 구분 히라가나와 가타카나를 구분해
검색하는 옵션이다.

13 폭 전각/폭 반각 구분 전각 문자와 반각 문자를 구분해
검색하는 옵션이다.

14 서식 찾기 여기서 지정한 서식에 해당하는 텍스트만 검색한다.
[찾을 특성 지정](돋보기 버튼)을 누르면 그림 1.14처럼 [서식
찾기 설정] 창이 뜨며, [스타일 옵션]에서 현재까지 생성한
문자/단락 스타일 중 하나를 선택하거나 [기본 문자 서식]부터
[단락 시작표시문자 및 기타]까지 검색할 서식을 지정한다.

15 서식 변경 여기서 지정한 서식이 검색 결과에 적용된다. [서식
찾기]와 마찬가지로 [찾을 특성 지정](돋보기 버튼)을 누르면
[서식 변경 설정] 창이 뜨며 [스타일 옵션]에서 현재까지 생성한

문자/단락 스타일 중 하나를 선택하거나 [기본 문자 서식]부터
[단락 시작표시문자 및 기타] 중에서 변경할 서식을 지정한다.

	[찾을 내용] 입력 [바꿀 내용] 미입력	[찾을 내용] 입력 [바꿀 내용] 입력
[서식 찾기] 미지정 [서식 변경] 미지정	검색 결과를 삭제	검색 결과를 [바꿀 내용]으로 치환
[서식 찾기] 지정 [서식 변경] 미지정	[서식 찾기]에서 지정한 서식에 해당하는 검색 결과만 삭제	[서식 찾기]에서 지정한 서식에 해당하는 검색 결과를 [바꿀 내용]으로 치환
[서식 찾기] 미지정 [서식 변경] 지정	검색 결과에 [서식 변경]에서 지정한 서식을 적용	검색 결과를 [바꿀 내용]으로 치환하고, 치환 결과에 [서식 변경]에서 지정한 서식을 적용
[서식 찾기] 지정 [서식 변경] 지정	[서식 찾기]에서 지정한 서식에 해당하는 검색 결과에만 [서식 변경]에서 지정한 서식을 적용	[서식 찾기]에서 지정한 서식에 해당하는 검색 결과만 [바꿀 내용]으로 치환하고, 치환 결과에 [서식 변경]에서 지정한 서식을 적용

[찾기/바꾸기] ▶ [GREP] 탭에는 [찾기/바꾸기] ▶ [텍스트] 탭과 달
리 [대소문자 구분]과 [단어 단위로]가 없다. [대소문자 구분]은 대
소문자를 구분해 검색하고, [단어 단위로]는 찾으려는 단어가 포함
된 단어를 배제하는 옵션인데 (예를 들어 'any'를 검색할 때 'many'의
'any'를 검색 결과에서 제외한다.) GREP 자체가 대소문자를 구분하는
데다 단어 단위로 검색하는 GREP 메타문자가 있기 때문에 [GREP]
탭에서는 필요 없는 옵션이다.

지금까지 GREP의 정의와 사용 방법을 알아보았다. 2부에서는 각
GREP 메타문자에 대해 알아보자.

1 [찾기/바꾸기]에서 [모두 변경]을 누르기 전에 반드시 [검색]에 범위가 제대로 설정되었는지 확인한다. 드래그 선택한 부분만 치환하려다가 [검색]을 [문서]나 [모든 문서]로 지정한 채로 치환하고 문서를 닫으면 돌이킬 수 없다.

2 GREP은 프로그래밍 언어이므로 정확하지 않은 형태의 GREP으로는 작동하지 않는다. GREP 사이를 임의로 띄우거나 비슷한 형태의 기호나 문자를 대신 사용하면 당연히 작동하지 않는다. GREP 앞과 뒤에 붙는 스페이스 공백도 검색어이므로 주의한다. 한 글자만 틀려도 GREP은 오작동하므로 GREP을 정확히 입력해야 한다.

3 GREP 입력창에 필요 없는 스페이스 공백이 있는지 확인한다. 스페이스 공백은 입력창에서 보이지 않기 때문에 GREP 뒤에 붙은 스페이스 공백을 모르고 지나치기 쉽다. 반드시 입력창을 전체 선택해 스페이스 공백이 있는지 확인하고, 스페이스 공백이 있다면 깨끗이 지운 후 GREP을 작성한다.

4 잠긴 스토리는 치환되지 않는다. 따라서 전체 문서를 치환하기 전에 잠긴 스토리가 있는지 확인한다.

5 복잡한 GREP은 전체 문서를 치환하기 전에 테스트 검색을 해볼 것을 권장한다. [모두 변경]을 누르기 전 [찾기]로 검색을 해 [찾을 내용]에 입력된 GREP을 확인해보거나, 일부 텍스트만 드래그 선택해 [검색]을 [선택 항목]으로 놓고 [모두 변경]을 눌러 치환이 제대로 작동하는지 확인해본다.

6 GREP에서는 연산을 할 수 없다. 예를 들어 인디자인 문서가 2페이지씩 밀렸다고 해서 색인에 나온 모든 페이지에 2를 더하도록 치환하는 것은 불가능하다.

7 구두점이나 따옴표, 대시 형태의 기호에 주의한다. 이 기호들은 모양이 비슷하기 때문에 입력창에서 구분하기가 어려울 수 있다.

8 치환을 할 때 [바꿀 내용]에 메타문자를 조합해 사용할 수 없다. 예를 들어 [찾을 내용]에 (′)를, [바꿀 내용]에 ~$1를 입력한다고 해서 [바꿀 내용]에 ~′가 입력되어 수직 작은따옴표를 찾는 것이 아니다. (치환에 관한 내용은 '문법'편의 '참조 1' 참조)

9 원고가 항상 규칙에 맞게 정리되어 있는 것은 아니므로 GREP을 유연하게 만들어야 한다. 예를 들어, ⟨본문⟩(.+?)⟨/본문⟩로 작성하기보다는 /뒤에 ?를 붙여 ⟨본문⟩(.+?)⟨/?본문⟩로 작성하면 실수로 /가 빠진 경우도 검색할 수 있다. ('활용'편의 '태그로 원고 정리하기' 참조)

2부

문법

GREP은 검색과 치환에 모두 사용할 수 있지만, 2부에서는 쉽게 설명하기 위해 예문을 검색하는 방식을 사용한다. 예문에서 검색한 부분은 별색으로 표시했으며, GREP이 복잡한 경우 별색에 부분적 음영으로 어느 패턴이 예문의 어떤 부분을 검색했는지 알 수 있도록 했다. 6장부터는 위치만 찾는 GREP이 나오는데, 이 부분은 짙은 회색 삼각형으로 표시했으며, 필요에 따라 음영으로 어느 패턴이 예문의 어떤 위치를 찾았는지 알 수 있도록 했다. GREP으로 사용한 스페이스 공백은 본문의 스페이스 공백과 구분하기 위해 옅은 별색의 가운뎃점으로 표시했다.

1 문자 검색

일반문자로 찾기

GREP의 기본적 형태는 검색할 문자(일반문자)를 그대로 사용하는 것이다. 예문 1.1처럼 찾고자 하는 단어를 입력하면 일반적 찾기 기능처럼 입력한 단어를 검색한다.

예문 1.1

GREP

> GREP은 패턴 기반의 고급 검색 기술입니다. GREP 스타일을 사용해
> 지정하는 GREP 표현식에 맞는 문자 스타일을 적용할 수 있습니다.

GREP의 영문 검색은 대소문자를 구분한다. [찾기/바꾸기]의 [GREP] 탭에 [대소문자 구분]이 없는 이유이기도 하다. 예문 1.2처럼 소문자로 검색하면 일치하는 결과가 나오지 않는다.

예문 1.2

grep

> GREP은 패턴 기반의 고급 검색 기술입니다. GREP 스타일을 사용해
> 지정하는 GREP 표현식에 맞는 문자 스타일을 적용할 수 있습니다.

예문 1.3처럼 한글도 GREP으로 사용할 수 있다.

예문 1.3

스타일

> GREP은 패턴 기반의 고급 검색 기술입니다. GREP 스타일을 사용해
> 지정하는 GREP 표현식에 맞는 문자 스타일을 적용할 수 있습니다.

키보드에서 입력할 수 없는 기호도 GREP으로 쓸 수 있다. 예문 1.4에 사용된 겹낫표는 [글리프] 패널을 통해서만 입력할 수 있지만, GREP으로 사용할 수 있다. 다만 키보드로 입력할 수 없기 때문에 검색하려는 글리프를 복사해 입력창에 붙여넣어야 한다.

예문 1.4

> GREP은 패턴 기반의 『고급 검색 기술』입니다. GREP 스타일을 사용해
> 지정하는 GREP 표현식에 맞는 문자 스타일을 적용할 수 있습니다.

어떤 기호는 입력창에 복사해 붙여넣으면 메타문자로 변환된다. 예를 들어 말줄임표(…)를 복사해 입력창에 붙여넣으면 ~e로 변환되어 입력된다. 자주 사용하는 일부 기호는 메타문자로 지정되어 있어 키보드로 입력할 수 있다. 메타문자는 키보드에서 입력할 수 있는 문자(아스키, ASCII)로만 구성되어 있다. 아스키에 대한 설명은 부록 3, 부록 4를 참조한다.

공백도 GREP으로 사용할 수 있다. 예문 1.5는 스페이스 공백으로 검색한 결과이다.

예문 1.5

> GREP은 패턴 기반의 『고급 검색 기술』입니다. GREP 스타일을 사용해
> 지정하는 GREP 표현식에 맞는 문자 스타일을 적용할 수 있습니다.

이렇게 영문, 한글, 기호, 공백으로 검색하는 방식(일반문자를 이용한 검색)은 정교하게 검색하기에는 한계가 있다. 예를 들어, 예문 1.6에서 '거쳐서 지나간다'는 의미의 '통과'를 검색하려고 통과라고 GREP을 작성했지만, 의도와 다르게 '보통과'에 포함된 '통과'도 검색됐다.

예문 1.6

통과

> 1933년 7월 22일에 여름 휴가를 이유로 조선으로 귀환하면서 오사카
> 역을 **통과**하게 되었는데 오사카의 조선인들이 이우를 둘러싸고
> 일을 모의한다는 소문이 돌아 오사카 소네사키(曾根崎) 경찰서에서
> 다수의 조선인을 검속했다.1934년 12월에 육군포공학교 보**통과**에
> 입학했으며, 1935년 10월에 포병 중위로 진급했다.

이런 한계를 극복하기 위해 GREP은 다양한 메타문자를 제공한다. 이에 대해 차근차근 알아보자.

유니코드로 찾기

\x는 유니코드(Unicode, 부록 3, 부록 5 참조)를 이용해 문자를 찾는 메타문자로, \x{}에서 {} 안에 찾고자 하는 문자의 유니코드를 입력한다. 유니코드는 그림 2.1처럼 [글리프] 패널에서 문자 위에 마우스

그림 2.1
글리프 패널에서 유니코드 확인

커서를 올려놓았을 때 뜨는 노란색 팝업에서 확인할 수 있다. 유니코드는 가나를 검색할 때 유용한데, 예문 1.7의 \x{3046}은 히라가나인 う를 찾는다.

35

예문 1.7
\x{3046}

> 감칠맛 또는 우마미(일본어: う ま味)는 단맛, 신맛, 쓴맛, 짠맛과
> 더불어 다섯 가지 기본 맛 중의 하나다. 감칠맛(Umami)이라는
> 용어는 이케다 기쿠나에 교수가 umai(う ま い: 감치다, 맛있다)와
> mi(味: 맛)를 조합한 말이다. 한자 旨味는 일반적으로 특정 음식이
> 맛있다는 의미로 사용된다.

전체 히라가나와 가타카나(ぁ-ー)를 검색하려면 뒤에서 배울 문자 클래스를 사용해 [\x{3041}-\x{30FC}]를 작성한다. 유니코드를 사용하지 않고 가나를 사용해 [ぁ-ー]로 전체 히라가나와 가타카나를 검색할 수도 있는데, ー는 입력창에 붙여넣으면 자동으로 \x{30FC}로 바뀌므로 [ぁ-\x{30FC}]로 입력된다.

　00으로 시작하는 유니코드는 앞의 00를 제외한 두 자리 숫자로 줄여쓸 수 있다. 예를 들어 \x{0031}는 \x{31}로 줄여 쓸 수 있다. 예문 1.8에서 유니코드 31은 유니코드 0031로 숫자 1에 해당한다.

예문 1.8
\x{31}

> 감칠맛은 동경제국대학 이케다 기쿠나에 교수가 1908년에 비로소
> 제대로 식별했다. 1913년에 이케다 교수의 제자 고다마 신타로가
> 가쓰오부시에 또 다른 감칠맛 물질이 함유되어 있다는 것을 발견했다.
> 그것이 바로 리보뉴클레오타이드 IMP다. 1957년에 쿠니나카 아키라는
> 표고버섯에 있는 리보뉴클레오타이드 GMP도 감칠맛을 낸다는 것을
> 알아냈다.

문자이름으로 찾기

문자이름을 넣어 문자를 검색할 수 있는데 \N{}에서 {} 안에 문자이름을 넣으면 된다. 문자이름은 유니코드와 마찬가지로 [글리프] 패널에서 노란색 팝업으로 확인할 수 있고, 예문 1.9처럼 \N{HIRAGANA · LETTER · U}로 검색하면 う를 찾을 수 있다. 문자이름은 대소문자를 가리지 않으므로 \N{hiragana · letter · u}로 작성해도 된다.

예문 1.9

\N{hiragana · letter · u}

> 감칠맛 또는 우마미(일본어: う ま 味)는 단맛, 신맛, 쓴맛, 짠맛과 더불어 다섯 가지 기본 맛 중의 하나다. 감칠맛(Umami)이라는 용어는 이케다 기쿠나에 교수가 umai(う ま い: 감치다, 맛있다)와 mi(味: 맛)를 조합한 말이다. 한자 旨味는 일반적으로 특정 음식이 맛있다는 의미로 사용된다.

정리

1   GREP은 기본적으로 검색할 문자를 그대로 사용해 검색한다.

2   GREP은 대소문자를 구분한다.

3   기호도 GREP으로 사용할 수 있다. 다만 몇몇 기호는 메타문자로 변환되어 입력된다.

4   공백도 GREP으로 사용할 수 있다.

5   \x{}을 사용하면 유니코드로 검색할 수 있다.

6   \N{}을 사용하면 문자이름으로 검색할 수 있다.

2 범위 검색 1

범위를 검색하는 메타문자에는 '범위가 정해져 있는 메타문자'와 '사용자가 범위를 지정할 수 있는 메타문자'가 있다. '범위가 정해져 있는 메타문자'에는 모든 문자와 기호를 찾는 . (온점)과 제한된 범위의 문자나 기호를 찾는 와일드카드, 포직스, 유니코드 프로퍼티(Unicode Property)가 있다. '범위를 지정할 수 있는 메타문자'로는 문자클래스와 하위표현식이 있다. 하위표현식은 범위를 지정하기 위해 다른 메타문자의 도움이 필요하고, 범위 지정 외에 다른 용도로 많이 사용되므로 5장에서 따로 다룬다. 여기서는 . 과 문자클래스에 대해 알아보자.

온점(.)

GREP에서 . 은 모든 문자와 일치하는 메타문자다. 예문 2.1에서 볼 수 있듯이 다. 으로 검색하면 . 자리에 다양한 문자가 검색되는 것을 볼 수 있다.

예문 2.1

다.

> 디자인(design, 문화어: 데자인)은 동사와 명사로 함께 쓰일 수 있으며, 명사로서의 디자인은 다양한 사물 혹은 시스템의 계획 혹은 제안의 형식 또는 물건을 만들어내기 위한 제안이나 계획을 실행에 옮긴 결과를 의미하며, 동사로서의 디자인은 이것들을 만드는 것을 의미한다. 일반적으로 받아들여지는 일원화 된 디자인의 정의는 존재하지 않으며, 디자인이라는 용어는 각자 다른 분야에서 다양한 의미로 해석되고 응용되고 있다.

.은 공백이나 기호, 마침표(.) 자체와도 일치한다. 한 개의 .은 한 자릿수의 문자에 해당하므로 . 두 개를 붙여 ..이라고 쓰면 두 자리의 문자를 검색한다. 예문 2.2의 GREP 다..이 '다'와 그 뒤의 두 문자를 검색하는 것을 볼 수 있다.

예문 2.2

다..

> 디자인(design, 문화어: 데자인)은 동사와 명사로 함께 쓰일 수 있으며, 명사로서의 디자인은 **다양한** 사물 혹은 시스템의 계획 혹은 제안의 형식 또는 물건을 만들어내기 위한 제안이나 계획을 실행에 옮긴 결과를 의미하며, 동사로서의 디자인은 이것들을 만드는 것을 의미한**다.** 일반적으로 받아들여지는 일원화 된 디자인의 정의는 존재하지 않으며, 디자인이라는 용어는 각자 **다른** 분야에서 **다양한** 의미로 해석되고 응용되고 있다.

.을 사용할 때는 문단 끝의 '단락끝'을 주의해야 한다. 단락끝은 리턴키로 줄바꿈 할 때 문단 끝에 생성되는 줄바꿈 문자로, [문자] ▶ [숨겨진 문자 보기]를 선택하면 ¶로 표시된다. 단락끝은 \r로 검색되지만 .으로는 검색되지 않기 때문에 예문 2.2 문단 마지막 '—응용되고 있다.'의 '다.'가 검색 결과에서 빠졌다. 하지만 단락끝 앞에 스페이스 공백이 있는 경우, 이 부분이 다..으로 검색될 수 있으니 GREP을 사용할 때는 [문자] ▶ [숨겨진 문자 표시](Opt+Cmd+I)를 켜서 스페이스 공백이나 숨겨진 문자를 확인해야 한다.

다..

일반적으로 받아들여지는 일원화 된 디자인의 정의는 존재하지 않으며, 디자인이라는 용어는 각자 **다른** 분야에서 **다양한** 의미로 해석되고 응용되고 있**다.** ¶

\# 단락끝 앞에 위치한 스페이스 공백이 .에 의해 검색됨.

일반적으로 받아들여지는 일원화 된 디자인의 정의는 존재하지 않으며, 디자인이라는 용어는 각자 **다른** 분야에서 **다양한** 의미로 해석되고 응용되고 있다. ¶

\# 스페이스 공백 없이 단락끝이 위치하기 때문에 검색이 되지 않음.

본문에서 마침표로 쓰인 온점을 찾고 싶다면 어떻게 해야 할까? 예문 2.3처럼 . 하나만 입력하면 엉뚱한 결과가 나온다.

예문 2.3

.

> 디자인(design, 문화어: 데자인)은 동사와 명사로 함께 쓰일 수 있으며, 명사로서의 디자인은 다양한 사물 혹은 시스템의 계획 혹은 제안의 형식 또는 물건을 만들어내기 위한 제안이나 계획을 실행에 옮긴 결과를 의미하며, 동사로서의 디자인은 이것들을 만드는 것을 의미한다. 일반적으로 받아들여지는 일원화 된 디자인의 정의는 존재하지 않으며, 디자인이라는 용어는 각자 다른 분야에서 다양한 의미로 해석되고 응용되고 있다.

.은 GREP에서 '어떤 문자와도 일치한다'는 특수한 용도가 있기 때문에 실제 마침표(.)를 찾으려면 GREP으로 사용한 .과 구분해주어야 한다. 이를 가능하게 해주는 메타문자가 \ (역슬래시)로, 예문 2.4처럼 GREP으로 사용한 . 앞에 \ 를 붙여 \. 으로 검색하면 문장 끝에 쓰인 마침표를 찾을 수 있다.

예문 2.4

\.

> 디자인(design, 문화어: 데자인)은 동사와 명사로 함께 쓰일 수 있으며, 명사로서의 디자인은 다양한 사물 혹은 시스템의 계획 혹은 제안의 형식 또는 물건을 만들어내기 위한 제안이나 계획을 실행에 옮긴 결과를 의미하며, 동사로서의 디자인은 이것들을 만드는 것을 의미한다. 일반적으로 받아들여지는 일원화 된 디자인의 정의는 존재하지 않으며, 디자인이라는 용어는 각자 다른 분야에서 다양한 의미로 해석되고 응용되고 있다.

이처럼 메타문자 앞에 \ 를 붙여 일반문자처럼 만드는 것을 '이스케이프(escape)'라고 한다. 이와는 반대로 \t나 \d 처럼 일반문자 앞에 \ 가 붙은 형태의 메타문자가 있어 복잡하게 느껴질 수 있지만, . 이

나 대괄호처럼 한 자리 기호로 된 메타문자만 이스케이프되므로 다른 메타문자와 구분할 수 있다. 사실 이스케이프할 수 있는 기호(. , (,) , { , } , [,] , + , * , ? , \ , ^ , $, |)는 정해져 있으므로 이스케이프된 메타문자를 해당 문자를 찾는 메타문자(\. , \(, \) , \{ , \} , \[, \] , \+ , * , \? , \\ , \^ , \$, \|)로 볼 수도 있다. 단, \는 \\로 쓰지 않아도 역슬래시를 검색하므로 굳이 이스케이프하지 않아도 된다. ' (작은따옴표)와 " (큰따옴표)는 한 자리 기호로 된 메타문자지만 그 자체가 따옴표를 찾기 때문에 이스케이프할 필요가 없다.

문자클래스

대괄호를 이용하면 다수의 문자를 검색할 수 있는데, 이를 '문자클래스(class of character)'라고 한다. 다음 예문에서 '외벽'과 '내벽'을 찾는 GREP을 작성해보자.

> 감수 분열에서 생긴 4개의 세포, 즉 소포자는 점차 종류에 따라 고유한 모양으로 변해가는데, 동시에 재래의 셀룰로스성 세포벽 위에 종류마다 특유한 모양의 튼튼한 벽을 형성해간다. 이때 안쪽의 벽을 내벽, 바깥쪽 벽을 외벽이라고 한다.

외벽으로 검색 후 내벽으로 다시 검색하면 원하는 결과를 얻을 수 있지만, 예문 2.5처럼 문자클래스로 '외'와 '내'를 묶어 [외내]벽을 작성하면 외벽과 내벽을 한번에 검색할 수 있다.

예문 2.5

[외내]벽

> 감수 분열에서 생긴 4개의 세포, 즉 소포자는 점차 종류에 따라 고유한 모양으로 변해가는데, 동시에 재래의 셀룰로스성 세포벽 위에 종류마다 특유한 모양의 튼튼한 벽을 형성해간다. 이때 안쪽의 벽을 내벽, 바깥쪽 벽을 외벽이라고 한다.

문자클래스 안에서는 한 글자가 하나의 검색어다. 예를 들어 '홍차, 녹차, 우롱차'를 검색하기 위해 **[홍녹우롱]차**로 GREP을 작성하면 '홍차' '녹차' '우차' '롱차'가 검색된다. (홍차, 녹차, 우롱차를 검색하는 방법은 5장에 나온다.)

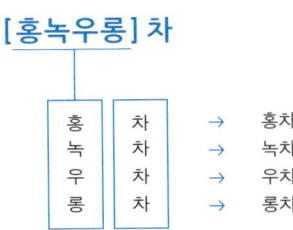

문자클래스는 영문 대소문자 검색에 유용하다. 대소문자를 구분하는 GREP의 특성 때문에 검색이 번거로워질 수 있는데, 예를 들어 'coffee'를 찾기 위해 예문 2.6처럼 소문자로만 된 GREP을 작성하면 대문자로 시작하는 'Coffee'를 검색할 수 없다.

예문 2.6

coffee

> Coffee is a brewed beverage with a dark, acidic flavor prepared from the roasted seeds of the coffee plant. The beans are found in coffee cherries, which grow on trees cultivated in over 70 countries, primarily in equatorial Latin America, Southeast Asia, South Asia and Africa.

하지만 예문 2.7처럼 [Cc]offee라고 GREP을 작성하면 Coffee와 coffee를 한번에 찾을 수 있다.

예문 2.7

[Cc]offee

> Coffee is a brewed beverage with a dark, acidic flavor prepared from the roasted seeds of the coffee plant. The beans are found

in coffee cherries, which grow on trees cultivated in over 70
countries, primarily in equatorial Latin America, Southeast Asia,
South Asia and Africa.

위의 경우처럼 검색어가 두세 개일 때는 문자클래스를 작성하기가
간편하지만, 검색어가 수십 개라면 작성하기가 불편해진다. 예를 들
어 모든 대문자를 찾고 싶다면 [ABCDEFGHIJKLMNOPQRSTUVWXYZ]
라고 작성해야 한다. 이런 경우 -(하이픈)을 사용하면 예문 2.8처럼
GREP을 간단하게 줄여 쓸 수 있다.

예문 2.8

`[A-Z]`

전리 방사선(ionizing radiation)이나 자외선(ultraviolet), 또는
화학 물질에 노출되었을 때 기존의 결합 형태에 비해 부피를 많이
차지하는 DNA 손상 부위가 세포 내에 다발적으로 생성된다. 이와
같은 DNA 손상 물질(DNA damaging agent)들은 DNA 뿐 아니라
단백질, 탄수화물, 지질(lipid)과 RNA와 같은 세포 내 다른 생체
분자(biomolecule)에도 손상을 가할 수 있다.

-은 문자클래스 안에서 범위를 지정하는 메타문자로 영문자뿐 아니
라 숫자나 한글에서도 사용할 수 있으며, -으로 묶은 범위를 이어서
사용하는 것도 가능하다. 예를 들어 예문 2.9처럼 [A-Za-z]라고 쓰면
대문자와 소문자를 모두 검색할 수 있다.

예문 2.9

`[A-Za-z]`

전리 방사선(ionizing radiation)이나 자외선(ultraviolet), 또는
화학 물질에 노출되었을 때 기존의 결합 형태에 비해 부피를 많이
차지하는 DNA 손상 부위가 세포 내에 다발적으로 생성된다. 이와
같은 DNA 손상 물질(DNA damaging agent)들은 DNA 뿐 아니라
단백질, 탄수화물, 지질(lipid)과 RNA와 같은 세포 내 다른 생체
분자(biomolecule)에도 손상을 가할 수 있다.

-으로 범위를 정할 때는 [글리프] 패널의 문자 순서를 따라야 한다. 정확히 말하면 유니코드 순서인데, 인디자인에서는 [글리프] 패널에 나온 문자의 순서를 확인하면 된다. 예를 들어 [a-z]를 [z-a]로 쓰거나 [0-9]를 [9-0]로 쓰면 검색이 안되며, [A-Za-z]를 [A-z]로 축약하면 그림 2.2에서 확인할 수 있듯이 Z와 a 사이에 있는 '[' '\' ']' '^' '_' '`'도 검색되므로 주의해야 한다. 단, Z와 a 사이에 들어가는 문자의 종류는 글꼴마다 조금씩 차이가 있을 수 있다.

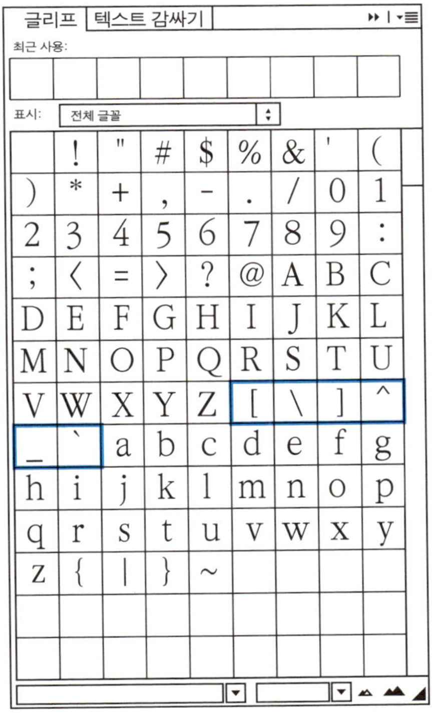
글리프
텍스트 감싸기
최근 사용:
표시:
전체 글꼴

그림 2.2
[글리프] 패널에 나온 문자의 순서

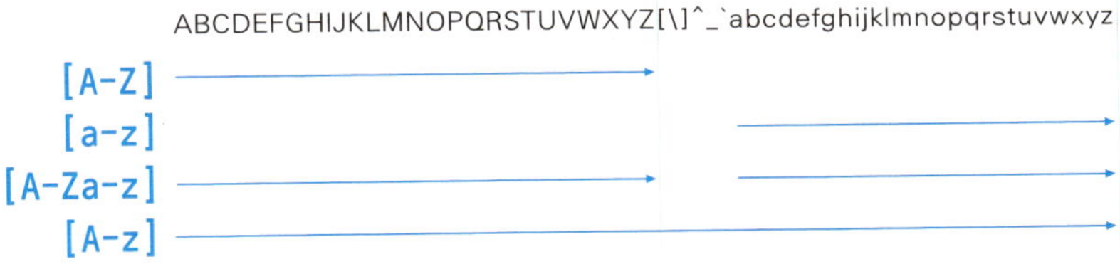
ABCDEFGHIJKLMNOPQRSTUVWXYZ[\]^_`abcdefghijklmnopqrstuvwxyz
[A-Z]
[a-z]
[A-Za-z]
[A-z]

문자클래스로 하이픈을 찾으려면 이스케이프해 \- 를 써야하지만, 문자클래스 밖에서 - 은 메타문자가 아니므로 하이픈을 찾기 위해 이스케이프할 필요가 없다.

한글을 찾는 메타문자는 따로 없지만 - 을 이용하면 한글을 검색할 수 있다. 예를 들어 초성이 'ㅅ'인 글자를 모두 찾으려면 예문 2.10처럼 [사-씻]으로 검색한다.

예문 2.10

[사-씻]

> 전리 방**사선**(ionizing radiation)이나 자외**선**(ultraviolet), 또는 화학 물질에 노출되었을 때 기존의 결합 형태에 비해 부피를 많이 차지하는 DNA **손상** 부위가 **세포** 내에 다발적으로 생성된다. 이와 같은 DNA **손상** 물질(DNA damaging agent)들은 DNA 뿐 아니라 단백질, 탄**수**화물, 지질(lipid)과 RNA와 같은 **세포** 내 다른 **생체** 분자(biomolecule)에도 **손상**을 가할 **수** 있다.

전체 한글을 찾고 싶다면 예문 2.11처럼 [가-힣]을 작성한다.

예문 2.11

[가-힣]

> 전리 방사선(ionizing radiation)이나 자외선(ultraviolet), 또는 화학 물질에 노출되었을 때 기존의 결합 형태에 비해 부피를 많이 차지하는 DNA 손상 부위가 세포 내에 다발적으로 생성된다. 이와 같은 DNA 손상 물질(DNA damaging agent)들은 DNA 뿐 아니라 단백질, 탄수화물, 지질(lipid)과 RNA와 같은 세포 내 다른 생체 분자(biomolecule)에도 손상을 가할 수 있다.

문자클래스에서 [뒤에 ^(캐럿)을 넣으면 대괄호 안의 문자를 제외한 모든 문자를 검색할 수 있다. 예문 2.12는 소문자를 제외한 모든 문자를 검색한다.

예문 2.12

[^a-z]

> 전리 방사선(ionizing radiation)이나 자외선(ultraviolet), 또는
> 화학 물질에 노출되었을 때 기존의 결합 형태에 비해 부피를 많이
> 차지하는 DNA 손상 부위가 세포 내에 다발적으로 생성된다. 이와
> 같은 DNA 손상 물질(DNA damaging agent)들은 DNA 뿐 아니라
> 단백질, 탄수화물, 지질(lipid)과 RNA와 같은 세포 내 다른 생체
> 분자(biomolecule)에도 손상을 가할 수 있다.

예문 2.13은 연속된 두 범위 a-z와 A-Z를 제외하는 GREP으로, 하나의 ^이 a-z뿐 아니라 A-Z도 제외하고 있다. 즉, 문자클래스에서는 [와] 사이에 검색하고자 하는 범위를 적으며, [^과] 사이에 검색에서 제외하고자 하는 범위를 적는다.

예문 2.13

[^a-zA-Z]

> 전리 방사선(ionizing radiation)이나 자외선(ultraviolet), 또는
> 화학 물질에 노출되었을 때 기존의 결합 형태에 비해 부피를 많이
> 차지하는 DNA 손상 부위가 세포 내에 다발적으로 생성된다. 이와
> 같은 DNA 손상 물질(DNA damaging agent)들은 DNA 뿐 아니라
> 단백질, 탄수화물, 지질(lipid)과 RNA와 같은 세포 내 다른 생체
> 분자(biomolecule)에도 손상을 가할 수 있다.

^은 문자클래스 안에서 쓰일 때와 밖에서 쓰일 때의 기능이 다르다. 문자클래스 밖에서 ^이 어떤 기능을 하는지는 125쪽 '문단의 경계'에서 알아보자.

문자클래스 더 알아보기

문자클래스의 성질을 좀 더 알아보자. 우선 콜론(:)과 쉼표(,), 마침표(.), 하이픈(-)을 찾는 GREP(예문 2.14)을 작성해보았다. -은 문자클래스 안에서 메타문자로 작동하기 때문에 이스케이프한다.

예문 2.14

[:, .\-]

> 하이픈(hyphen, -, 붙임표)은 낱말을 합치거나 음절을 나눌 때 쓰인다. 로마자를 사용하는 언어권에서는 종이를 효율적으로 쓰기 위해 한 줄에 단어를 다 쓰지 못해 다음 줄에 이어쓸 때 이전 행의 마지막 음절 뒤에 하이픈을 붙여 사용하기도 한다. 또 많은 영어 사전에서는 하이픈으로 음절을 나눠 학습자에게 발음을 소개하거나(예: syl-lab-i-fi-ca-tion), 날짜(예: 2012-05-15), 전화번호, 스포츠 경기 점수를 표시할 때도 사용한다.

예문 2.14에서 보았듯이 문자클래스 안에서 .은 메타문자가 아니므로 이스케이프하지 않아도 마침표가 검색된다. 이처럼 문자클래스 안에서 기능을 잃는 메타문자가 있는데, ?, +, *, (,), {, }, [,], $가 여기에 해당한다.

이제 예문 2.14에서 -을 이스케이프하기 위해 사용한 \를 빼면 검색 결과가 어떻게 변하는지 살펴보자.

예문 2.15

[:, .-]

> 하이픈(hyphen, -, 붙임표)은 낱말을 합치거나 음절을 나눌 때 쓰인다. 로마자를 사용하는 언어권에서는 종이를 효율적으로 쓰기 위해 한 줄에 단어를 다 쓰지 못해 다음 줄에 이어쓸 때 이전 행의 마지막 음절 뒤에 하이픈을 붙여 사용하기도 한다. 또 많은 영어 사전에서는 하이픈으로 음절을 나눠 학습자에게 발음을 소개하거나(예: syl-lab-i-fi-ca-tion), 날짜(예: 2012-05-15), 전화번호, 스포츠 경기 점수를 표시할 때도 사용한다.

-은 문자클래스 안에서 메타문자로 기능함에도, 예문 2.15에서 하이픈이 검색되었다. 그 이유는 - 앞뒤로 범위를 지정하는 검색어가 있어야만 -이 메타문자로 기능하기 때문이다. 예문 2.15에서는 - 뒤에 범위를 지정하는 검색어가 없어 -이 메타문자가 아닌 일반문자로 작동한 것이다.

그럼 예문 2.16처럼 -의 위치를 바꾸면 어떻게 될까.

예문 2.16

[:-,.]

> 하이픈(hyphen, -, 붙임표)은 낱말을 합치거나 음절을 나눌 때 쓰인다. 로마자를 사용하는 언어권에서는 종이를 효율적으로 쓰기 위해 한 줄에 단어를 다 쓰지 못해 다음 줄에 이어쓸 때 이전 행의 마지막 음절 뒤에 하이픈을 붙여 사용하기도 한다. 또 많은 영어 사전에서는 하이픈으로 음절을 나눠 학습자에게 발음을 소개하거나(예: syl-lab-i-fi-ca-tion), 날짜(예: 2012-05-15), 전화번호, 스포츠 경기 점수를 표시할 때도 사용한다.

예문 2.16에서 아무 것도 검색되지 않은 이유는 범위가 잘못 지정되었기 때문이다. 앞에서 설명했듯이 -으로 범위를 지정할 경우 [글리프] 패널 순서를 따라야 하는데, 그림 2.3에서 알 수 있듯이 예문 2.16은 이 순서를 역행했다. ([글리프] 패널에서 콜론(:)은 쉼표(,)보다 뒤에 있다.)

그렇다면 마침표는 왜 검색되지 않았을까? . 앞에 있는 :과 , 의 위치가 잘못되었기 때문에 GREP이 망가졌기 때문이다. 예문 2.17처럼 :과 , 의 위치를 바꿔주면 정상적으로 검색한다.

예문 2.17

[,-:.]

> 하이픈(hyphen, -, 붙임표)은 낱말을 합치거나 음절을 나눌 때 쓰인다. 로마자를 사용하는 언어권에서는 종이를 효율적으로 쓰기 위해 한 줄에 단어를 다 쓰지 못해 다음 줄에 이어쓸 때 이전 행의 마지막 음절 뒤에

그림 2.3
쉼표와 콜론의 순서

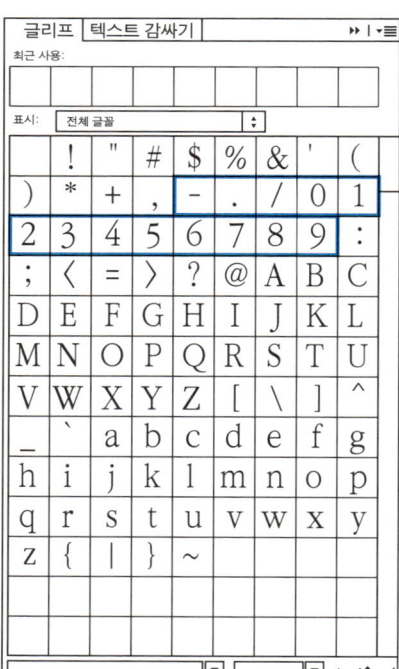

그림 2.4
쉼표와 콜론 사이의 문자

하이픈을 붙여 사용하기도 한다. 또 많은 영어 사전에서는 하이픈으로 음절을 나눠 학습자에게 발음을 소개하거나(예: syl-lab-i-fi-ca-tion), 날짜(예: 2012-05-15), 전화번호, 스포츠 경기 점수를 표시할 때도 사용한다.

그림 2.4에서 확인할 수 있듯이 , 와 : 사이에 있는 숫자까지 검색한 것으로 보아 GREP이 정상적으로 작동한 것을 알 수 있다. 하지만 몇몇 문장부호만 찾으려고 했던 원래의 목적에서는 많이 벗어난 결과이니, 문법에는 맞을지 몰라도 목적에 맞는 GREP은 아니다.

정리

1 .은 한 자리의 모든 문자와 일치하는 메타문자다.

2 엔터(리턴) 키로 줄바꿈할 때 문단 끝에 생기는 단락끝은 .으로 검색되지 않는다.

3 .을 검색하려면 . 앞에 \를 붙여 \.로 검색해야 한다.

4 메타문자로 사용된 기호 앞에 역슬래시를 붙여 일반문자처럼 만드는 것을 이스케이프라고 한다.

5 대괄호를 사용하면 여러 개의 문자를 검색할 수 있으며, 이를 문자클래스라고 한다.

6 문자클래스 안에서는 한 글자가 하나의 검색어다.

7 -은 문자클래스 안에서 범위를 검색하는 메타문자로 두 문자 사이의 모든 문자를 검색한다.

8 -으로 두 문자를 연결할 때는 유니코드 순서를 따라야 한다.

9 문자클래스 안에 ^을 넣으면 지정한 문자클래스를 제외한 모든 문자를 검색한다.

3 범위 검색 2

3장에서는 제한된 범위의 문자나 기호를 찾는 메타문자에 대해 알아보자. 여기에 속하는 메타문자는 세 종류로 나눌 수 있다.

   (1) 와일드카드(Wildcard)
   (2) 포직스(Portable Operating System Interface, POSIX)
   (3) 유니코드 프로퍼티(Unicode Property)

이 중 와일드카드와 포직스는 [@]으로 입력할 수 있지만, 유니코드 프로퍼티는 [@]으로 입력할 수 없으므로 직접 GREP을 입력해야 한다. 이 세 종류의 메타문자는 문자클래스로 바꿔쓸 수 있거나 문자클래스의 형태를 하고 있기 때문에 종종 문자클래스로 부르기도 하지만 이 책에서는 [ ]만 문자클래스라고 지칭한다.

와일드카드

와일드카드는 대문자, 소문자, 숫자 등 자주 사용하는 문자집합을 가리키는 메타문자로, 영문자 앞에 \가 붙은 형태를 하고 있다.

영문자를 찾는 와일드카드에는 대문자를 찾는 와일드카드와 소문자를 찾는 와일드카드가 있다. \u는 모든 종류의 대문자를 검색하고 (예문 3.1) \l은 모든 종류의 소문자를 검색한다(예문 3.2).

예문 3.1

`\u`

> 요하네스 구텐베르크(Johannes **G**ensfleisch zur **L**aden zum
> **G**utenberg, 1398년경–1468년 2월 3일)는 약 1440년 경에 금속
> 활판 인쇄술을 발명한 독일의 금(金) 세공업자다. 본명은 요한
> 겐스플레이슈이고, 구텐베르크는 통칭이다.

예문 3.2

`\l`

> 요하네스 구텐베르크(Johannes Gensfleisch zur Laden zum
> Gutenberg, 1398년경–1468년 2월 3일)는 약 1440년 경에
> 금속 활판 인쇄술을 발명한 독일의 금(金) 세공업자다. 본명은 요한
> 겐스플레이슈이고, 구텐베르크는 통칭이다.

대문자로 된 와일드카드는 소문자로 된 와일드카드의 범위를 제외한 모든 문자를 검색한다. 대문자를 제외한 모든 문자는 `\U`로 검색하며 (예문 3.3) 소문자를 제외한 모든 문자는 `\L`로 검색한다(예문 3.4). 이 규칙은 다른 와일드카드에서도 적용된다.

예문 3.3

`\U`

> 요하네스 구텐베르크(Johannes Gensfleisch zur Laden zum
> Gutenberg, 1398년경–1468년 2월 3일)는 약 1440년경에 금속
> 활판 인쇄술을 발명한 독일의 금(金) 세공업자다. 본명은 요한
> 겐스플레이슈이고, 구텐베르크는 통칭이다.

예문 3.4

`\L`

> 요하네스 구텐베르크(Johannes Gensfleisch zur Laden zum
> Gutenberg, 1398년경–1468년 2월 3일)는 약 1440년경에 금속
> 활판 인쇄술을 발명한 독일의 금(金) 세공업자다. 본명은 요한
> 겐스플레이슈이고, 구텐베르크는 통칭이다.

만약 대소문자 구분 없이 영문자 전체를 찾고 싶다면 예문 3.5처럼 문자클래스를 사용해 `[\u\l]`로 작성한다.

예문 3.5

`[\u\l]`

> 요하네스 구텐베르크(Johannes Gensfleisch zur Laden zum Gutenberg, 1398년경-1468년 2월 3일)는 약 1440년경에 금속 활판 인쇄술을 발명한 독일의 금(金) 세공업자다. 본명은 요한 겐스플레이슈이고, 구텐베르크는 통칭이다.

여기서 주의할 점은 `\u`가 `[A-Z]`만 검색하지 않는다는 것이다. 일반적 영문자뿐 아니라 확장된 라틴어, 첨자 형태의 영문자, 그리스어 등에서 대문자 형태의 문자를 모두 검색한다. 마찬가지로 `\l`도 `[a-z]`와 같은 범위가 아니며 소문자 형태의 모든 영문자를 검색한다.

`\l`의 검색 범위를 대략적으로 나누면 다음과 같다.

(1) 기본 영문자: a, b, c, d ⋯
(2) 확장된 라틴어: ā, ă, ą, ć, ĉ, č, ď ⋯
(3) 첨자: ⅰ, ʳ, ᵤ, ᵥ, ᵦ, ᵧ ⋯
(4) 그리스어: ά, έ, ή, ί, ΰ, α, β, γ, δ ⋯

숫자를 검색하는 와일드카드는 `\d`이며(예문 3.6), 숫자를 제외한 모든 문자를 검색하는 와일드카드는 `\D`다(예문 3.7). `\d` 또한 `[0-9]` 외에도 숫자 형태의 모든 문자를 검색한다.

(1) 기본 숫자: 1, 2, 3, 4 ⋯
(2) 전각 숫자: １, ２, ３, ４ ⋯
(3) 수학용 숫자: **1, 2, 3**, ⑴, ⑵, ⑶, ①, ②, ③, **1, 2, 3**, 1, 2, 3 ⋯
(4) 아라비아어, 구라자트어 등의 숫자: ١, ٢, ٣, ٩, ۲, ۳, ۵, ۲, ۵ ⋯

예문 3.6

\d

제2차 세계 대전은 1945년 8월 6일과 8월 9일, 미국의 원자폭탄 투하
이후 8월 15일 일본 제국이 무조건 항복하면서 사실상 끝이 났으며,
일본 제국이 항복 문서에 서명한 9월 2일 공식적으로 끝났다.

예문 3.7

\D

제2차 세계 대전은 1945년 8월 6일과 8월 9일, 미국의 원자폭탄 투하
이후 8월 15일 일본 제국이 무조건 항복하면서 사실상 끝이 났으며,
일본 제국이 항복 문서에 서명한 9월 2일 공식적으로 끝났다.

\w는 단어 문자(word character)를 검색하는데(예문 3.8), 단어 문자
란 영문, 숫자, 한글, 한자 등 단어를 구성하는 문자를 말한다. 다시 말
해 단어 문자는 소릿값을 가지고 있는 문자라고도 할 수 있는데, \w는
소릿값을 지닌 문자뿐 아니라 액센트 기호, 장음부호(ː) 등 소리와 관
련된 기호도 검색한다. \W는 단어 문자를 제외한 모든 문자를 검색한
다(예문 3.9).

한가지 특이한 점은 \w가 짧은 밑줄(_)을 검색한다는 것이다. 그
외에 일부 기호가 \w에 포함되기는 하지만, 일반적 조판에선 거의 쓰
이지 않는 문자이므로 무시한다.

예문 3.8

\w

밑줄 문자(underscore)는 컴퓨터에서 공백 문자를 대신해 사용하기
위해 고안된 기호(記號)로, 아스키 코드 95번에 해당한다. 밑줄 문자는
_로 표시하며 유니코드(16진) U+005F, 참조문자(10진) _
해당하며, 전각 밑줄은 ＿로 표시하고 유니코드 U+FF3F, 참조문자
＿에 해당한다.

예문 3.9

\w

> 밑줄 문자(underscore)는 컴퓨터에서 공백 문자를 대신해 사용하기
> 위해 고안된 기호(記號)로, 아스키 코드 95번에 해당한다. 밑줄 문자는
> _로 표시하며 유니코드(16진) U+005F, 참조문자(10진) _
> 해당하며, 전각 밑줄은 ＿로 표시하고 유니코드 U+FF3F, 참조문자
> ＿에 해당한다.

와일드카드 \s는 모든 공백을 검색한다. 예문 3.10에서 스페이스 공
백뿐 아니라 괄호 안쪽의 1/6 공백도 검색하는 것을 볼 수 있다.

예문 3.10

\s

> Tab 키(탭 키, tab key, tabulator key)는 다음 탭 정지까지 커서를
> 우선시키는 데 쓰이는 컴퓨터 자판의 글쇠다.
> 탭 키는 커서를 한꺼번에 여러 칸씩 움직일 수 있도록 만든 것으로,
> 이 키를 한 번 누를 때마다 보통 8칸씩 오른쪽으로 커서가 움직인다.

예문 3.10에서 음영 스타일이 적용된 결과는 39개지만, 실제로 검색
된 결과는 39개보다 1-2개가 많을 수 있다. 이는 단락끝이 검색 결과
에 포함되기 때문인데, 단락끝은 줄바꿈 기능만 할 뿐 공간을 차지하
지 않기 때문에 음영 스타일이 적용되지 않은 채 검색 결과 개수만 카
운트된다. [모두 변경] 대신 [찾기]로 검색하면 단락끝이 선택되는
것을 볼 수 있다.

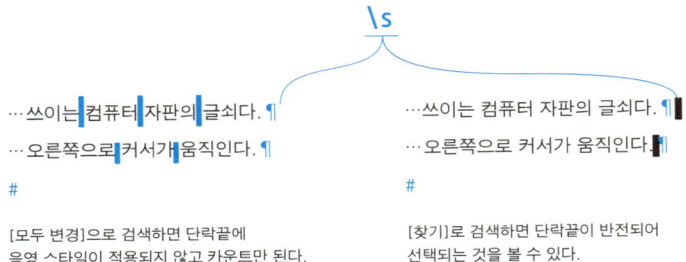

\s

… 쓰이는 컴퓨터 자판의 글쇠다. ¶	… 쓰이는 컴퓨터 자판의 글쇠다. ¶
… 오른쪽으로 커서가 움직인다. ¶	… 오른쪽으로 커서가 움직인다. ¶
#	#
[모두 변경]으로 검색하면 단락끝에 음영 스타일이 적용되지 않고 카운트만 된다.	[찾기]로 검색하면 단락끝이 반전되어 선택되는 것을 볼 수 있다.

\S는 공백을 제외한 모든 문자를 찾는다(예문 3.11).

예문 3.11
\S

> Tab 키(탭 키, tab key, tabulator key)는 다음 탭 정지까지 커서를
> 우선시키는 데 쓰이는 컴퓨터 자판의 글쇠다.
> 탭 키는 커서를 한꺼번에 여러 칸씩 움직일 수 있도록 만든 것으로,
> 이 키를 한 번 누를 때마다 보통 8칸씩 오른쪽으로 커서가 움직인다.

\h와 \v는 인디자인 CS6에서 추가된 메타문자로, \h는 두 문자 사이
를 수평으로 띄우는 공백을, \v는 두 문자 사이를 수직으로 띄우는 줄
바꿈 문자를 검색한다.

먼저 \h를 살펴보자. \h는 공백을 검색하는데, 정확한 검색 범위
는 스페이스 공백과 탭, [문자] ▶ [공백 삽입]에서 입력할 수 있는 공
백 전체로, 뒤에서 배울 [[:blank:]]와 같다(예문 3.12).

예문 3.12
\h

> Tab 키(탭 키, tab key, tabulator key)는 다음 탭 정지까지 커서를
> 우선시키는 데 쓰이는 컴퓨터 자판의 글쇠다.
> 탭 키는 커서를 한꺼번에 여러 칸씩 움직일 수 있도록 만든 것으로,
> 이 키를 한 번 누를 때마다 보통 8칸씩 오른쪽으로 커서가 움직인다.

\H는 \h의 검색 범위를 제외한 모든 문자를 검색한다(예문 3.13).

예문 3.13
\H

> Tab 키(탭 키, tab key, tabulator key)는 다음 탭 정지까지 커서를
> 우선시키는 데 쓰이는 컴퓨터 자판의 글쇠다.
> 탭 키는 커서를 한꺼번에 여러 칸씩 움직일 수 있도록 만든 것으로,
> 이 키를 한 번 누를 때마다 보통 8칸씩 오른쪽으로 커서가 움직인다.

\v는 줄바꿈 문자를 검색하는데, 정확한 검색 범위는 [문자] ▶ [줄바꿈 문자 삽입]에서 입력할 수 있는 줄바꿈 문자 중 '임의 줄바꿈'을 제외한 전체 줄바꿈 문자다. 흔히 \v가 [\r\n]와 같다고 설명하기도 하는데, 주로 사용하는 줄바꿈 문자가 단락끝 \r과 강제줄바꿈 \n이긴 하지만 정확한 내용은 아니므로 주의한다.

예문 3.14를 \v로 검색하면 두 개의 단락끝이 검색되지만, 단락끝은 숨겨진 문자이기 때문에 음영으로 표시되진 않는다.

예문 3.14

\v

> Tab 키(탭 키, tab key, tabulator key)는 다음 탭 정지까지 커서를
> 우선시키는 데 쓰이는 컴퓨터 자판의 글쇠다.
> 탭 키는 커서를 한꺼번에 여러 칸씩 움직일 수 있도록 만든 것으로,
> 이 키를 한 번 누를 때마다 보통 8칸씩 오른쪽으로 커서가 움직인다.

\V는 \v의 검색 범위를 제외한 모든 문자를 검색한다. \v가 검색하는 단락끝은 숨겨진 문자이므로 \V는 보이는 모든 문자를 검색한다.

예문 3.15

\V

> Tab 키(탭 키, tab key, tabulator key)는 다음 탭 정지까지 커서를
> 우선시키는 데 쓰이는 컴퓨터 자판의 글쇠다.
> 탭 키는 커서를 한꺼번에 여러 칸씩 움직일 수 있도록 만든 것으로,
> 이 키를 한 번 누를 때마다 보통 8칸씩 오른쪽으로 커서가 움직인다.

~K는 한자를 검색한다. 다른 와일드카드와 달리 \가 아닌 ~(물결표)가 붙어 있는 것에 주의한다.

예문 3.16

~K

> 밑줄 문자(underscore)는 컴퓨터에서 공백 문자를 대신해 사용하기
> 위해 고안된 기호(**記號**)로, 아스키 코드 95번에 해당한다. 밑줄 문자는
> _로 표시하며 유니코드(16진) U+005F, 참조문자(10진) _
> 해당하며, 전각 밑줄은 __로 표시하고 유니코드 U+FF3F, 참조문자
> ＿에 해당한다.

포직스

포직스는 [[:과 :]] 사이에 검색어를 설명하는 단어가 들어간 형태
의 메타문자다. [@]으로 입력할 수 있는 포직스는 10개가 있으며 각
형태는 다음과 같다.

```
[[:alnum:]]
[[:alpha:]]
[[:digit:]]
[[:lower:]]
[[:punct:]]
[[:space:]]
[[:upper:]]
[[:word:]]
[[:xdigit:]]
[[=a=]]
```

[[:alnum:]]의 alnum은 영숫자(alphanumeric)를 의미하지만, 인디
자인에서는 영숫자뿐 아니라 한글, 한자 등도 검색 결과에 포함한다.
\w와 검색 범위가 비슷하지만, 예문 3.17을 예문 3.8과 비교하면 \w
와 다르게 밑줄(_)이 검색 결과에서 제외된 것을 알 수 있다.

예문 3.17

[[:alnum:]]

> 밑줄 문자(underscore)는 컴퓨터에서 공백 문자를 대신해 사용하기
> 위해 고안된 기호(記號)로, 아스키 코드 95번에 해당한다. 밑줄문자는
> _로 표시하며 유니코드(16진) U+005F, 참조문자(10진) _에
> 해당하며, 전각 밑줄은 __로 표시하고 유니코드 U+FF3F, 참조문자
> ＿에 해당한다.

[[:alpha:]]의 alpha는 영문자(alphabet)를 의미하지만 인디자인에
서는 숫자가 제외된 [[:alnum:]]과 범위가 같다. 예문 3.18를 예문
3.17과 비교해보면 숫자가 검색 결과에서 제외된 것을 볼 수 있다.

예문 3.18

[[:alpha:]]

> 밑줄 문자(underscore)는 컴퓨터에서 공백 문자를 대신해 사용하기
> 위해 고안된 기호(記號)로, 아스키 코드 95번에 해당한다. 밑줄문자는
> _로 표시하며 유니코드(16진) U+005F, 참조문자(10진) _에
> 해당하며, 전각 밑줄은 __로 표시하고 유니코드 U+FF3F, 참조문자
> ＿에 해당한다.

[[:digit:]]은 모든 숫자를 검색하는 \d와 범위가 같다(예문 3.19).

예문 3.19

[[:digit:]]

> 밑줄 문자(underscore)는 컴퓨터에서 공백 문자를 대신해 사용하기
> 위해 고안된 기호(記號)로, 아스키 코드 95번에 해당한다. 밑줄문자는
> _로 표시하며 유니코드(16진) U+005F, 참조문자(10진) _에
> 해당하며, 전각 밑줄은 __로 표시하고 유니코드 U+FF3F, 참조문자
> ＿에 해당한다.

[[:lower:]]는 소문자를 검색하는 \l와 범위가 같고(예문 3.20),
[[:upper:]]는 대문자를 검색하는 \u와 범위가 같다(예문 3.21).

예문 3.20

[[:lower:]]

> 밑줄 문자(<mark>underscore</mark>)는 컴퓨터에서 공백 문자를 대신해 사용하기
> 위해 고안된 기호(記號)로, 아스키 코드 95번에 해당한다. 밑줄문자는
> _로 표시하며 유니코드(16진) U+005F, 참조문자(10진) _에
> 해당하며, 전각 밑줄은 ＿로 표시하고 유니코드 U+FF3F, 참조문자
> ＿에 해당한다.

예문 3.21

[[:upper:]]

> 밑줄 문자(underscore)는 컴퓨터에서 공백 문자를 대신해 사용하기
> 위해 고안된 기호(記號)로, 아스키 코드 95번에 해당한다. 밑줄 문자는
> _로 표시하며 유니코드(16진) <mark>U+005F</mark>, 참조문자(10진) _에
> 해당하며, 전각 밑줄은 ＿로 표시하고 유니코드 <mark>U+FF3F</mark>, 참조문자
> ＿에 해당한다.

[[:punct:]]는 모든 문장부호(구두점)를 검색한다(예문 3.22).

예문 3.22

[[:punct:]]

> 밑줄 문자<mark>(</mark>underscore<mark>)</mark>는 컴퓨터에서 공백 문자를 대신해 사용하기
> 위해 고안된 기호<mark>(</mark>記號<mark>)</mark>로<mark>,</mark> 아스키 코드 95번에 해당한다<mark>.</mark> 밑줄문자는
> <mark>_</mark>로 표시하며 유니코드(16진) U+005F, 참조문자(10진) <mark>_</mark>에
> 해당하며, 전각 밑줄은 <mark>＿</mark>로 표시하고 유니코드 U+FF3F, 참조문자
> <mark>＿</mark>에 해당한다<mark>.</mark>

[[:punct:]]는 구두점 외의 기호는 검색하지 않는다(예문 3.22에서
산술기호인 '+'가 검색되지 않는다.). 정확한 [[:punct:]]의 범위는
[글리프] ▶ [구두점] 항목의 모든 기호다.

[[:space:]]는 스페이스 공백, 탭을 포함한 모든 공백 문자를 검색하는 포직스로 \s와 검색 범위가 동일하다.

예문 3.23
[[:space:]]

> Tab 키(탭 키, tab key, tabulator key)는 다음 탭 정지까지 커서를 우선시키는 데 쓰이는 컴퓨터 자판의 글쇠다.
> 탭 키는 커서를 한꺼번에 여러 칸씩 움직일 수 있도록 만든 것으로, 이 키를 한 번 누를 때마다 보통 8칸씩 오른쪽으로 커서개 움직인다.

[[:space:]]는 공백뿐 아니라 줄바꿈 문자도 검색한다. [문자] ▶ [줄바꿈 문자 삽입]에 있는 항목 중 '임의 줄바꿈'을 제외한 나머지 줄바꿈 문자가 [[:space:]]로 검색된다.

[[:word:]]는 \w와 똑같은 범위를 검색한다. 즉 [[:alnum:]]이 검색하는 범위에 밑줄(_)이 포함되어 있다고 보면 된다.

예문 3.24
[[:word:]]

> 밑줄 문자(underscore)는 컴퓨터에서 공백 문자를 대신해 사용하기 위해 고안된 기호(記號)로, 아스키 코드 95번에 해당한다. 밑줄문자는 _로 표시하며 유니코드(16진) U+005F, 참조문자(10진) _에 해당하며, 전각 밑줄은 ＿로 표시하고 유니코드 U+FF3F, 참조문자 ＿에 해당한다.

[[:xdigit:]]는 16진수 문자를 검색하는데, \u나 \d와 마찬가지로 [a-fA-F0-9] 뿐 아니라 같은 형태의 모든 문자를 검색한다.

예문 3.25

`[[:xdigit:]]`

> 밑줄 문자(underscore)는 컴퓨터에서 공백 문자를 대신해 사용하기
> 위해 고안된 기호(記號)로, 아스키 코드 95번에 해당한다. 밑줄문자는
> _로 표시하며 유니코드(16진) U+005F, 참조문자(10진) _에
> 해당하며, 전각 밑줄은 ＿로 표시하고 유니코드 U+FF3F, 참조문자
> ＿에 해당한다.

지금까지 살펴본 것과는 다르게 [@]으로 입력할 수 없는 포직스
가 있는데, 여기에는 `[[:cntrl:]]`, `[[:print:]]`, `[[:blank:]]`,
`[[:graph:]]`가 있다.

`[[:cntrl:]]`는 아스키 제어문자(아스키 0번부터 31번, 127번)를
찾는 메타문자로 편집디자인에서 쓰일 일이 없으므로 넘어간다.(아
스키 문자는 부록 3과 부록 4를 참고한다.)

`[[:print:]]`는 흔히 '출력 가능한 모든 문자'로 정의하는데 줄바
꿈 문자를 포함한 모든 문자를 검색한다(예문 3.26).

예문 3.26

`[[:print:]]`

> 밑줄 문자(underscore)는 컴퓨터에서 공백 문자를 대신해 사용하기
> 위해 고안된 기호(記號)로, 아스키 코드 95번에 해당한다. 밑줄문자는
> _로 표시하며 유니코드(16진) U+005F, 참조문자(10진) _에
> 해당하며, 전각 밑줄은 ＿로 표시하고 유니코드 U+FF3F, 참조문자
> ＿에 해당한다.

`[[:blank:]]`는 공백과 탭을 검색한다. `[[:space:]]`에서 줄바꿈 문
자를 제외한 범위와 같다(예문 3.27).

예문 3.27

`[[:blank:]]`

> Tab 키(탭 키, tab key, tabulator key)는 다음 탭 정지까지 커서를
> 우선시키는 데 쓰이는 컴퓨터 자판의 글쇠다.
> 탭 키는 커서를 한꺼번에 여러 칸씩 움직일 수 있도록 만든 것으로,
> 이 키를 한 번 누를 때마다 보통 8칸씩 오른쪽으로 커서가 움직인다.

`[[:graph:]]`는 공백, 줄바꿈 문자를 제외한 모든 문자를 검색한다
(예문 3.28).

예문 3.28

`[[:graph:]]`

> 밑줄 문자(underscore)는 컴퓨터에서 공백 문자를 대신해 사용하기
> 위해 고안된 기호(記號)로, 아스키 코드 95번에 해당한다. 밑줄문자는
> _로 표시하며 유니코드(16진) U+005F, 참조문자(10진) _에
> 해당하며, 전각 밑줄은 ＿로 표시하고 유니코드 U+FF3F, 참조문자
> ＿에 해당한다.

`[[= =]]`는 =(등호) 사이에 입력한 영문자와 같은 형태의 모든 문자
를 찾는다. `[[=a=]]`는 a를 포함한 à, á, â, ã, ä, å 등을 찾고 `[[=e=]]`는
e, è, é, ê, ë 등을 찾는다. 한 가지 주의할 점은 `[[= =]]`가 대소문자를
가리지 않는다는 것이다. 예를 들어, `[[=a=]]`는 Ā, Ă, Ą도 검색한다.

예문 3.29는 `[=a=]`, `[=e=]`, `[=o=]`를 문자클래스로 묶은 것이다.
포직스의 바깥쪽 대괄호는 문자클래스다.

예문 3.29

`[[=a=][=e=][=o=]]`

> 초기 에스페란토는 현대 에스페란토와 달리 강세가
> 불규칙적이었으므로 동사 활용에 â, ê, ô 등 발음 구별 기호를 붙여
> 강세를 표기했다. 이는 이탈리아어나 스페인어와 유사하다.

앞에서 배운 다른 포직스도 바깥쪽 대괄호로 묶어서 사용할 수 있다.
예를 들어 예문 3.30처럼 `[[:upper:][:lower:]]`로 검색하면 대문자
와 소문자를 모두 찾을 수 있다.

예문 3.30

`[[:upper:][:lower:]]`

> 밑줄 문자(**underscore**)는 컴퓨터에서 공백 문자를 대신해 사용하기
> 위해 고안된 기호(記號)로, 아스키 코드 95번에 해당한다. 밑줄문자는
> _로 표시하며 유니코드(16진) U+005F, 참조문자(10진) _에
> 해당하며, 전각 밑줄은 __로 표시하고 유니코드 U+FF3F, 참조문자
> ＿에 해당한다.

이중자(Digraph, 하나의 음을 내는 한 쌍의 문자)를 찾는 포직스도 있
다. 형태는 `[[.xx.]]`로, xx에 찾고자 하는 이중자를 넣는다. 이 포직
스로 찾을 수 있는 이중자는 ae, Ae, AE, ch, Ch, CH, ll, Ll, LL, ss, Ss,
SS, nj, Nj, NJ, dz, Dz, DZ, lj, Lj, LJ이며, 예문 3.31처럼 사용한다.

예문 3.31

`[[.ch.]]`

> In some language orthographies, like that of Croatian (lj, nj,
> dž), traditional Spanish (ch, ll) or Czech (ch), digraphs are
> considered individual letters, meaning that they have their own
> place in the alphabet, in the standard orthography, and cannot
> be separated into their constituent graphemes; e.g.: when
> sorting, abbreviating or hyphenating. In others, like English, this
> is not the case. In Dutch when the digraph 'ij' is capitalized,
> both letters are capitalized ('IJ').

예문 3.32의 'ph'도 이중자지만 `[[:xx:]]` 포직스로 찾을 수 있는 이
중자가 아니므로 검색되지 않는다.

예문 3.32

[[.ph.]]

> In some language orthographies, like that of Croatian (lj, nj,
> dž), traditional Spanish (ch, ll) or Czech (ch), digraphs are
> considered individual letters, meaning that they have their own
> place in the alphabet, in the standard orthography, and cannot
> be separated into their constituent graphemes; e.g.: when
> sorting, abbreviating or hyphenating. In others, like English, this
> is not the case. In Dutch when the digraph 'ij' is capitalized,
> both letters are capitalized ('IJ').

유니코드 프로퍼티

유니코드 프로퍼티는 \p{}의 형식을 갖는 메타문자로, {} 안에 찾고
자 하는 문자범위의 이름을 넣어 작성한다. 총 7개의 기본형태가 있
으며, 각 기본형태에는 몇 개의 하위형태가 있다. 또한 기본형태와 하
위형태는 각각 풀어쓰는 형태와 줄여쓰는 형태가 있다. 기본형태에
는 \p{L*}, \p{M*}, \p{Z*}, \p{S*}, \p{N*}, \p{P*}, \p{C*}가 있으
며, 하위형태는 기본형태에서 * 대신 소문자가 들어간다.

   유니코드 프로퍼티의 특징은 한글 폰트에서 지원하지 않는 언어
권의 문자를 검색할 수 있다는 점이다. 유니코드 프로퍼티는 앞에서
살펴본 와일드카드와 사용 방법이 비슷하고, 일반적 조판에서 쓰이지
않는 특수한 범위를 검색하기 때문에 예문은 생략한다.

기본형태	하위형태	풀어쓰는 형태
\p{L*}		\p{letter}
	\p{Ll}	\p{lowercase_letter}
	\p{Lu}	\p{uppercase_letter}
	\p{Lt}	\p{titlecase_letter}
	\p{Lm}	\p{modifier_letter}
	\p{Lo}	\p{letter_other}
\p{M*}		\p{mark}
	\p{Mn}	\p{non_spacing_mark}
	\p{Mc}	\p{spacing_combining_mark}
	\p{Me}	\p{enclosing_mark}
\p{Z*}		\p{separator}
	\p{Zs}	\p{space_separator}
	\p{Zl}	\p{line_separator}
	\p{Zp}	\p{paragraph_separator}
\p{S*}		\p{symbol}
	\p{Sm}	\p{math_symbol}
	\p{Sc}	\p{currency_symbol}
	\p{Sk}	\p{modifier_symbol}
	\p{So}	\p{other_symbol}
\p{N*}		\p{number}
	\p{Nd}	\p{decimal_digit_number}
	\p{Nl}	\p{letter_number}
	\p{No}	\p{other_number}
\p{P*}		\p{punctuation}
	\p{Pd}	\p{dash_punctuation}
	\p{Ps}	\p{open_punctuation}
	\p{Pe}	\p{close_punctuation}
	\p{Pi}	\p{initial_punctuation}
	\p{Pf}	\p{final_punctuation}

기본형태	하위형태	풀어쓰는 형태
	\p{Pc}	\p{connector_punctuation}
	\p{Po}	\p{other_punctuation}
\p{C*}		\p{other}
	\p{Cc}	\p{control}
	\p{Cf}	\p{format}
	\p{Co}	\p{private_use}
	\p{Cn}	\p{unassigned}

\p{L*}

- \p{L*}은 숫자를 제외한 문자(영문과 한글, 한자 등)를 검색하며, 범위는 [[:alpha:]]와 같다.
- \p{Ll}은 \l과 같은 범위의 소문자를 검색한다.
- \p{Lu}은 \u과 같은 범위의 대문자를 검색한다.
- \p{Lt}는 특수한 형태의 타이틀 케이스를 검색한다. 고유명사가 대문자로 시작되는 것을 타이틀 케이스(title case)라고 하는데, 영어권 언어 중에는 이중자가 타이틀 케이스를 취하는 경우가 있다. 그중 Dz(유니코드 01F2), Dž(유니코드 01C5), Lj(유니코드 01C8), Nj(유니코드 01CB)를 \p{Lt}로 검색할 수 있다. 또한, 고대 그리스어에는 이오타 첨자(Iota Subscript)라는 문자가 있는데, 이 이오타 첨자 및 관련된 문자를 검색한다.
- \p{Lm}은 유니코드 02B0-02FF에 해당하는 특수문자를 검색한다. 여기에 해당하는 문자는 다음과 같다.

ʰʱʲʳʴʵʶʷʸ˟ˠˡˢˣ˥˦˧˨˩<>ʌ˅˄˂˃˒˓˔˕˖˗˘˙˚˛˜˝˞ˬˮ˰˱˲˳˴˵˶˷˸˹˺˻˼˽˾˿

- `\p{Lo}`는 위에서 언급한 유니코드에 해당하지 않는 특수문자를 검색하는데, 주로 히브리어, 아라비아어, 동남아시아 언어에 사용되는 문자들이다.

\p{M*}

- `\p{M*}`은 다양한 기호를 포함하며, 정확한 범위는 `\p{M*}`의 세 하위형태에 해당하는 기호 전체다.
- `\p{Mn}`은 분음부호(Diacritical Mark) 및 성조를 표시하는 부호(Tone Mark)를 검색한다.
- `\p{Mc}`는 벵골어, 구자라트어의 모음을 검색한다.
- `\p{Me}`는 원, 사각형, 마름모 등의 기호를 검색한다. 그중 일부는 아래와 같다.

○□◇⊘↔۞⁘

\p{Z*}

- `\p{Z*}`는 스페이스 공백, 줄바꿈 문자, 줄 구분자(line separator, 유니코드 2028), 문단 구분자(paragraph separator, 유니코드 2029)를 검색한다. 줄 구분자와 문단 구분자는 XML 문서에서 사용하는 문자로, XML 문서를 인디자인 문서로 변환할 때 두 문자는 보통 삭제되므로 일반적 조판에서는 무시한다.
- `\p{Zs}`는 스페이스 공백과 줄바꿈 문자를 검색한다.
- `\p{Zl}`은 줄 구분자(유니코드 2028)를 검색한다.
- `\p{Zp}`은 문단 구분자(유니코드 2029)를 검색한다.

\p{S*}

- \p{S*}는 다양한 기호를 검색하며 정확한 범위는 \p{S*}의 네 하위형태에 해당하는 기호 전체다.
- \p{Sm}은 수학기호를 검색한다. 수학기호들은 [글리프] ▶ [산술기호]에 있는 모든 문자를 포함한다. 아래는 \p{Sm}가 검색하는 산술기호 중 캠브리아(Cambria) 글꼴이 지원하는 문자를 나열한 것이다.

- \p{Sc}은 통화기호를 검색한다. 정확한 검색 범위는 [글리프] ▶ [통화]에 있는 모든 통화기호이며, 아래는 캠브리아가 지원하는 통화기호다.

- \p{Sk}는 결합문자(combining character)를 검색한다. 단, \p{Sk}는 실제 다른 문자와 결합하지 않고 자신의 자폭을 갖는 결합문자를 검색한다. 이해를 돕기 위해 `(억음 액센트)를 예로 들어보자. \p{Sk}로 검색되는 억음 액센트(grave accent, 유니코드 0060)는 a 뒤에 놓여도 a`처럼 두 문자가 분리되지만, \p{Sk}로 검색되지 않는 결합 억음 액센트(combining grave accent, 유니코드 0300)는 a 뒤에 놓이면 à처럼 한 문자 같이 보이게 된다. 아래는 \p{Sk}가 검색하는 결합문자다.

- \p{So}는 윙딩, 딩뱃 등의 특수문자를 검색한다. [글리프] ▶ [기호]의 대부분 문자가 \p{So}로 검색된다. 아래는 에어리얼 유니코드 MS 글리프 중 \p{So}가 검색하는 문자를 나열한 것이다.

(a)(b)(c)(d)(e)(f)(g)(h)(i)(j)(k)(l)(m)(n)(o)(p)(q)(r)(s)(t)(u)(v)(w)(x)(y)(z)ⒶⒷⒸⒹⒺⒻⒼⒽⒾⒿⓀⓁⓂⓃⓄⓅⓆⓇⓈⓉⓊⓋⓌⓍⓎⓏⓐⓑⓒⓓⓔⓕⓖⓗⓘⓙⓚⓛⓜⓝⓞⓟⓠⓡⓢⓣⓤⓥⓦⓧⓨⓩ

1月2月3月4月5月6月7月8月9月10月11月12月㋐㋑㋒㋓㋔㋕㋖㋗㋘㋙㋚㋛㋜

セソタチツテトナニヌネノハヒフヘホマミムメモヤユヨ
ラリルレロワヰヱヲアパアルアンアーイラインウオエスエーオンオーカイカラカロガロガン
ト ファ ペアル ングチ ン クードカースーム リット リーン マ

ギ ギニギュ ギルキ キロ㌔メキロ グラグラクルクロケー コルコー サイサンシリセンセンダーデ ド ドトナ
ガー リーダー ログラムートルワットム ㍲ンゼローネス ナ ポ クルチームングチ トス シルンナ ンノ

ノッ ハイバーバーバービア ピクビ ビ ファフイブッフラヘクベ ベニヘルベンベーベーボイボルホ ポンホー
トッ セントツ レルスルルル コ ルラッドードート シェルン タール ソビッ スジ タントト ンドル

ホーマイマイマッマルマンミクミ ミリメ メガメーヤーユアリッ リールビルレ レンブッ 0点1点2点
ン クロル ハク ションロン リバール ガトルトルド ル シトル ラー ブルム㌦ジ

3点4点5点6点7点8点9点10点11点12点13点14点15点16点17点18点19点20点21点22点23点24点 hPa da AU

bar oV pc 平成 昭和 大正 明治 株式 会社 pA nA μA mA kA KB MB GB cal kcal pF nF μF μg mg kg Hz

kHz MHz GHz THz μl ml dl kl fm nm μm mm cm km mm² cm² m² km² mm³ cm³ m³ km³ ㎧ ㎨ Pa

kPa MPa GPa rad ʳᵃᵈ/s ʳᵃᵈ/s² ps ns μs ms pV nV μV mV kV MV pW nW μW mW kW MW kΩ MΩ a.m.

Bq cc cd ℅㎏ Co. dB Gy ha ㏊ in KK kt lm ln log lx mb mil mol pH ㏃ PPM PR sr Sv

Wb 1日2日3日4日5日6日7日8日9日10日11日12日13日14日15日16日17日18日19日20日21日22日23日24日

25日26日27日28日29日30日31日 ┊ ▪ ○

\p{N*}

○ **\p{N*}**은 모든 종류의 숫자를 검색하며, 범위는 [글리프] ▶ [번호]에 있는 문자 전체다. 로마자, 분수, 첨자, 전각 문자, 수학기호, 아랍어 등에 쓰이는 숫자도 포함한다. 한자 숫자는 검색되지 않지만, 원형 번호나 괄호 번호 형태의 한자 번호는 검색된다.

○ **\p{Nd}**은 **\p{N*}**에서 0에서 9 사이에 해당하는 모든 형태의 숫자를 검색하는데 분수, 첨자, 로마자, 숫자 번호는 검색하지 않는다. 아래는 에어리얼 유니코드 MS 글리프 중 **\p{Nd}**가 검색하는 문자를 나열한 것이다.

0123456789.١٢٣٤٥٦٧٨٩.۱۲۳۴۵۶۷۸۹۰ ০১২৩৪৫৬৭৮৯০৬৭
੦੧੨੩੪੫੬੭੮੯੦૦૧૨૩૪૫૬૭૮૯૦୦୧୨୩୪୫୬୭୮୯౦౧౨౩౪౫౬౭౮౯೦೧೨೩೪೫೬೭೮೯൦൧൨൩൪൫൬൭൮൯๐๑๒๓๔๕๖๗๘๙໐໑໒໓໔໕໖໗໘໙༠༡༢༣༤༥༦༧༨༩

ᄁᄀᄇᄂ᥆᥆ᥑᥒᥓᥔᥕᥖᥗᥘᥙᥚᥛ᥆᥆᥌᥍᥎᥏ᥐᥑᥒᥓ ꘐꘑꘒꘓꘔꘕꘖꘗꘘꘙ
0 1 2 3 4 5 6 7 8 9

○ \p{Nl}은 로마자를 검색한다. 아래는 에어리얼 유니코드 MS
글리프 중 \p{Nl}가 검색하는 문자를 나열한 것이다.

ⅠⅡⅢⅣⅤⅥⅦⅧⅨⅩⅪⅫLCDM ⅰ ⅱ ⅲ ⅳ ⅴ ⅵ ⅶ ⅷ ⅸ ⅹ ⅺ ⅻlcdmⒹⒹ
ⓓ◯ ｜ ‖ ⦀ ✕ ᚁ ᚄ ᚆ ᚇ ᚈ ᚉ

○ \p{No}는 분수, 첨자, 번호(원형 번호, 괄호 번호, 한자 번호 등)
등을 검색한다. 아래는 에어리얼 유니코드 MS 글리프 중 \p{No}
가 검색하는 문자를 나열한 것이다.

²³¹¼½¾ ✓ ✓ ╓╥╖⫿Ⅲ⬚ ᚂᚃᚄᚅᚆᚇᚈᚉᚊᚋᚌᚍ · ⁰⁴⁵⁶⁷⁸⁹ ₀₁₂₃₄₅₆₇₈₉ ⅓⅔⅕⅖⅗⅘
⅙⅚⅛⅜⅝⅞⅟ ①②③④⑤⑥⑦⑧⑨⑩⑪⑫⑬⑭⑮⑯⑰⑱⑲⑳
⑴⑵⑶⑷⑸⑹⑺⑻⑼⑽⑾⑿⒀⒁⒂⒃⒄⒅⒆⒇ ⒈ ⒉ ⒊ ⒋ ⒌ ⒍
⒎ ⒏ ⒐ ⒑ ⒒ ⒓ ⒔ ⒕ ⒖ ⒗ ⒘ ⒙ ⒚ ⒛ ⓪❶❷❸❹❺❻❼❽❾❿①②③④
⑤⑥⑦⑧⑨⑩❶❷❸❹❺❻❼❽❾❿ ⁻ ⁼ ⁼ 四 ㈠㈡㈢㈣㈤㈥㈦㈧㈨
㈩㈠㈡㈢㈣㈤㈥㈦㈧㈨㈩

\p{P*}

○ \p{P*}은 다양한 문장부호를 검색하며, 정확한 범위는 아래
7가지 하위형태에 해당하는 문장부호 전체다.
○ \p{Pd}는 모든 종류의 하이픈과 대시를 검색한다.
○ \p{Ps}는 [글리프] ▶ [구두점 열기 및 닫기]에서 여는 형태의
구두점을 검색한다.

○ `\p{Pe}`는 [글리프] ▶ [구두점 열기 및 닫기]에서 닫는
형태의 구두점을 검색한다.
○ `\p{Pi}`는 여는 형태의 인용부호(따옴표)를 검색한다.
○ `\p{Pf}`는 닫는 형태의 인용부호를 검색한다.
○ `\p{Pc}`는 밑줄(_), 타이(tie) 기호(‿, ⁀)를 검색한다.
○ `\P{Po}`는 그 외의 문장부호를 검색한다. 아래 나온 형태의
부호들이 해당한다.

!"#%&'*,./:;?@\ ¡ · ¿ † ‡

`\p{C*}`

○ `\p{C*}`는 탭, 오른쪽 들여쓰기 탭, 줄바꿈 문자를 찾는다. 다양한
범위의 요소를 찾지만 보통 조판 작업에서 쓰일 일은 거의 없다.
○ `\p{Cc}`는 C1(텍스트 제어를 위한 문자영역) 제어문자와 기본
라틴어 제어문자를 검색한다. 유니코드 범위는 0000-001F, 007F,
0080-009F, 00AD, 02E5, 200B-200D, FFFC-FFFF, FEFF다.
○ `\p{Cf}`는 일반적 문장부호 중 보이지 않는 요소를 찾는다.
유니코드 범위는 200E, 200F, 202A-202E, 2060-2063,
206A-206F, FFF9-FFFB, 0600-0603이다.
○ `\p{Co}`는 유니코드 중 사용자 자유 영역(private use area)에
해당하는 문자를 검색한다. 유니코드 범위는 E000-F8FF다.
○ `\p{Cn}`은 할당되지 않은 유니코드 범위 일부를 찾는다.
이러한 유니코드의 예로는 2C6D-2C73, 2C78-2C7F, A722-
A7FF, 1E9C-1E9F, 1EFA-1EFF, 1DCB-1DFD 등이 있다.

공백을 나타내는 메타문자 비교

공백을 검색하는 메타문자에는 \s, \h, \v, [[:space:]], [[:blank:]], \p{Zs}가 있으며, 각 메타문자의 검색 범위는 다음 표와 같다.

		\s	\h	\v	[[:space:]]	[[:blank:]]	\p{Zs}
스페이스 공백( )		o	o	x	o	o	o
공백	표의 문자 공백(~c)	o	o	x	o	o	o
	전각 공백(~m)	o	o	x	o	o	o
	반각 공백(~>)	o	o	x	o	o	o
	단어 잘림 방지 공백(~s)	o	o	x	o	o	o
	단어 잘림 방지 공백(고정폭)(~S)	o	o	x	o	o	o
	1/10~1/16 공백(~I)	o	o	x	o	o	o
	1/8 공백(~<)	o	o	x	o	o	o
	1/6 공백(~%)	o	o	x	o	o	o
	1/5 공백(~4)	o	o	x	o	o	o
	1/3 공백(~3)	o	o	x	o	o	o
	구두점 공백(~.)	o	o	x	o	o	o
	숫자 공백(~/)	o	o	x	o	o	o
	강제 공백(~f)	o	o	x	o	o	o
줄바꿈 문자	단 나누기(~M)	o	x	o	o	x	x
	프레임 나누기(~R)	o	x	o	o	x	x
	페이지 나누기(~P)	o	x	o	o	x	x
	홀수 페이지 나누기(~L)	o	x	o	o	x	x
	짝수 페이지 나누기(~E)	o	x	o	o	x	x
	단락 바꾸기(\r)	o	x	o	o	x	x
	강제 줄바꿈(\n)	o	x	o	o	x	x
	임의 줄바꿈(~k)	x	x	x	x	x	x
탭	탭(\t)	o	o	x	o	o	x
	오른쪽 들여쓰기 탭(~y)	o	x	x	o	x	x
	들여쓰기 위치(~i)	o	x	x	o	x	x

정리

1 제한된 범위의 문자나 기호를 찾는 메타문자에는
와일드카드, 포직스, 유니코드 프로퍼티가 있다.

2 와일드카드는 \ 뒤에 영문이 붙은 형태로, \u는 대문자,
\l은 소문자, \d는 숫자, \w는 단어, \s는 공백 및 줄바꿈 문자,
\h는 공백, \v는 줄바꿈 문자, ~K는 한자를 검색한다.

3 역슬래시 뒤에 대문자가 붙으면 소문자 형태의 와일드카드가
검색하는 범위를 제외한 모든 문자를 검색한다.

4 포직스는 [[:와 :]]로 둘러싸인 형태의 메타문자로,
[[:alnum:]]은 영문/숫자/한글/한자, [[:alpha:]]는
영문/한글/한자, [[:digit:]]는 숫자, [[:lower:]]는
소문자, [[:upper:]]는 대문자, [[:punct:]]는 문장부호,
[[:space:]]는 공백 및 줄바꿈 문자, [[:word:]]는
단어문자, [[:xdigit:]]는 16진수 문자를 검색한다.

5 \w와 [[:word:]]는 짧은 밑줄(_)을 검색한다.

6 [[:graph:]]는 공백과 줄바꿈 문자를 제외한 모든
문자를 검색한다.

7 [[= =]]는 안에 입력된 영문자와 관련된 영문세트를 검색하며,
[[. .]]는 이중자를 검색한다.

8 유니코드 프로퍼티는 \p{} 형태를 갖는 메타문자로
특수한 용도의 문자, 다양한 기호, 한글 폰트에서 지원하지
않는 언어권의 문자를 검색할 수 있다.

4 수량자

GREP에는 패턴 뒤에 붙어 패턴의 반복 횟수를 설정하는 메타문자가 있는데 이를 수량자(Quantifier)라고 한다. 수량자는 +(더하기) *(별표) ?(물음표) {}(중괄호)가 있으며, 이들 네 수량자를 단독으로 혹은 서로 결합해 사용한다.

+

+는 한 번 이상 반복된 문자나 패턴을 찾는 수량자다. 더하기 자체를 찾기 위해선 이스케이프해 \+로 검색해야 한다.

+가 검색 결과에 어떤 영향을 미치는지 알아보기 위해 [a-z]와 [a-z]+를 비교해보자.

예문 4.1
[a-z]

> 괄호[括弧], 묶음표[--標], 브래킷[bracket]은 숫자, 문자나 문장,
> 수식의 앞뒤를 막아서 다른 문자열과 구별하는 문장부호의 하나이자
> 기호를 말한다.

예문 4.2
[a-z]+

> 괄호[括弧], 묶음표[--標], 브래킷[bracket]은 숫자, 문자나 문장,
> 수식의 앞뒤를 막아서 다른 문자열과 구별하는 문장부호의 하나이자
> 기호를 말한다.

예문의 검색 결과만으론 두 GREP의 차이가 없어 보인다. 하지만 [모두 변경]을 누른 후 뜨는 메시지 창을 확인해보면, 변경된 항목 수는 예문 4.1이 7개, 예문 4.2가 1개로 나온다. [모두 변경]이 아닌 [찾기]

로 검색하면 예문 4.1은 'bracket'을 한 글자씩 검색하고 예문 4.2는 'bracket'을 한번에 검색하는 것을 볼 수 있다.

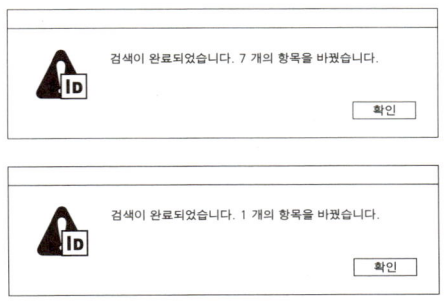

즉 +가 연속된 문자를 하나의 검색 결과로 처리하는 것을 알 수 있다.

bracket   [a-z]는 소문자 1개를 7번 검색한다.

bracket   [a-z]+는 연속된 소문자(7개)를 1번 검색한다.

[문단 스타일] ▶ [GREP 스타일]을 처음 열었을 때 \d+가 기본으로 나와 있는 것처럼, +는 문자클래스뿐 아니라 와일드카드 뒤에 자주 붙여 쓴다. 예문 4.1 GREP을 \l로, 예문 4.2 GREP을 \l+로 바꿔서 써도 똑같은 결과를 얻을 수 있다.

    아래와 같은 도판 번호를 검색하는 GREP을 작성하면서 +에 대해 좀 더 알아보자.

    그림 1-4
    그림 4-12
    그림 10-4
    그림 12-16

하이픈 앞의 숫자는 장 번호이고 뒤의 숫자는 그림 순서에 따라 매겨지는 번호다. 도판 번호의 패턴을 그림으로 그려보면 다음과 같다.

그림	공백	숫자	하이픈	숫자
그림		1	–	4
그림		4	–	12
그림		10	–	4
그림		12	–	16

우선 '그림'과 스페이스 공백, 하이픈은 일반문자 그대로 GREP으로 사용한다. 하이픈 앞뒤로 숫자들이 있으므로 그 자리에 \d를 넣는다.

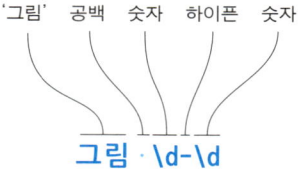

그림 · \d-\d

이렇게 작성한 GREP은 예문 4.3에서 보듯이 전체 도판 번호를 검색하지 못한다.

예문 4.3

그림 · \d-\d

> **그림 1-4**
> **그림 4-1**2
> 그림 10-4
> 그림 12-16

\d는 한 자리 숫자만을 찾기 때문에 "그림'-스페이스 공백-한 자리 숫자-하이픈-한 자리 숫자' 규칙을 만족하는 '그림 1-4'와 '그림 4-12'의 '그림 4-1'만 검색한다.

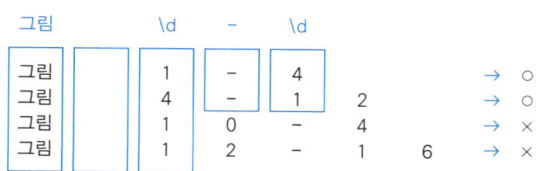

한 자리 숫자와 두 자리 숫자의 조합으로 나올 수 있는 모든 경우의 도판 번호를 찾기 위해 \d-\d\d, \d\d-\d, \d\d-\d\d로 추가 검색할 수도 있지만, 한 자리 이상의 숫자를 찾도록 \d 뒤에 +를 붙여 GREP 을 작성할 수도 있다.

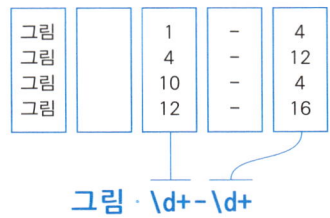

그림 · \d+-\d+

예문 4.4처럼 \d+를 사용하면 전체 도판 번호가 검색된다.

예문 4.4

그림 · \d+-\d+

그림 1-4

그림 4-12

그림 10-4

그림 12-16

숫자가 한 자리 혹은 두 자리이므로 숫자를 나타내는 와일드카드 \d 에 +를 붙이면 여러 자리의 숫자를 한번에 검색할 수 있다.

위 예문의 경우에만 한정한다면, 도판 번호가 \d와 -의 조합으로 이루어져 있으므로 문자클래스를 사용해 GREP을 작성할 수 있다.

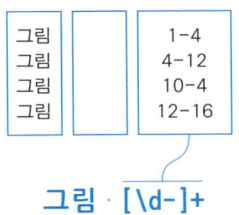

그림 · [\d-]+

이렇게 작성한 예문 4.5 GREP은 전체 도판을 검색한다.

예문 4.5

그림 · [\d-]+

| 그림 1-4
| 그림 4-12
| 그림 10-4
| 그림 12-16

하지만 예문 4.5는 '숫자-하이픈-숫자'라는 규칙을 지키지 않으면서
동시에 [\d-]+를 만족하는 경우(예를 들어 '그림 7'이나 '그림 -16')
까지 검색하므로 \d+-\d+보다 넓은 범위를 검색한다.

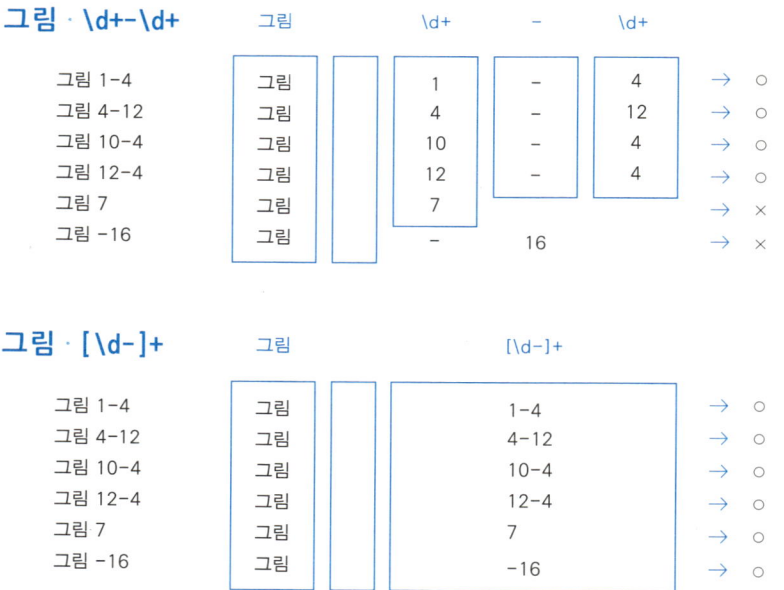

이처럼 검색 범위를 도판 번호 규칙에 맞게 최대한 좁히면 규칙에 맞
지 않는 도판 번호를 검색에서 제외할 수 있다.

+는 패턴이 1번 이상 반복된 경우에 사용하지만, 패턴이 없을지도 모른다면 어떻게 해야 할까? 다음 도판 번호를 검색하는 GREP을 작성해보자.

> 그림 1-4
> 그림 4-12왼쪽
> 그림 4-12오른쪽
> 그림 12-16

예문에서 '왼쪽'과 '오른쪽'은 있을 수도 있고 없을 수도 있는 부분으로, 앞에서 배운 +로는 '없는 경우'를 검색할 수 없다. 이를 해결하기 위해 *를 사용하는데, *는 '없을지도 모르는 반복된 패턴'을 검색하는 수량자로 흔히 '0번 이상 반복된 패턴'을 찾는다고 말한다. 앞의 도판 번호 규칙을 찾아보면 다음과 같다.

"그림'-공백-숫자-하이픈-숫자"는 그림·\d+-\d+로 쓸 수 있고, 그 뒤에 '한글'은 범위를 넓게 잡아 \w*로 쓸 수 있다.

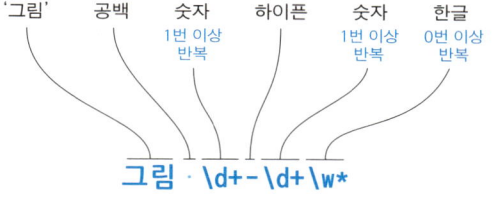

이렇게 작성한 예문 4.6 GREP은 예문의 모든 도판 번호를 검색한다.

예문 4.6

그림 · \d+-\d+\w*

> 그림 1-4
> 그림 4-12왼쪽
> 그림 4-12오른쪽
> 그림 12-16

\w*는 '왼쪽' '오른쪽' 외의 한글이나 영문자, 숫자 등도 검색하는데 '왼쪽' '오른쪽'으로만 범위를 좁히려면 5장에서 배우게 될 하위표현식과 |(파이프)를 사용해 예문 4.7처럼 작성해야 한다.

예문 4.7

그림 · \d+-\d+(왼쪽|오른쪽)*

> 그림 1-4
> 그림 4-12왼쪽
> 그림 4-12오른쪽
> 그림 12-16

하위표현식과 |는 5장에서 자세히 알아보겠지만, 여기서 간단히 설명하면 |는 '왼쪽'이나 '오른쪽' 중 하나만 검색할 수 있게 해주며 하위표현식은 두 검색어에 각각 *가 적용될 수 있게 묶어준다. (산술연산에서 소괄호의 역할을 생각하면 이해하기 쉽다.)

*가 없을지도 모르는 반복된 문자나 패턴을 찾는다면 ?는 없을 수도 있고 반복되지 않는, 즉 0번 이상 1번 이하로 반복된 패턴을 찾는 수량자다. 다음 예문을 살펴보자.

그림 1-4
그림 4-12 (왼쪽)
그림 4-12 (오른쪽)
그림 12-16

위 예문의 패턴을 찾아보면 다음과 같다.

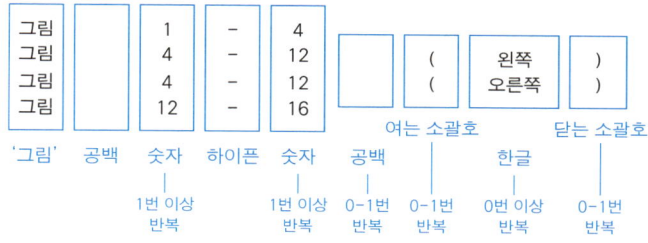

GREP 뒷부분의 '스페이스 공백-여는 소괄호'와 '닫는 소괄호' 규칙은 없을 수도 있고 있더라도 반복되지 않는(한 자리밖에 없는) 특징이 있다. *의 '반복된' 요소를 찾는 성질이 검색 범위를 불필요하게 넓힐 경우, * 대신 ?를 사용해 검색 범위를 줄일 수 있다.

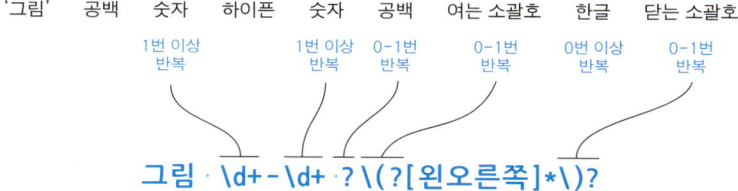

이것을 GREP으로 만들어보면 예문 4.8과 같다.

예문 4.8

그림·\d+-\d+·?\(?[왼오른쪽]*\)?

| 그림 1-4
| 그림 4-12 (왼쪽)
| 그림 4-12 (오른쪽)
| 그림 12-16

지금까지 알아본 +, *, ?가 같은 조건에서 검색했을 때 어떤 차이를 보이는지 비교해보자. 예문 4.9-4.11은 '뒤에 +가 붙는 A-C 등급'을 검색하는 GREP으로, GREP 뒤에 각각 +, *, ?가 붙어 있다.

예문 4.9

[ABC]\++

| A. M. 베스트는 가장 높은 것부터 가장 낮은 것까지 A++, A+, A, A-, B++, B+, B, B-, C++, C+, C, C-, D, E, F, S 순의 등급을 사용한다.

예문 4.10

[ABC]\+*

| A. M. 베스트는 가장 높은 것부터 가장 낮은 것까지 A++, A+, A, A-, B++, B+, B, B-, C++, C+, C, C-, D, E, F, S 순의 등급을 사용한다.

예문 4.11

[ABC]\+?

| A. M. 베스트는 가장 높은 것부터 가장 낮은 것까지 A++, A+, A, A-, B++, B+, B, B-, C++, C+, C, C-, D, E, F, S 순의 등급을 사용한다.

예문 4.9의 +는 +가 1개 이상 있는 경우만 검색하기 때문에 +가 없는 등급(A, A-, B, B-, C, C-)은 검색하지 않는다. 예문 4.10의 *는 +가 없는 경우도 검색하기 때문에 +가 있는 등급뿐 아니라 없는 등급도

검색한다. 예문 4.11의 **?**는 +가 없는 경우가 있더라도 하나만 있는 경우만 검색하기 때문에 ++에서 + 하나만 검색하면서 +가 없는 등급도 검색한다.

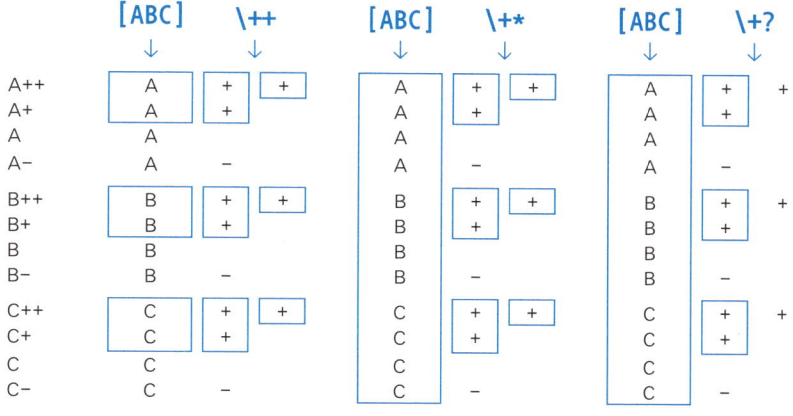

{ }

+, *, ? 수량자로 다룰 수 있는 반복 횟수는 0, 1, 무한대다. 즉, **+**의 반복 횟수는 1에서 무한대, *는 0에서 무한대, ?는 0에서 1이다. 만약 반복 횟수를 0, 1, 무한대가 아니라 두 번이나 세 번으로 한정하려면 어떻게 해야할까?

GREP에서 반복 횟수를 지정하는 메타문자를 '구간(interval)'이라고 하며, { } 안에 반복 횟수를 기입해 찾고자 하는 패턴 뒤에 붙여 사용한다. 예문 4.12의 **\d{4}**는 '한 자리 숫자가 4번 반복된다'는 뜻으로 \d\d\d\d와 같다.

예문 4.12

\d{4}

> 1914년 10월 29일과 10월 30일 오스만 제국 해군은 독일의 수손 제독의 지휘 아래 세바스토폴, 오데사, 페오도시야와 노보로시스크를 포격한다. 1914년 11월 2일 러시아는 오스만 제국에게 전쟁을

선포한다. 1914년 8월 3일 이탈리아 왕 비토리오 에마누엘레 3세는 독일황제 빌헬름 2세에게 이탈리아가 참전을 해야만 하는 것에 관한 삼국 동맹의 조건에 참전 명분이 적합하지 않음을 알린다.

예문 4.12에서 네 자리 숫자는 연도밖에 없기 때문에 연도만 검색된다. 만약, 예문 안에 날짜가 '○○○○년 ○○월 ○○일'처럼 일정한 형식을 유지한다면 구간을 이용해 날짜 전체를 검색할 수 있는데, 문제는 '○○월'이나 '○○일'은 한 자리 숫자일 수도 있고 두 자리 숫자일 수도 있다는 점이다.

만약 '○○월'이나 '○○일'처럼 찾고자 하는 검색어의 반복 횟수가 특정 범위 내에 있다면 반복 횟수의 최솟값과 최댓값으로 구간을 만들 수 있다. 예를 들어 {3,6}는 '3번 반복에서 6번 반복까지'라는 뜻이고 {1,2}는 '1번 반복에서 2번 반복까지'라는 뜻이다.

'○○월'이나 '○○일'은 1–2자리 숫자이프로 각각 \d{1,2}월과 \d{1,2}일로 쓸 수 있다.

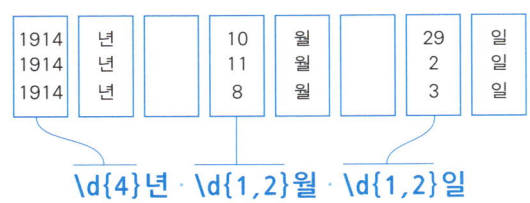

구간을 이용해 예문 4.13을 작성하면 예문에서 연도를 찾을 수 있다.

예문 4.13

\d{4}년 · \d{1,2}월 · \d{1,2}일

1914년 10월 29일과 10월 30일 오스만 제국 해군은 독일의 수손 제독의 지휘 아래 세바스토폴, 오데사, 페오도시야와 노보로시스크를 포격한다. 1914년 11월 2일 러시아는 오스만 제국에게 전쟁을 선포한다. 1914년 8월 3일 이탈리아 왕 비토리오 에마누엘레 3세는 독일황제 빌헬름 2세에게 이탈리아가 참전을 해야만 하는 것에 관한 삼국 동맹의 조건에 참전 명분이 적합하지 않음을 알린다.

구간에서 최솟값만 작성하면 최솟값 이상의 반복 횟수를 의미한다. 예문 4.14 GREP의 {4,}는 4번 이상 반복을 의미한다.

예문 4.14
[가-힣]{4,}

1914년 10월 29일과 10월 30일 오스만 제국 해군은 독일의 수숀 제독의 지휘 아래 세바스토폴, 오데사, 페오도시야와 노보로시스크를 포격한다.

{,4}로 작성하면 네 자리 이하의 한글을 검색할 수 있을 것 같지만, 이는 잘못된 GREP으로, 검색이 불가능하다.

예문 4.15
[가-힣]{,4}

1914년 10월 29일과 10월 30일 오스만 제국 해군은 독일의 수숀 제독의 지휘 아래 세바스토폴, 오데사, 페오도시야와 노보로시스크를 포격한다.

만약 예문 4.15에서 네 자리 이하의 한글을 찾고 싶다면 구간을 {1,4}로 작성하면 되지만, 이 GREP으로는 예문 4.16처럼 원하는 결과를 얻지 못한다.

예문 4.16
[가-힣]{1,4}

1914년 10월 29일과 10월 30일 오스만 제국 해군은 독일의 수숀 제독의 지휘 아래 세바스토폴, 오데사, 페오도시야와 노보로시스크를 포격한다.

예문 4.16 GREP은 1-4자리의 연속된 한글뿐 아니라 5자리 이상의 한글도 검색하는데, 이는 다섯 자리 이상 연속된 한글을 4자리 단위로 끊어 검색한 것이다. 예를 들어 '세바스토폴'은 '세바스토'와 '폴'로, '페오도시야와'는 '페오도시'와 '야와'로 나누어 검색한 것이다.

구간은 0도 사용할 수 있는데, *나 ?의 '검색어가 없는 경우'와 같다. {0,1}은 검색어가 없거나 1번 반복한다는 의미로 ?와 같고, {0,}은 검색어가 없거나 무수히 반복한다는 *와 같다. +는 {1,}과 같다.

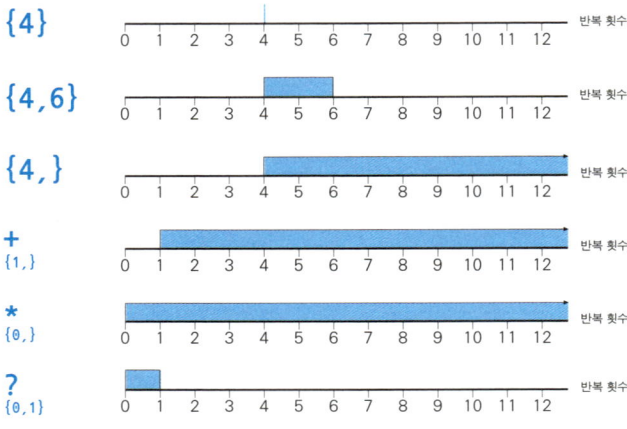

+?

+는 연속된 1개 이상의 문자를 찾을 수 있기 때문에 괄호로 둘러싸인 부분을 찾을 때 유용하다. 다음 예문에서 소괄호로 둘러싸인 부분을 찾는 GREP을 작성해보자.

명성태황후 민씨(明成太皇后 閔氏)는 조선의 26대 왕이자
대한제국의 초대 황제인 고종(高宗)의 왕비이자 황후이다. 본명은
민자영(閔玆暎)이고, 시호는 효자원성정화합천홍공성덕명성태황후
(孝慈元聖正化合天洪功誠德明成太皇后)이다.

소괄호로 둘러싸인 문자를 찾기 위해 이스케이프한 소괄호 \(와 \)
사이에 .+를 넣는다.

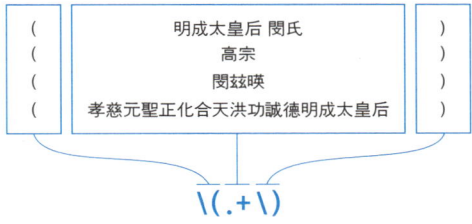

하지만 예문 4.17에서 보듯이 이 GREP으로는 원하는 검색 결과를 얻
지 못한다.

예문 4.17

\(.+\)

> 명성태황후 민씨(明成太皇后 閔氏)는 조선의 26대 왕이자
> 대한제국의 초대 황제인 고종(高宗)의 왕비이자 황후이다. 본명은
> 민자영(閔玆暎)이고, 시호는 효자원성정화합천홍공성덕명성태황후
> (孝慈元聖正化合天洪功誠德明成太皇后)이다.

예문에서 소괄호로 둘러싸인 부분은 네 군데로, \(.+\)는 첫 번째 여
는 소괄호와 마지막 네 번째 닫는 소괄호 사이에 있는 모든 문자를
검색한다. 이는 +가 최대한 큰 범위를 검색하려는 속성이 있기 때문
인데 이런 성질을 '탐욕적(greedy)'이라고 하며, +를 '탐욕적 수량자
(greedy quantifier)'라고 한다.

　최대 범위가 아니라 최소 범위를 찾기 위해선 예문 4.18처럼 탐욕
적 수량자 +뒤에 ?를 붙여 +?로 써야 한다.

예문 4.18

`\( .+?\)`

> 명성태황후 민씨(**明成太皇后 閔氏**)는 조선의 26대 왕이자
> 대한제국의 초대 황제인 고종(**高宗**)의 왕비이자 황후이다. 본명은
> 민자영(**閔玆暎**)이고, 시호는 효자원성정화합천홍공성덕명성태황후
> (**孝慈元聖正化合天洪功誠德明成太皇后**)이다.

이처럼 범위를 최소한으로 줄이려는 성질을 '게으르다(lazy)'고 하며, 탐욕적 수량자에 **?**를 붙인 형태의 수량자를 '게으른 수량자(lazy quantifier)'라고 한다.

탐욕적 수량자와 게으른 수량자의 검색 원리는 정반대다.

예문 4.17의 `\( .+\)`는 먼저 `\(`로 첫번째 여는 소괄호를 검색한 후, 탐욕적 수량자 `.+`로 문단 끝까지 검색해 `\)`로 닫는 소괄호가 있는지 확인한다. 문단 끝에 닫는 소괄호가 없으면 한 자리씩 뒤로 물러나면서 닫는 소괄호가 있는지 확인하다가, 닫는 소괄호가 나오면 검색을 완료한다.

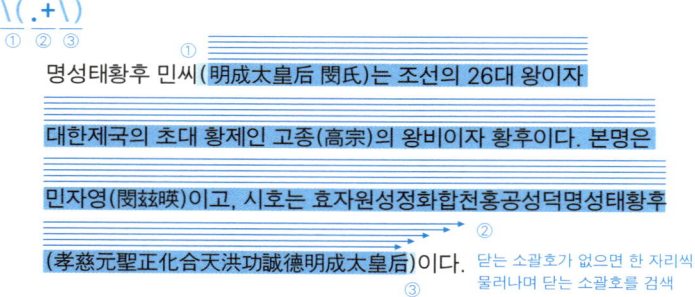

예문 4.18의 `\( .+?\)`는 `\(`로 첫 번째 여는 소괄호를 검색한 후 게으른 수량자 `.+?`를 잠시 유보시킨 채 `\)`로 닫는 소괄호가 있는지 확인한다. 닫는 소괄호가 없으면 한 자리씩 앞으로 나아가며 닫는 소괄호가 있는지 확인하다가, 닫는 소괄호가 나오면 `.+?`를 적용해 검색을 완료한 후 두 번째 여는 소괄호를 찾아 이 과정을 반복한다.

`\( .+?\)`

① ② ③

닫는 소괄호가 없으면 한 자리씩
전진하며 닫는 소괄호를 검색

① ② ③

명성태황후 민씨(**明成太皇后 閔氏**)는 조선의 26대 왕이자

① ②

대한제국의 초대 황제인 고종(**高宗**)의 왕비이자 황후이다. 본명은

① ② ③

민자영(**閔玆暎**)이고, 시호는 효자원성정화합천홍공성덕명성태황후

① ② ③

(**孝慈元聖正化合天洪功誠德明成太皇后**)이다.

위의 설명이 GREP의 실제 작동 원리와 완벽하게 일치하진 않지만, 탐욕적 수량자와 게으른 수량자가 어떤 과정을 거쳐 검색하는지 이해하는 데 무리는 없을 것이다.

　최소 범위의 검색 결과가 나오도록 예문 4.17을 수정하는 방법이 하나 더 있는데, 예문 4.19처럼 문자클래스를 이용해 소괄호 사이에 들어갈 문자에서 닫는 소괄호를 제외하는 방법이다.

예문 4.19

`\([^)]+\)`

명성태황후 민씨(**明成太皇后 閔氏**)는 조선의 26대 왕이자
대한제국의 초대 황제인 고종(**高宗**)의 왕비이자 황후이다. 본명은
민자영(**閔玆暎**)이고, 시호는 효자원성정화합천홍공성덕명성태황후
(**孝慈元聖正化合天洪功誠德明成太皇后**)이다.

닫는 소괄호를 제외하는 문자클래스는 여는 소괄호에서 시작해 그다음에 위치하는 닫는 소괄호 바로 앞까지 하나의 검색 결과로 묶어 소괄호 사이의 문자를 찾는다. 이 방법은 게으른 수량자를 쓰는 것보다 느린 시스템에서 더 빠르게 검색할 수 있다는 장점이 있다.

*?

게으른 수량자는 +뿐 아니라 *와 구간에서도 쓸 수 있다. 게으른 수량자의 형태는 다음 표와 같다.

탐욕적 수량자	게으른 수량자
+	+?
*	*?
{ }	{ }?

먼저 *?에 대해 살펴보기 위해, 아래 예문에서 소괄호로 둘러싸인 부분을 검색하는 GREP을 작성해보자.

```
gets() and scanf() family I/O routines, for lack of (either any
or easy) input length checking.
```

먼저 'gets( )'와 'scanf( )'의 소괄호처럼 가운데 아무 내용이 없는 소괄호도 검색하기 위해 *를 사용해 GREP을 작성한다.

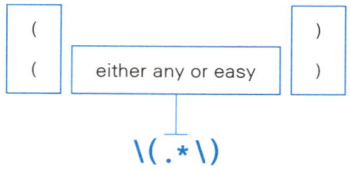

\(.*\)에서 .*는 탐욕적 수량자이기 때문에 예문 4.20처럼 소괄호로 둘러싸인 최대 범위를 검색한다.

예문 4.20

\(.*\)

```
gets() and scanf() family I/O routines, for lack of (either any or
easy) input length checking.
```

최소 범위를 검색하기 위해 `.*` 뒤에 `?`를 붙여 예문 4.21 GREP을 작성하면 'gets( )'와 'scanf( )'의 소괄호를 검색할 수 있다.

예문 4.21

`\(.*?\)`

> gets() and scanf() family I/O routines, for lack of (either any or easy) input length checking.

게으른 수량자 대신 문자클래스를 사용해 예문 4.20을 수정하기 위해서는 `\([^)]*\)`를 작성하면 된다.

예문 4.22

`\([^)]*\)`

> gets() and scanf() family I/O routines, for lack of (either any or easy) input length checking.

{}?

다음 예문 4.23에서 구간을 사용해 소괄호로 둘러싸인 부분을 검색해보자. 소괄호로 둘러싸인 부분은 2-17자로 이루어진 한자이므로, 구간 `{2,17}`을 작성해 `.` 뒤에 붙였다.

예문 4.23

`\(.{2,17}\)`

> 명성태황후 민씨(明成太皇后 閔氏)는 고종(高宗)의 왕비이자 황후이다. 본명은 민자영(閔玆暎)이고, 시호는 효자원성정화합천홍공성덕명성태황후(孝慈元聖正化合天洪功誠德明成太皇后)다.

`.{2,17}`가 2-17자리 사이의 문자를 탐욕적으로 검색하기 때문에 예문 4.23의 '(明成太皇后 閔氏)'와 '(高宗)'가 하나의 검색 결과로 묶였

다. 즉, 첫 번째 여는 소괄호를 검색한 후 17자리를 한꺼번에 검색해 한 자리씩 후진하며 닫는 소괄호를 찾다가, 여는 소괄호에서 16자리 뒤에 있던 닫는 소괄호에서 첫 번째 검색을 완료한 것이다.

\(.{2,17}\)
① ② ③
닫는 소괄호가 없으면 한자리씩
물러나며 닫는 소괄호를 검색.

명성태황후 민씨(明成太皇后 閔氏)는 고종(高宗)의 왕비이자

황후이다. 본명은 민자영(閔玆暎)이고, 시호는 효자원성정화합천홍공

성덕명성태황후(孝慈元聖正化合天洪功誠德明成太皇后)다.

이를 해결하기 위해 구간 뒤에 **?**를 붙여 예문 4.24를 작성한다.

예문 4.24

\(.{2,17}?\)

> 명성태황후 민씨(明成太皇后 閔氏)는 고종(高宗)의 왕비이자 황후이다.
> 본명은 민자영(閔玆暎)이고, 시호는 효자원성정화합천홍공성덕명성태
> 황후(孝慈元聖正化合天洪功誠德明成太皇后)다.

게으른 수량자를 사용했기 때문에 '(明成太皇后 閔氏)'와 '(高宗)'가 따로 검색되었다. 즉, 첫 번째 여는 소괄호를 검색한 후 한 자리씩 전진하며 닫는 소괄호를 찾으므로, 첫 번째 닫는 소괄호에서 GREP이 만족되며 첫 번째 검색을 완료한 것이다.

\(.{2,17}?\)
① ② ③
닫는 소괄호가 없으면 한자리씩
전진하며 닫는 소괄호를 검색.

명성태황후 민씨(明成太皇后 閔氏)는 고종(高宗)의 왕비이자

황후이다. 본명은 민자영(閔玆暎)이고, 시호는 효자원성정화합천홍공

성덕명성태황후(孝慈元聖正化合天洪功誠德明成太皇后)다.

?에 대한 게으른 수량자 ??도 있지만, {0,1}이 탐욕적인 경우는 일반적 조판에서는 거의 없으므로 무의미한 GREP이라고 할 수 있다.

정리

1 수량자는 패턴을 몇 번 반복해 검색할지 설정하는 메타문자다.

2 +는 1번 이상 반복된 패턴을 찾는 수량자다.

3 *는 없거나 1번 이상 반복된 패턴을 찾는 수량자다.

4 ?는 없거나 반복되지 않는 패턴을 찾는 수량자다.

5 구간은 반복 횟수를 직접 입력할 수 있는 수량자로 {n}이면 n번, {n,m}는 n-m번, {n,}는 n번 이상 반복을 의미한다.

6 +, *, 구간은 탐욕적 수량자로 최대 범위를 검색하는 성질이 있으며, 여기에 ?를 붙이면 게으른 수량자가 되어 최소 범위를 검색한다.

5 하위표현식

하위표현식

앞에서 배운 수량자는 패턴 뒤에 붙여 사용하기 때문에 검색에 제한이 생긴다. 예를 들어 '개굴'과 '개굴개굴'을 찾기 위해 개굴+이라고 작성하면 + 앞의 '굴'만 반복되어 '개굴' '개굴굴' '개굴굴굴'…이 검색된다. +를 여러 자리의 패턴에 적용하려면 소괄호를 사용해 (개굴)+이라고 작성해야 한다. 이처럼 소괄호는 여러 패턴을 묶어 하나의 패턴처럼 만드는데, 이를 '하위표현식(Subexpression)'이라고 한다.

하위표현식에 대해 알아보기 위해 아래 예문에서 IP 주소를 검색하는 GREP을 작성해보자.

> IPv4 주소는 오늘날 일반적으로 사용하는 IP 주소이다. 이 주소의
> 범위는 32비트로 보통 0~255 사이의 십진수 넷을 쓰고 .으로 구분해
> 나타낸다. 따라서 0.0.0.0부터 255.255.255.255까지가 된다.
> 중간의 일부 번호들은 특별한 용도를 위해 예약되어 있다. 이를테면
> 127.0.0.1은 로컬 호스트로 자기 자신을 가리킨다.

위 예문에 나온 IP 주소는 다음 3개다.

0.0.0.0
255.255.255.255
127.0.0.1

IP 주소는 한 자리에서 세 자리의 숫자가 4번 나오며 그 사이에 마침표가 위치한다. 이 규칙을 GREP으로 작성하면 \d+가 4번 반복되고 그 사이에 \.이 위치한 패턴이 된다.

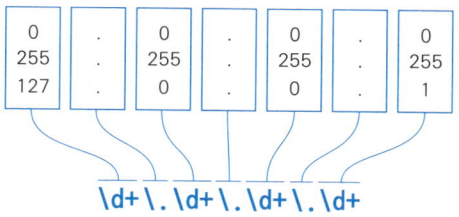

이 GREP으로 예문 5.1을 검색하면 IP 주소만 검색할 수 있다.

예문 5.1

\d+\.\d+\.\d+\.\d+

> IPv4 주소는 오늘날 일반적으로 사용하는 IP 주소다. 이 주소의
> 범위는 32비트로 보통 0-255 사이의 십진수 넷을 쓰고 .으로 구분해
> 나타낸다. 따라서 0.0.0.0부터 255.255.255.255까지가 된다.
> 중간의 일부 번호들은 특별한 용도를 위해 예약되어 있다. 이를테면
> 127.0.0.1은 로컬 호스트로 자기 자신을 가리킨다.

예문 5.1 GREP은 하위표현식과 구간을 이용해 짧게 줄일 수 있다.
\d+\. 이 3번 반복되므로 \d+\. 을 소괄호로 묶어 (\d+\.)를 작성하
고 뒤에 {3}을 붙여준다.

예문 5.2

(\d+\.){3}\d+

> IPv4 주소는 오늘날 일반적으로 사용하는 IP 주소다. 이 주소의
> 범위는 32비트로 보통 0-255 사이의 십진수 넷을 쓰고 .으로 구분해
> 나타낸다. 따라서 0.0.0.0부터 255.255.255.255까지가 된다.
> 중간의 일부 번호들은 특별한 용도를 위해 예약되어 있다. 이를테면
> 127.0.0.1은 로컬 호스트로 자기 자신을 가리킨다.

만약 하위표현식 없이 \d+\.{3}\d+로 썼다면 {3}이 바로 앞의 \. 에
만 적용되므로 \d+\.\.\.\d+와 같은 GREP이 된다. 하지만 하위표
현식으로 묶어줬기 때문에 구간 {3}은 \d+\. 전체에 적용된다.

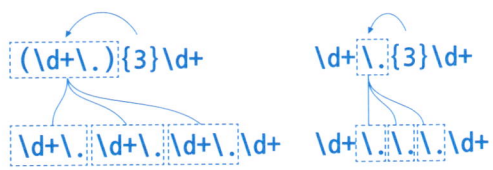

선택

|는 '또는'에 해당하는 메타문자로, 하위표현식과 함께 사용하는 경우가 많다. 앞의 2장에 나온 '홍차, 녹차, 우롱차'를 검색하려면 문자클래스(예문 5.3) 대신 하위표현식과 |(예문 5.4)를 사용해 GREP을 작성해야 한다.

예문 5.3

[홍녹우롱]차

> **녹차**는 전혀 산화되지 않아 녹색이 도는 차고, 우**롱차**는
> 10-70%정도 산화된 차로 청록색을 띤다. **홍차**는 85% 이상 발효되어
> 검은빛이 도는 차로 차를 우리면 찻물 색이 붉은 색을 띤다.

예문 5.4

(홍|녹|우롱)차

> **녹차**는 전혀 산화되지 않아 녹색이 도는 차고, **우롱차**는
> 10-70%정도 산화된 차로 청록색을 띤다. **홍차**는 85% 이상 발효되어
> 검은빛이 도는 차로 차를 우리면 찻물 색이 붉은 색을 띤다.

녹|홍|우롱은 '녹 또는 홍 또는 우롱'을 뜻하며, 이것을 하위표현식으로 묶어주고 그 뒤에 '차'를 붙여주면 '녹차 또는 홍차 또는 우롱차'란 패턴이 된다.

예문 5.4 GREP은 (녹차|홍차|우롱차)로도 쓸 수 있으며, 이 GREP을 단독으로 쓰는 경우라면 하위표현식을 제거해 녹차|홍차|우롱차로 써도 된다.

하위표현식과 |의 성질을 좀 더 알아보기 아래 예문에서 '의식'과 관련된 단어를 찾는 GREP을 작성해보자.

> 분석심리학은 칼 융이 창시한 심층 심리학이다. 무의식을 개인
> 무의식과 집단 무의식으로 나누고, 집단 무의식 속에 고태형(古態型)을
> 가정한다. 꿈이나 신화의 분석을 통해 무의식적인 내용을 의식화하는
> 과정을 중시했다.

의식과 관련된 단어는 크게 '의식'과 '무의식'으로 나누어지며 '무의식'은 '개인 무의식'과 '집단 무의식'으로 나누어진다.

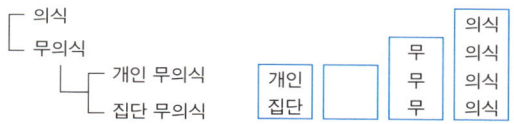

스페이스 공백과 '무'는 없을 수 있는 문자이므로 패턴 뒤에 ?를 붙이며, '개인'과 '집단'은 둘 중 하나만 쓰이므로 |로 구분한 후 하위표현식을 적용해 ?를 붙인다. 이렇게 GREP을 작성하면 (개인|집단)? ?무?의식이 되는데, 이 GREP으로 검색하면 예문 5.5처럼 원하는 결과가 나오지 않는다.

예문 5.5
(개인|집단)? ?무?의식

> 분석심리학은 칼 융이 창시한 심층 심리학이다. 무의식을 개인
> 무의식과 집단 무의식으로 나누고, 집단 무의식 속에 고태형(古態型)을
> 가정한다. 꿈이나 신화의 분석을 통해 무의식적인 내용을 의식화하는
> 과정을 중시했다.

예문 5.5에서 보듯이 '무의식'이나 '의식' 앞의 스페이스 공백이 검색
되었는데, 예문 5.5 GREP의 ·?가 '개인'이나 '집단'의 유무에 상관없
이 독립적으로 '무의식'과 '의식' 앞의 모든 스페이스 공백을 검색하기
때문이다.

이를 방지하기 위해 예문 5.6처럼 소괄호 안의 개인과 집단 뒤에
스페이스 공백을 넣어 (개인 · |집단 ·)?로 고친다. 이렇게 하면 스페
이스 공백이 '개인'이나 '집단'에 종속적으로 검색되므로 원하는 검색
결과를 얻을 수 있다.

예문 5.6

(개인 · |집단 ·)?무?의식

> 분석심리학은 칼 융이 창시한 심층 심리학이다. 무의식을 개인
> 무의식과 집단 무의식으로 나누고, 집단 무의식 속에 고태형(古態型)을
> 가정한다. 꿈이나 신화의 분석을 통해 무의식적인 내용을 의식화하는
> 과정을 중시했다.

하위표현식 겹쳐쓰기

산술연산에서 소괄호, 중괄호, 대괄호를 사용해 연산순서를 정하듯
이, 하위표현식도 유사하게 검색 순서를 정할 수 있다. 다만, 중괄호
와 대괄호를 사용하지 않고 소괄호를 여러 번 겹쳐(nest) 사용한다.

math   [{ (a) b } c]
grep   (((a) b) c)

하위표현식 겹쳐쓰기를 활용하면 예문 5.5를 이중으로 된 하위표현
식으로 바꿔 쓸 수 있다. 예문 5.5 GREP에서 (개인|집단)? ·?의 스
페이스 공백이 두 하위표현식 사이에 위치할 수 있도록 ((개인|집
단) ·)?로 고치면, 예문 5.7처럼 스페이스 공백이 '개인'이나 '집단'에
종속적으로 검색되도록 만들 수 있다.

예문 5.7

((개인|집단) ·)?무?의식

> 분석심리학은 칼 융이 창시한 심층 심리학이다. 무의식을 개인
> 무의식과 집단 무의식으로 나누고, 집단 무의식 속에 고태형(古態型)을
> 가정한다. 꿈이나 신화의 분석을 통해 무의식적인 내용을 의식화하는
> 과정을 중시했다.

'개인'을 a로, '집단'을 b로, 스페이스 공백을 c로, '무'를 d로, '의식'을 e
로 놓는다면 예문 5.7을 다음과 같이 이해할 수 있을 것이다.

a 또는 b라는 첫 번째 하위표현식에 c가 붙어 ac 또는 bc를 만든 후,
두 번째 하위표현식이 여기에 de를 붙여 acde 또는 bcde를 만든다. 단
ac, bc, d는 없을 수도 있기 때문에 e, de, acde, bcde가 만들어진다.

정리

1   하위표현식은 패턴을 소괄호로 묶은 것으로, 여러
    패턴을 하나의 패턴처럼 만든다.
2 |는 '또는'에 해당하는 메타문자로, 한 자리 이상의 검색어
    여러 개를 검색한다.
3   하위표현식은 산술연산의 중괄호나 대괄호처럼 겹쳐서
    사용할 수 있다.

6 탐색

지금까지는 찾고자 하는 문자를 GREP으로 만들었지만, 특정 문자를 기준 삼아 그 주변에 있는 검색어를 찾을 수도 있다. 이때 기준이 되는 문자는 검색 결과에 포함되지 않는데, 이렇게 자기 자신은 검색 결과에 포함하지 않으면서 검색의 위치기준이 되는 메타문자를 '탐색(lookaround)'이라고 한다. 실제 프로그래밍 분야에서는 '기준'이라는 용어를 사용하지 않지만, 여기서는 설명의 편의를 위해 '기준'을 하나의 용어처럼 사용한다.

전방탐색과 후방탐색

전방탐색(lookahead)은 기준 앞에 위치한 패턴을 찾는 메타문자다. 전방탐색은 **?=**로 쓰며 기준을 **=**(등호) 뒤에 쓰고 소괄호로 묶은 다음 검색하고자 하는 패턴 뒤에 붙인다.

패턴(?=기준)

전방탐색의 사용방법을 알아보기 위해, 아래 예문에 나온 '○○세법'에서 '○○세'를 찾는 GREP을 작성해보자.

> 국세는 보통 1세목 1세법주의에 의해 각각의 부과 대상에 따라
> 각각의 세법이 존재한다. 국세에 관한 법률은 법인세법, 소득세법,
> 부가가치세법 등이 있으며 이들은 각각 법인의 소득, 개인의 소득,
> 부가가치대상인 재화용역의 공급을 그 과세대상으로 하고 있다.

예문에 나온 '○○세법'에서 '○○'은 '법인' '소득' '부가가치'처럼 자릿수가 일정하지 않은 한글로 이루어져 있다. 우선 기준이 되는 '법'

을 전방탐색을 사용해 **?=법**으로 만들어 '세' 뒤에 위치시킨다. '세법' 앞에 자릿수가 일정하지 않은 한글이 들어가므로 **[가-힣]+**를 붙여 GREP을 완성한다.

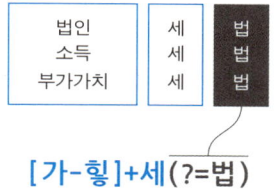

[가-힣]+세 (?=법)

이렇게 작성한 예문 6.1 GREP은 '○○ 세법'의 '○○ 세'를 찾지만, '법' 이 뒤에 없는 '국세'나 '과세'는 검색하지 않는다.

예문 6.1

[가-힣]+세 (?=법)

> 국세는 보통 1세목 1세법주의에 의해 각각의 부과 대상에 따라
> 각각의 세법이 존재한다. 국세에 관한 법률은 **법인**세법, **소득**세법,
> **부가가치**세법 등이 있으며 이들은 각각 법인의 소득, 개인의 소득,
> 부가가치대상인 재화용역의 공급을 그 과세대상으로 하고 있다.

두 글자 이상의 단어도 전방탐색의 기준으로 사용할 수 있다. '세법' 앞의 단어를 검색하고 싶다면 예문 6.2처럼 기준을 **(?=세법)**으로 작성한다.

예문 6.2

[가-힣]+(?=세법)

> 국세는 보통 1세목 1세법주의에 의해 각각의 부과 대상에 따라
> 각각의 세법이 존재한다. 국세에 관한 법률은 **법인**세법, **소득**세법,
> **부가가치**세법 등이 있으며 이들은 각각 법인의 소득, 개인의 소득,
> 부가가치대상인 재화용역의 공급을 그 과세대상으로 하고 있다.

하위표현식도 전방탐색의 기준이 될 수 있다. '세법'이나 '주의' 앞의 아무 한글 단어를 검색하려면 예문 6.3 GREP처럼 **(?=(세법|주의))** 로 작성한다.

예문 6.3

[가-힣]+(?=(주의|세법))

> 국세는 보통 1세목 1<mark>세법</mark>주의에 의해 각각의 부과 대상에 따라
> 각각의 세법이 존재한다. 국세에 관한 법률은 <mark>법인</mark>세법, <mark>소득</mark>세법,
> <mark>부가가치</mark>세법 등이 있으며 이들은 각각 법인의 소득, 개인의 소득,
> 부가가치대상인 재화용역의 공급을 그 과세대상으로 하고 있다.

문자클래스도 기준으로 사용할 수 있다. 예문 6.4의 **(?=[은는])**은 '은'과 '는'으로 끝나는 단어(정확히 말하면 '은'과 '는'으로 끝나는 어절(띄어쓰기 단위)에서 '은'과 '는'을 제외한 부분)를 검색한다. 단, **(?=[은는])**은 조사 '라는'의 일부도 검색하므로 주격조사 앞의 단어를 찾는 방법이 될 수 없다.

예문 6.4

[가-힣]+(?=[은는])

> <mark>국세</mark>는 보통 1세목 1세법주의에 의해 각각의 부과 대상에 따라
> 각각의 세법이 존재한다. 국세에 관한 <mark>법률</mark>은 법인세법, 소득세법,
> 부가가치세법 등이 있으며 <mark>이들</mark>은 각각 법인의 소득, 개인의 소득,
> 부가가치대상인 재화용역의 공급을 그 과세대상으로 하고 있으며,
> 예외적으로 상속세 및 <mark>증여세법</mark>은 한개의 법률로 상속과 <mark>증여라</mark>는
> 2개의 항목을 과세대상으로 한다.

후방탐색(lookbehind)은 기준 뒤에 위치한 패턴을 찾는 메타문자다. 후방탐색은 **?<=**으로 쓰며 기준을 **=** 뒤에 쓰고 소괄호로 묶은 다음, 찾고자 하는 패턴 앞에 붙여 사용한다.

(?<=기준)패턴

후방탐색의 사용방법을 알아보기 위해, 다음 예문에서 '꽃' 뒤에 나오는 두 음절의 한글을 찾아보자.

꽃의 각 기관이 붙어 있는 부분을 꽃턱이라고 하며, 꽃받기란 꽃턱과
꽃자루를 잇는 연결부다. 꽃턱에 이어져 꽃을 받치는 자루를
꽃자루라고 한다. 한편, 꽃봉오리를 싸서 보호하는 특수한 모양의 잎을
특히 포엽(苞葉)이라고 하는데, 일반적으로 꽃이 피면 떨어진다.

'꽃' 뒤의 검색어를 찾기 위해 (?<=꽃)로 후방탐색을 작성하고, 두 자리의 한글을 찾는 [가-힣]{2}를 그 뒤에 붙여준다.

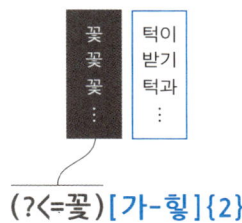

(?<=꽃)[가-힣]{2}

이렇게 작성한 GREP은 예문 6.5에서 '꽃' 뒤에 나오는 두 자리의 모든 한글을 찾는다.

예문 6.5
(?<=꽃)[가-힣]{2}

꽃의 각 기관이 붙어 있는 부분을 꽃턱이라고 하며, 꽃받기란 꽃턱과
꽃자루를 잇는 연결부다. 꽃턱에 이어져 꽃을 받치는 자루를
꽃자루라고 한다. 한편, 꽃봉오리를 싸서 보호하는 특수한 모양의 잎을
특히 포엽(苞葉)이라고 하는데, 일반적으로 꽃이 피면 떨어진다.

후방탐색도 전방탐색과 마찬가지로 두 글자 이상의 문자, 하위표현식, 문자클래스를 기준으로 사용할 수 있다. 전방탐색에서 두 글자 이상의 문자나 하위표현식, 문자클래스를 사용하는 방법과 같으므로, 예문은 생략한다.

전방탐색과 후방탐색을 같이 사용하면 두 기준 사이에 나오는 패턴을 찾을 수 있다.

(?<=기준)패턴(?=기준)

전방탐색과 후방탐색을 같이 사용하는 방법을 알아보기 위해, 다음 예문에서 소괄호로 둘러싸인 부분을 소괄호를 제외하고 찾아보자.

> 문양을 만드는 짜내기용 재료의 종류에는 버터크림, 머랭(meringue),
> 퐁당(Fondant), 로열 아이싱(Glace royale), 워터 아이싱(Glace
> l'eau) 등이 있고, 케이크 위의 장식물로 사용하는 재료에는 과일
> 외에도 초콜릿, 마지팬(Marzipan), 슈(Choux), 떡(운빠이) 반죽,
> 슈거 페이스트(Sugar paste), 마카롱(Macaroon), 검 페이스트(Gum
> paste), 머랭(Meringue) 등이 있다.

여는 소괄호와 닫는 소괄호를 각각 후방탐색과 전방탐색으로 만들고, 한글, 영문, 문장부호, 스페이스 공백이 모두 포함될 수 있게 **.+?**를 사용해 소괄호 안의 문자를 검색한다.

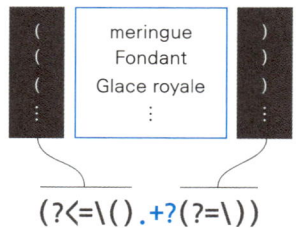

(?<=\().+?(?=\))

이렇게 예문 6.6을 작성해 검색하면 소괄호를 제외하고 그 안의 문자만 검색한다.

예문 6.6

`(?<=\( ).+?(?=\))`

> 문양을 만드는 짜내기용 재료의 종류에는 버터크림, 머랭(meringue),
> 퐁당(Fondant), 로열 아이싱(Glace royale), 워터 아이싱(Glace
> l'eau) 등이 있고, 케이크 위의 장식물로 사용하는 재료에는 과일
> 외에도 초콜릿, 마지팬(Marzipan), 슈(Choux), 떡(윤빼이) 반죽,
> 슈거 페이스트(Sugar paste), 마카롱(Macaroon), 검 페이스트(Gum
> paste), 머랭(Meringue) 등이 있다.

부정형 전방탐색과 부정형 후방탐색

전방탐색, 후방탐색과 반대로 주변에 기준 문자가 없는 패턴을 찾을
수 있는데 이를 '부정형(negative) 전방탐색' '부정형 후방탐색'이라
고 한다. 앞에서 알아본 전방탐색, 후방탐색은 부정형 탐색과 구분하
기 위해 '긍정형(positive) 전방탐색' '긍정형 후방탐색'이라고도 한
다. 부정형 탐색은 긍정형 탐색에서 **=** 대신 **!**(느낌표)를 사용한다.

	후방탐색	전방탐색
긍정형	?<=	?=
부정형	?<!	?!

먼저 부정형 전방탐색에 대해 알아보자. 부정형 전방탐색은 **?!**로 쓰
며, 기준을 **!** 뒤에 쓰고 소괄호로 묶은 다음 찾고자 하는 패턴 뒤에
붙인다.

패턴(?!기준)

다음 예문에서 뒤에 '어'가 붙는 '포르투갈'과 뒤에 '어'가 붙지 않는
'포르투갈'을 각각 긍정형 전방탐색과 부정형 전방탐색으로 검색해
비교해보자.

카스텔라는 16세기, 포르투갈 상인이 나가사키에서 장사를 하면서 전해졌다. 카스텔라(포르투갈어: Castela, 이 철자는 Castella로 잘못 알려짐)는 포르투갈어로 스페인의 카스티야 지방을 부르는 말로, 이 빵은 포르투갈어로 카스티야 지방의 빵이라는 뜻이다. 나가사키에서 팔리는 전통적인 카스텔라는 26cm 가량 되는 긴 상자 안에 넣어서 팔리고, 역시 포르투갈에서 전해진 컵케이크의 일종인 마데이라 케이크와 닮은 모습을 하고 있다.

뒤에 '어'가 붙는 '포르투갈'을 찾기 위해 전방탐색으로 **(?=어)**를 만들고, 그 앞에 **포르투갈**을 붙인다. 이와 반대로 뒤에 '어'가 붙지 않는 '포르투갈'을 찾기 위해선 부정형 전방탐색으로 **(?!어)**를 만들고 그 앞에 **포르투갈**을 붙인다.

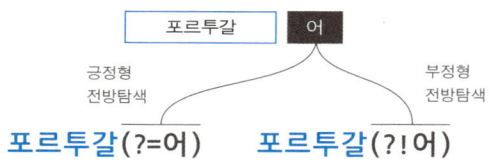

포르투갈(?=어)   **포르투갈(?!어)**

이렇게 작성한 예문 6.7은 긍정형 전방탐색으로 '포르투갈어'의 '포르투갈'을 검색하고, 예문 6.8은 부정형 전방탐색으로 그 외의 '포르투갈'을 검색한다.

예문 6.7
포르투갈(?=어)

카스텔라는 16세기, 포르투갈 상인이 나가사키에서 장사를 하면서 전해졌다. 카스텔라(**포르투갈**어: Castela, 이 철자는 Castella로 잘못 알려짐)는 **포르투갈**어로 스페인의 카스티야 지방을 부르는 말로, 이 빵은 **포르투갈**어로 카스티야 지방의 빵이라는 뜻이다. 나가사키에서 팔리는 전통적인 카스텔라는 26cm 가량 되는 긴 상자 안에 넣어서 팔리고, 역시 포르투갈에서 전해진 컵케이크의 일종인 마데이라 케이크와 닮은 모습을 하고 있다.

포르투갈(?!어)

> 카스텔라는 16세기, <mark>포르투갈</mark> 상인이 나가사키에서 장사를 하면서
> 전해졌다. 카스텔라(포르투갈어: Castela, 이 철자는 Castella로
> 잘못 알려짐)는 포르투갈어로 스페인의 카스티야 지방을 부르는 말로,
> 이 빵은 포르투갈어로 카스티야 지방의 빵이라는 뜻이다. 나가사키에서
> 팔리는 전통적인 카스텔라는 26cm 가량 되는 긴 상자 안에 넣어서
> 팔리고, 역시 <mark>포르투갈</mark>에서 전해진 컵케이크의 일종인 마데이라
> 케이크와 닮은 모습을 하고 있다.

부정형 후방탐색은 ?<! 로 쓰며, 기준을 ! 뒤에 쓰고 소괄호로 묶은 다음 찾고자 하는 패턴 뒤에 붙인다.

(?<!기준)패턴

다음 예문에서 긍정형 후방탐색으로 '○○공포증'의 '공포증'을, 부정형 후방탐색으로 단어 앞에 '○○'이 없는 '공포증'을 검색해보자.

> 공포증(恐怖症, phobia)은 불안장애의 한 유형으로 예상치 못한
> 특정한 상황이나 활동, 대상에 대해서 공포심을 느껴 높은 강도의
> 두려움과 불쾌감으로 인해 그 조건을 회피하려는 것을 말한다. 공포증
> 증상으로는 숨가쁨, 오한이나 발열, 경련이나 무정위한 불수의 운동,
> 어지러움, 두근거림, 구역질 등이 있다. 공포증의 하위유형에는
> 광장(廣場)공포증, 사회공포증, 단순공포증이 있다.

'○○공포증'과 '공포증'을 구분할 수 있는 규칙은 다음과 같다.

1 '○○공포증' 사이에는 띄어쓰기가 없다. 즉 '○○공포증'에
   해당하지 않는 경우 '공포증' 앞에 스페이스 공백이 있다.
2 '광장(廣場)공포증'처럼 한글뿐 아니라 한자와 기호가
   '공포증' 앞에 올 수 있다.

2번 규칙만 이용하면 한글과 한자, 기호를 모두 탐색의 기준으로 사용해야 하는 복잡한 방법을 사용해야 하지만, 1번 규칙을 같이 이용하면 스페이스 공백을 제외하는 문자클래스 [^ ·]를 이용해 '○○공포증'의 '공포증'을 쉽게 찾을 수 있다.

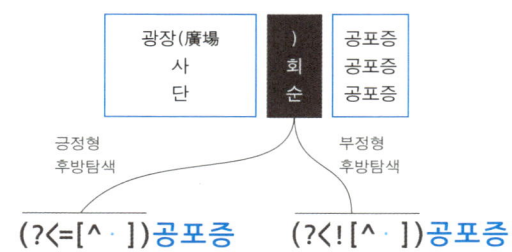

이렇게 작성한 GREP을 적용해보면 긍정형 후방탐색으로 검색한 예문 6.9에서는 '○○공포증'이 검색되고, 부정형 후방탐색으로 검색한 예문 6.10에서는 그 외의 '공포증'이 검색되는 것을 볼 수 있다.

예문 6.9
(?<=[^ ·])공포증

> 공포증(恐怖症, phobia)은 불안장애의 한 유형으로 예상치 못한 특정한 상황이나 활동, 대상에 대해서 공포심을 느껴 높은 강도의 두려움과 불쾌감으로 인해 그 조건을 회피하려는 것을 말한다. 공포증 증상으로는 숨가쁨, 오한이나 발열, 경련이나 무정위한 불수의 운동, 어지러움, 두근거림, 구역질 등이 있다. 공포증의 하위유형에는 광장(廣場)공포증, 사회공포증, 단순공포증이 있다.

예문 6.10
(?<![^ ·])공포증

> 공포증(恐怖症, phobia)은 불안장애의 한 유형으로 예상치 못한 특정한 상황이나 활동, 대상에 대해서 공포심을 느껴 높은 강도의 두려움과 불쾌감으로 인해 그 조건을 회피하려는 것을 말한다. 공포증 증상으로는 숨가쁨, 오한이나 발열, 경련이나 무정위한 불수의 운동,

어지러움, 두근거림, 구역질 등이 있다. 공포증의 하위유형에는
광장(廣場)공포증, 사회공포증, 단순공포증이 있다.

예문 6.9가 스토리 첫 문단이 아니라면, 문단 맨 앞의 '공포증'이 검색
될 수 있으므로 주의해야 한다. (?<=[^ ·])는 스페이스 공백을 제외
한 모든 문자가 기준이 되기 때문에, 문단이 바뀌면서 생성된 단락끝
을 기준으로 삼을 수 있다.

예문 6.10의 (?<![^ ·])는 '스페이스 공백을 제외한 모든 문자를
제외'하므로 스페이스 공백을 긍정형 후방탐색으로 사용한 (?<= ·)
와 차이가 없어 보이지만, (?<= ·)공포증은 문단 맨 앞의 '공포증'을
검색하지 못하므로 이 차이를 유념해 GREP을 작성해야 한다.

기준의 제한

예문 6.9는 '스페이스 공백을 제외하는 문자클래스'라는 다소 복잡한
기준을 사용했는데, 단순하게 스페이스 공백을 제외한 문자를 검색
하는 [[:graph:]]+를 사용하면 어떻게 될까?

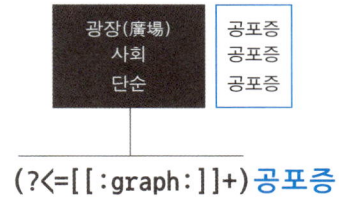

(?<=[[:graph:]]+)공포증

수량자가 포함된 패턴을 기준으로 사용한 예문 6.11은 '○○공포증'
의 '공포증'을 찾지 못한다.

예문 6.11

(?<=[[:graph:]]+)공포증

| 공포증의 하위유형에는 광장(廣場)공포증⃰, 사회공포증⃰,
| 단순공포증⃰이 있다.

하지만 예문 6.11에서 +를 빼 '공포증' 앞의 '한 자리 문자'를 기준으로 만들면 원하는 검색 결과를 얻을 수 있다.(예문 6.12)

예문 6.12

(?<=[[:graph:]])공포증

| 공포증의 하위유형에는 광장(廣場)<mark>공포증</mark>, 사회<mark>공포증</mark>,
| 단순<mark>공포증</mark>이 있다.

+가 붙으면 후방탐색이 작동하지 않는 이유를 알아보기 위해, 먼저 탐색이 어떤 방식으로 위치를 찾는지 살펴보자. 예문 6.12의 후방탐색 기준을 음영으로 표시하면 다음과 같다.

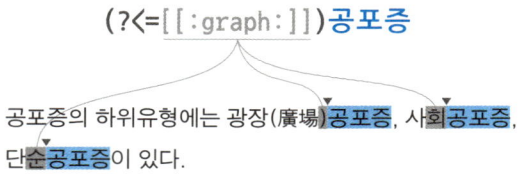

탐색은 '문자'가 아니라 기준과 패턴 사이, 즉 '위치'를 찾는다. 예문 6.12의 **(?<=[[:graph:]])**는 '광장(廣場)공포증'에서 닫는 소괄호와 '공' 사이를 찾고, '사회공포증'에선 '회'와 '공' 사이를 찾는다. 이는 앞서 본 예문에서 기준을 음영 표시하지 않고 역삼각형으로 표시한 이유이기도 하다.

예문 6.11 GREP이 아무것도 검색하지 못하는 이유는 이 '위치'를 찾는 과정이 수량자에 따라 매우 복잡해질 수 있기 때문이다. 즉,

기준의 자릿수가 유동적이면 '위치' 확정 후 패턴을 검색하는 과정이 무한정 반복될 수 있으므로, 이를 방지하기 위해 일부러 제한을 걸어 놓은 것이다.

후방탐색의 제한은 탐욕적 수량자인 +, *, ?와 게으른 수량자인 +?, *?에도 적용된다.

구간은 예문 6.13의 {2}처럼 자릿수가 하나로 정해진 경우 후방탐색의 기준으로 사용할 수 있지만, 예문 6.14의 {1,2}처럼 자릿수가 유동적인 구간은 후방탐색의 기준으로 사용할 수 없다.

예문 6.13

(?<=[[:graph:]]{2})공포증

> 공포증의 하위유형에는 광장(廣場)**공포증**, 사회**공포증**,
> 단순**공포증**이 있다.

예문 6.14

(?<=[[:graph:]]{1,2})공포증

> 공포증의 하위유형에는 광장(廣場)공포증, 사회공포증,
> 단순공포증이 있다.

예문 6.13와 6.14에 사용된 후방탐색 기준을 음영으로 표시하면 다음과 같다.

(?<=[[:graph:]]{2})공포증

공포증의 하위유형에는 광장(廣場)공포증, 사회공포증,
단순공포증이 있다.

공포증의 하위유형에는 광장(廣場)공포증, 사회공포증,
단순공포증이 있다.

(?<=[[:graph:]]{1,2})공포증

게으른 수량자가 적용된 구간도 자릿수가 정해져 있으면 후방탐색의 기준으로 사용할 수 있다. 다음 예문 6.15의 {4}와 예문 6.16의 {4}? 는 ?의 유무에 상관없이 '광장(廣場)공포증'의 '공포증'을 검색한다.

예문 6.15

(?<=[[:graph:]]{4})공포증

> 공포증의 하위유형에는 광장(廣場)**공포증**, 사회공포증,
> 단순공포증이 있다.

예문 6.16

(?<=[[:graph:]]{4}?)공포증

> 공포증의 하위유형에는 광장(廣場)**공포증**, 사회공포증,
> 단순공포증이 있다.

후방탐색에서 기준으로 사용할 수 있는 수량자를 표로 정리하면 다음과 같다.

	+		*		?		{n}		{n,m}		{n,}	
탐욕적	+	×	*	×	?	×	{n}	○	{n,m}	×	{n,}	×
게으른	+?	×	*?	×	N/A		{n}?	○	{n,m}?	×	{n,}?	×

|를 후방탐색 기준으로 사용할 때, |로 묶은 패턴의 자릿수와 순서에 따라 문제가 발생할 수 있다. 예문 6.17에서 \w\w와 \)를 |로 묶어 \w\w|\)를 후방탐색 기준으로 사용하면 \w\w에 해당하는 패턴만 찾는 문제가 발생한다.

예문 6.17

(?<=(\w\w|\)))공포증

> 공포증의 하위유형에는 광장(廣場)공포증, 사회**공포증**,
> 단순**공포증**이 있다.

하지만 예문 6.18처럼 순서를 바꿔 `\)|\w\w`를 후방탐색 기준으로 사용하면 `\)`와 `\w\w`에 해당하는 패턴을 모두 찾는다.

예문 6.18

`(?<=(\)|\w\w))`공포증

> 공포증의 하위유형에는 광장(廣場)**공포증**, 사회**공포증**,
> 단순**공포증**이 있다.

예문 6.17과 6.18에 사용된 후방탐색 기준을 음영으로 표시하면 다음 그림과 같다.

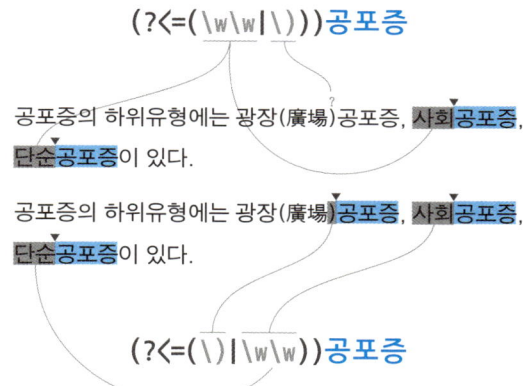

자릿수가 다른 패턴을 `|`로 묶어 후방탐색 기준으로 사용하면 검색 결과를 신뢰할 수 없으므로, 패턴을 파이프로 묶을 때는 자릿수를 맞춘다. 예문 6.19는 한 자리의 패턴을, 예문 6.20은 두 자리의 패턴을 파이프로 묶었지만 원하는 검색 결과가 나온 것을 볼 수 있다.

예문 6.19

`(?<=(\w|\)))`공포증

> 공포증의 하위유형에는 광장(廣場)**공포증**, 사회**공포증**,
> 단순**공포증**이 있다.

예문 6.20

(?<=(\w\)|\w\w))공포증

| 공포증의 하위유형에는 광장(廣場)**공포증**, 사회**공포증**,
| 단순**공포증**이 있다.

후방탐색과 달리 전방탐색은 기준에 수량자를 사용할 수 있다. 예문 6.21은 기준에 **+**를 사용했지만 검색이 제대로 되는 것을 볼 수 있다.

예문 6.21

포르투갈(?=[가-힣]+)

| 카스텔라(**포르투갈**어: Castela, 이 철자는 Castella로 잘못 알려짐)는
| 16세기, 포르투갈 상인이 나가사키에서 장사를 하면서 전해졌다.
| 나가사키에서 팔리는 전통적인 카스텔라는 26cm 가량 되는 긴 상자
| 안에 넣어서 팔리고, 역시 **포르투갈**에서 전해진 컵케이크의 일종인
| 마데이라 케이크와 닮은 모습을 하고 있다.

예문 6.21에 사용된 전방탐색 기준을 음영으로 표시해보았다.

포르투갈(?=[가-힣]+)

(…) 카스텔라(**포르투갈**어: Castela … 역시 **포르투갈**에서 전해진(…)

예문 6.22에서 볼 수 있듯이 후방탐색 기준으로 사용할 수 없는 구간 **{1,2}**도 전방탐색의 기준으로 사용할 수 있다.

예문 6.22

포르투갈(?=[가-힣]{1,2})

| 카스텔라(**포르투갈**어: Castela, 이 철자는 Castella로 잘못 알려짐)는
| 16세기, 포르투갈 상인이 나가사키에서 장사를 하면서 전해졌다.
| 나가사키에서 팔리는 전통적인 카스텔라는 26cm 가량 되는 긴 상자
| 안에 넣어서 팔리고, 역시 **포르투갈**에서 전해진 컵케이크의 일종인
| 마데이라 케이크와 닮은 모습을 하고 있다.

심지어 예문 6.23처럼 전방탐색은 .+를 기준으로 삼아도 검색이 가능하다. 다만 **포르투갈**로 검색하는 것과 차이는 없으므로 무의미한 GREP이라 할 수 있다.

예문 6.23

포르투갈(?=.+)

> 카스텔라(**포르투갈**어: Castela, 이 철자는 Castella로 잘못 알려짐)는
> 16세기, 포르투갈 상인이 나가사키에서 장사를 하면서 전해졌다.
> 나가사키에서 팔리는 전통적인 카스텔라는 26cm 가량 되는 긴 상자
> 안에 넣어서 팔리고, 역시 **포르투갈**에서 전해진 컵케이크의 일종인
> 마데이라 케이크와 닮은 모습을 하고 있다.

예문 6.23에 사용된 전방탐색 기준을 음영으로 표시해보았다.

포르투갈(?=.+)

…**포르투갈**어: Castela … 포르투갈 상인이 나가사키 … 역시 포르투갈에서…

…포르투갈어: Castela … **포르투갈** 상인이 나가사키 … 역시 포르투갈에서…

…포르투갈어: Castela … 포르투갈 상인이 나가사키 … 역시 **포르투갈**에서…

정리

1 탐색은 특정 패턴을 기준 삼아 그 주변의 패턴을 찾는
   메타문자로, 기준은 검색 결과에 포함되지 않는다.

2 전방탐색은 **패턴(?=기준)**으로 작성하며 기준 앞에
   있는 패턴을 찾는다.

3 후방탐색은 **(?<=기준)패턴**으로 작성하며 기준 뒤에
   있는 패턴을 찾는다.

4 전방탐색과 후방탐색을 같이 사용해 **(?<=기준)패턴(?=기준)**
   을 작성하면 특정 문자 사이의 패턴을 찾을 수 있다.

5   부정형 탐색은 주변에 기준이 없는 패턴을
    찾는 메타문자다.

6   부정형 전방탐색은 **패턴(?!기준)**으로 작성하며
    뒤에 기준이 없는 패턴을 찾는다.

7   부정형 후방탐색은 **(?<!기준)패턴**으로 작성하며
    앞에 기준이 없는 패턴을 찾는다.

8   후방탐색의 경우 기준에 수량자를 쓰면 검색되지
    않는 경우가 있으므로 주의한다.

문
법

7 위치지정자

GREP에는 탐색 외에도 '위치지정자(Assertion)'라고 하는 위치를 찾는 메타문자가 있는데, 단어나 문단의 경계를 찾는 데 사용한다. 이번 장에서는 다양한 위치지정자에 대해 알아보자.

단어 경계

다음 예문에서 '의식'을 찾는 GREP을 작성해보자. 단 여기서 찾고자 하는 '의식'은 '무의식'이나 '전의식'에 포함된 '의식'이 아닌, 앞에 아무 글자가 붙지 않은 '의식'이다.

> 프로이트는 의식의 세계에서 인지할 수 없지만 분명히 존재해 인간의
> 행동에 영향을 미치는 무의식에 대해 발견하고 그 무의식의 구조에
> 대해 연구했다. 처음에 프로이트는 지형학적 모델로 무의식의 구조를
> 설명했다. 우리가 인식하는 정신의 바깥에 의식이 존재하고, 그 밑에는
> 지금 당장 인식하고 있지는 않지만 언제든 다시 생각을 꺼내올 수 있는
> 전의식이 존재한다.

'의식' 앞에 아무 글자가 없다는 것은 스페이스 공백 뒤에 위치한 '의식'이라고 할 수 있으며, 이 점을 이용해 GREP을 작성할 것이다.

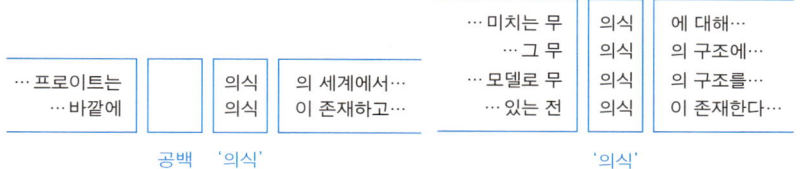

지금까지 배운 방법을 사용한다면 스페이스 공백을 후방탐색 기준으로 사용해 **(?<= ·)** 를 의식 앞에 붙여 GREP을 작성할 수 있다.

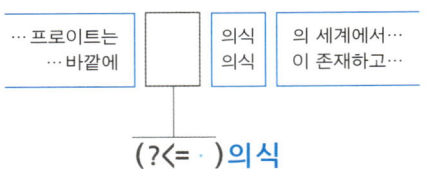

예문 7.1

(?<= ·)의식

> 프로이트는 **의식**의 세계에서 인지할 수 없지만 분명히 존재해 인간의 행동에 영향을 미치는 무의식에 대해 발견하고 그 무의식의 구조에 대해 연구했다. 처음에 프로이트는 지형학적 모델로 무의식의 구조를 설명했다. 우리가 인식하는 정신의 바깥에 **의식**이 존재하고, 그 밑에는 지금 당장 인식하고 있지는 않지만 언제든 다시 생각을 꺼내올 수 있는 전의식이 존재한다.

하지만 후방탐색을 사용하지 않고 '의식'을 찾을 수 있는 방법이 있는데, 바로 단어의 경계를 찾는 메타문자 **\b**를 이용하는 것이다.

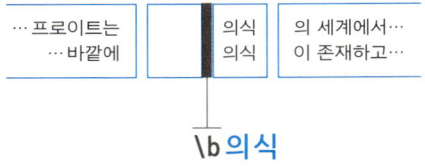

\b를 사용한 예문 7.2가 후방탐색을 사용한 예문 7.1과 결과가 같은 것을 볼 수 있다.

예문 7.2

\b의식

> 프로이트는 **의식**의 세계에서 인지할 수 없지만 분명히 존재해 인간의 행동에 영향을 미치는 무의식에 대해 발견하고 그 무의식의 구조에

대해 연구했다. 처음에 프로이트는 지형학적 모델로 무의식의 구조를 설명했다. 우리가 인식하는 정신의 바깥에 의식이 존재하고, 그 밑에는 지금 당장 인식하고 있지는 않지만 언제든 다시 생각을 꺼내올 수 있는 전의식이 존재한다.

엄밀히 말해 \b가 찾는 위치는 '단어'의 경계가 아니다. \b는 '공백, 기호'가 '한글, 영문, 숫자'와 만나는 지점을 찾으므로 한국어에서는 어절(띄어쓰기 단위)의 경계가 좀 더 정확한 표현이다. 이런 차이는 영어와 한국어에서 단어가 글줄에서 존재하는 방식이 다르기 때문이다. 영어에서는 모든 단어가 띄어쓰기에 의해 구분되지만, 한국어에서는 단어 뒤에 조사가 붙는 경우가 있으므로 띄어쓰기로 단어를 구분할 수 없다. 이 책에서는 설명의 편의를 위해 '어절' 대신 '단어'를 사용한다.

예문에서 \b가 찾는 경계를 표시하면 다음과 같다.

|프로이트는| |의식의| |세계에서| |인지할| |수| |없지만| |분명히| |존재해| |인간의| |행동에| |영향을| |미치는| |무의식에| |대해| |발견하고| |그| |무의식의| |구조에| |대해| |연구했다|. |처음에| |프로이트는| |지형학적| |모델로| |무의식의| |구조를| |설명했다|. |우리가| |인식하는| |정신의| |바깥에| |의식이| |존재하고|, |그| |밑에는| |지금| |당장| |인식하고| |있지는| |않지만| |언제든| |다시| |생각을| |꺼내올| |수| |있는| |전의식이| |존재한다|.

예문에서 마침표나 쉼표가 단어에 포함되지 않는 것에 주의하자. \b는 여러 종류의 공백과의 경계도 인식하는데, 다만 '표의 문자 공백'은 공백으로 인식하지 않는다.

\b는 한국어보다 영어에서 더 유용하다. 한국어는 단어 뒤에 조사가 붙는 경우가 많아 \b의 활용도가 떨어지지만, 영어는 모든 단어가 공백으로 떨어져 있기 때문에 \b의 활용도가 높다. 다음 예문에서 'cat'을 찾는 GREP을 작성해보자.

Cat communication is the range of methods by which cats
communicate with other cats, humans, and other animals.
Communication methods include postures, movement (including
"quick, fine" movements not generally perceived by human
beings), noises and chemical signals.

앞의 예문에서 \b를 사용하지 않고 일반문자로만 된 cat 으로 검색하
면 'communication' 'communicate'의 'cat'도 검색하므로, 검색어 앞뒤
로 \b를 붙여 고양이란 의미의 'cat'만 검색한다. 대문자로 시작하는
경우를 대비해 [Cc]를 사용하고, 복수형도 검색하기 위해 s?를 뒤에
붙여 예문 7.3을 작성한다.

예문 7.3

\b[Cc]ats?\b

Cat communication is the range of methods by which cats
communicate with other cats, humans, and other animals.
Communication methods include postures, movement (including
"quick, fine" movements not generally perceived by human
beings), noises and chemical signals.

예문 7.3 문단 첫 단어인 'Cat'이 검색되지 않은 것은 'Cat' 앞에 공백
이 없어 \b가 단어의 경계를 인식하지 못했기 때문이다. 문단 첫 단어
를 검색하려면 예문 7.4처럼 GREP 앞에 위치한 \b를 삭제해야 하는
데, 이 경우 -cat이나 -cats로 끝나는 단어가 검색될 수 있으므로 주의
해야 한다. (예문에 -cat이나 -cats로 끝나는 단어가 없어 원하는 검색
결과를 얻을 수 있었다.)

예문 7.4

[Cc]ats?\b

Cat communication is the range of methods by which cats
communicate with other cats, humans, and other animals.

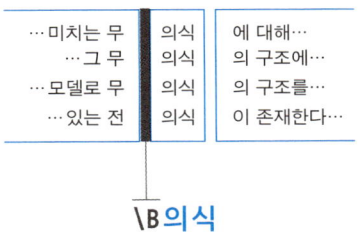

Communication methods include postures, movement (including
"quick, fine" movements not generally perceived by human
beings), noises and chemical signals.

예문 7.3 GREP에서 첫 번째 \b 뒤에 ?을 붙여 \b?를 작성하면 검색어가 문단 첫 단어에 오더라도 검색할 수 있을 것 같지만, 이 경우 검색이 아예 되지 않는다.

예문 7.5

\b?[Cc]ats?\b

Cat communication is the range of methods by which cats
communicate with other cats, humans, and other animals.
Communication methods include postures, movement (including
"quick, fine" movements not generally perceived by human
beings), noises and chemical signals.

\b는 줄바꿈 문자도 공백으로 인식하기 때문에, 줄바꿈 문자 뒤에 검색어가 위치해도 검색이 가능하다. 즉, 예문 7.4 앞에 다른 문단이 있다면 예문 7.3의 \b[Cc]ats?\b로도 문단 첫 단어인 'Cat'을 검색할 수 있다.

\b와는 반대로, \B는 단어의 경계가 아닌 결과를 찾는다. 예문 7.2 GREP에서 \b대신 \B를 사용해 \B의식를 작성하면, '무의식'이나 '전의식'에 포함된 '의식'을 찾을 수 있다.

…미치는 무	의식	에 대해…
…그 무	의식	의 구조에…
…모델로 무	의식	의 구조를…
…있는 전	의식	이 존재한다…

\B의식

예문 7.6

\B의식

> 프로이트는 의식의 세계에서 인지할 수 없지만 분명히 존재해 인간의
> 행동에 영향을 미치는 무**의식**에 대해 발견하고 그 무**의식**의 구조에
> 대해 연구했다. 처음에 프로이트는 지형학적 모델로 무**의식**의 구조를
> 설명했다. 우리가 인식하는 정신의 바깥에 의식이 존재하고, 그 밑에는
> 지금 당장 인식하고 있지는 않지만 언제든 다시 생각을 꺼내올 수 있는
> 전**의식**이 존재한다.

\b와 \B의 정확한 차이를 알기 위해 물결표(~) 앞뒤에 \b와 \B를 붙여 예문 7.7과 7.8 GREP을 작성해보자.

예문 7.7

\B~\B

> 가시광선(visible ray)은 사람의 눈에 보이는 전자기파의 영역이다. 가시광선
> 범위의 개인차가 존재하지만 보통의 인간의 눈은 400 **~** 700nm까지의
> 범위를 감지한다. 최대 380~800 nm까지를 감지하는 사람이 있다고 한다.

예문 7.8

\b~\b

> 가시광선(visible ray)은 사람의 눈에 보이는 전자기파의 영역이다. 가시광선
> 범위의 개인차가 존재하지만 보통의 인간의 눈은 400 ~ 700nm까지의
> 범위를 감지한다. 최대 380**~**800 nm까지를 감지하는 사람이 있다고 한다.

얼핏보면 스페이스 공백으로 둘러싸인 예문 7.7의 검색 결과가 \b~\b로 검색되고 숫자로 둘러싸인 예문 7.8의 검색 결과가 \B~\B로 검색되어야 할 것 같지만 결과는 그 반대다. 그 이유는 \b가 물결표의 경계를 찾지 않기 때문이다. 공백으로 둘러싸인 첫 번째 물결표는 스페이스 공백에 의해 단어의 경계('400' 뒤와 '700' 앞)와 떨어져 있어 \b~\b로 검색할 수 있고, 숫자로 둘러싸인 두 번째 물결표는 단어의 경계('380' 뒤와 '800' 앞)로 둘러싸여 있어 \b~\b로 검색할 수 있다.

예문 7.7과 7.8의 검색 결과를 \b가 찾는 경계와 같이 표시하면 쉽게 알 수 있다.

\B~\B   \B~\B

가시광선|(|visible| |ray|)|은| |사람의| |눈에| |보이는| |전자기파의|
|영역이다|. |가시광선| |범위의| |개인차가| |존재하지만| |보통의| |인간의|
|눈은| |400| ~ |700nm까지의| |범위를| |감지한다|. |최대| |380| ~ |800|
|nm까지를| |감지하는| |사람이| |있다고| |한다|.

물결표 앞뒤로 단어경계가 없어   물결표 앞뒤로 단어경계가 있어
\B~\B로 검색할 수 있다.   \b~\b로 검색할 수 있다.

125

단어의 경계를 찾는 메타문자에는 \<과 \>도 있다. 이 두 메타문자는 \b와 유사한 기능을 하지만 \b가 패턴 앞뒤 상관없이 단어의 경계를 찾는 데 반해, \<는 패턴 앞에 위치해 단어 앞 경계를 찾고 \>는 단어 끝에 위치해 단어 뒤 경계를 찾는다. 예문 7.3의 \b[Cc]ats?\b는 예문 7.9처럼 \<[Cc]ats?\>로 바꿔 쓸 수 있다. '스토리 맨 앞에 나온 단어가 검색되지 않는 제약'도 \<과 \>에서 똑같이 적용된다.

예문 7.9

\<[Cc]ats?\>

Cat communication is the range of methods by which cats communicate with other cats, humans, and other animals. Communication methods include postures, movement (including "quick, fine" movements not generally perceived by human beings), noises and chemical signals.

문단 경계

GREP에는 문단의 시작과 끝을 찾는 메타문자가 있다. ^(캐럿)은 문단의 시작을 찾는 메타문자로, 찾고자 하는 패턴 앞에 붙여 사용하고, $(달러)는 문단의 끝을 찾는 메타문자로, 찾고자 하는 패턴 뒤에 붙여 사용한다.

먼저 ^에 대해 살펴보자. 예문 7.10 GREP은 문단 앞에 위치한 '가시광선'을 찾는다.

예문 7.10

^가시광선

> **가시광선**은 사람의 눈에 보이는 전자기파의 영역이다. 가시광선 범위의 차이가 존재하지만 보통의 인간의 눈은 400~700nm까지의 범위를 감지한다. 최대 380~800nm까지를 감지하는 사람이 있다고 한다.
> **가시광선**의 녹색 부분(약 555nm)은 빛에 적응된 눈이 최대 감도를 나타내는 부분이다. 다른 동물들도 눈으로 빛을 보지만 사람의 가시광선 영역과는 다른 파장을 받아들인다.

예문 7.10에는 '가시광선'이 총 4번 나오는데, 그중 첫 번째와 세 번째 '가시광선'은 문단 앞에 있으며, 두 번째와 네 번째는 문단 중간에 있다. ^가시광선은 이 중 문단 앞에 위치한 첫 번째와 세 번째 '가시광선'만 검색한다.

^은 문자클래스 [^]에도 쓰이는데, 문단 시작을 찾는 ^과는 그 위치에 따라 구분할 수 있다. [뒤에 위치한 ^은 문자클래스를 제외하며, GREP 맨 앞에 위치한 ^은 문단 시작을 찾는다.

$는 문단 끝을 찾으며 패턴 뒤에 붙여 사용한다. 예문 7.11은 문단 끝에 위치한 '다.'를 찾는다.

예문 7.11

다\.$

가시광선은 사람의 눈에 보이는 전자기파의 영역이다. 가시광선 범위의
차이가 존재하지만 보통의 인간의 눈은 400~700nm까지의 범위를
감지한다. 최대 380~800nm까지를 감지하는 사람이 있다고 한**다.**
가시광선의 녹색 부분(약 555nm)은 빛에 적응된 눈이 최대 감도를
나타내는 부분이다. 다른 동물들도 눈으로 빛을 보지만 사람의
가시광선 영역과는 다른 파장을 받아들인**다.**

예문 7.11에는 '다.'가 총 5번 나오는데, 이 중 문단 끝에 위치한 세 번
째와 다섯 번째 '다.'만 찾는 것을 확인할 수 있다.

 ^과 **$**를 같이 사용하면 특정 패턴으로 시작하고 끝나는 문단을 찾
을 수 있다. 예문 7.12 GREP은 '가시'로 시작하고 '한다.'로 끝나는 문
단을 검색한다. 이때 검색 범위를 최소화하려는 **.+?**의 성질을 **^**과 **$**
가 무시하는데, **^**과 **$**가 없는 예문 7.13의 검색 결과와 비교하면 그
차이를 알 수 있다.

예문 7.12

^가시.+?한다\.$

가시광선은 사람의 눈에 보이는 전자기파의 영역이다. 가시광선 범위의
차이가 존재하지만 보통의 인간의 눈은 400~700nm까지의 범위를
감지한다. 최대 380~800nm까지를 감지하는 사람이 있다고 한다.
가시광선의 녹색 부분(약 555nm)은 빛에 적응된 눈이 최대 감도를
나타내는 부분이다. 다른 동물들도 눈으로 빛을 보지만 사람의
가시광선 영역과는 다른 파장을 받아들인다.

예문 7.13

가시.+?한다\.

가시광선은 사람의 눈에 보이는 전자기파의 영역이다. 가시광선 범위의
차이가 존재하지만 보통의 인간의 눈은 400~700nm까지의 범위를
감지한다. 최대 380~800nm까지를 감지하는 사람이 있다고 한다.

> 가시광선의 녹색 부분(약 555nm)은 빛에 적응된 눈이 최대 감도를
> 나타내는 부분이다. 다른 동물들도 눈으로 빛을 보지만 사람의
> 가시광선 영역과는 다른 파장을 받아들인다.

스토리 경계

인디자인에는 스토리의 시작과 끝을 찾는 메타문자가 있다. \A는 스토리의 시작을 찾고, \z는 스토리의 끝을 찾는데, \A는 찾고자 하는 패턴 앞에 붙여 쓰며, \z는 패턴 뒤에 붙여 쓴다. \Z도 \z와 마찬가지로 스토리의 끝을 찾는데, \a는 스토리의 시작을 찾지 않는다는 점을 주의한다. 사용법은 문단의 경계를 찾는 메타문자와 동일하므로 예문은 생략한다.

정리

1   위치지정자는 단어나 문단의 경계를 찾는 메타문자다.
2   \b는 단어의 경계를 찾는 메타문자로, 공백과 단어 사이의 위치를 통해 단어의 경계를 찾는다.
3   \b는 공백과 기호 사이의 위치를 찾지 않는다.
4   \B는 단어의 경계가 아닌 위치(공백과 단어 사이의 위치)를 제외한 다른 경계를 찾는다.
5   \<는 \b와 유사한 원리로 단어 앞 경계를 찾으며, \>는 단어 뒤 경계를 찾는다.
6   ^는 문단이 시작하는 위치를 찾으며, $는 문단이 끝나는 위치를 찾는다.
7   \A는 스토리가 시작하는 위치를 찾으며, \z와 \Z는 스토리가 끝나는 위치를 찾는다.

8 수정자

수정자(Modifier)는 '변경자'라고도 부르며, GREP의 작동방식을 바꿔주는 역할을 한다. 인디자인에서는 일부 메타문자의 작동방식을 바꿔 사용자에게 GREP 작성 및 검색의 편의를 제공한다.

다중행 모드

(?m)는 '다중행 모드'를 켜는 수정자로, ^과 $가 문단의 처음과 끝을 찾도록 만든다. 인디자인은 다중행 모드가 기본으로 설정되어 있기 때문에 이 메타문자를 따로 쓸 일은 없다. 125쪽 '문단의 경계'의 모든 예문에서 ^과 $가 문단의 처음과 끝을 찾은 것도 다중행 모드가 켜져 있었기 때문이다.

(?-m)는 다중행 모드를 끄는 수정자로, ^과 $가 문단의 시작과 끝이 아닌 스토리의 시작과 끝을 찾도록 만든다. (?-m)는 GREP의 맨 앞에 위치하며, 문단의 시작을 찾는 ^과 같이 사용할 경우 ^보다 앞에 위치해야 한다.

먼저 두 문단으로 된 다음 예문에서 문단 시작부터 '현'까지 검색하는 GREP을 작성하고, 다중행 모드를 껐다 켜면서 ^의 기능이 어떻게 달라지는지 살펴보자. 이때 예문은 하나의 스토리로 가정한다.

피아노에는 그랜드형과 업라이트형의 두 가지 형이 있고, 각각 소형에서 대형까지 여러 가지 크기가 있다. 피아노는 철골틀에 현을 매었고 그 틀의 뒷면에 울림판이 있어 해머로 친 현의 진동을 울림판으로 확대한다.
피아노선이라고 하는 특수한 강철선으로 현을 만드는데, 낮은음부의 현은 그 선의 둘레를 구리선으로 감았다. 낮은 음현일수록 굵고 높은 음현일수록 가늘다.

먼저 문단 시작을 찾을 수 있도록 ^을 쓰고, 현은 '음현'을 검색하지 않도록 앞에 \b를 붙인다. 문단 처음과 '현' 사이의 모든 글자가 검색될 수 있도록 ^과 \b현 사이에 .+?를 넣는다.

문단의 시작　모든 글자　'현'

^.+?\b현

이렇게 작성한 GREP은 예문 8.1 문단 시작부터 '현'까지 게으르게(최소 범위로) 검색한다.

예문 8.1

^.+?\b현

> 피아노에는 그랜드형과 업라이트형의 두 가지 형이 있고, 각각 소형에서 대형까지 여러 가지 크기가 있다. 피아노는 철골틀에 현을 매었고 그 틀의 뒷면에 울림판이 있어 해머로 친 현의 진동을 울림판으로 확대한다.
> 피아노선이라고 하는 특수한 강철선으로 현을 만드는데, 낮은음부의 현은 그 선의 둘레를 구리선으로 감았다. 낮은 음현일수록 굵고 높은 음현일수록 가늘다.

\b현을 만족하는 '현'은 모두 네 개로, 그중 첫 번째와 세 번째 '현'이 .+?로 검색되었다.

　여기서 예문 8.2처럼 다중행 모드를 끄면 두 번째 문단의 검색 결과가 사라지는 것을 볼 수 있다.

예문 8.2

(?-m)^.+?\b현

> 피아노에는 그랜드형과 업라이트형의 두 가지 형이 있고, 각각 소형에서 대형까지 여러 가지 크기가 있다. 피아노는 철골틀에 현을 매었고

그 틀의 뒷면에 울림판이 있어 해머로 친 현의 진동을 울림판으로
확대한다.

피아노선이라고 하는 특수한 강철선으로 현을 만드는데, 낮은음부의
현은 그 선의 둘레를 구리선으로 감았다. 낮은 음현일수록 굵고 높은
음현일수록 가늘다.

이는 다중행 모드가 꺼지면서 ^이 두 문단 중 스토리 시작에 해당하
는 첫 번째 문단만 인식한 결과다. 두 번째 문단은 스토리 중간에 있
기 때문에 다중행 모드가 꺼지면서 스토리 시작을 찾게 된 ^이 인식
하지 않는다.

이번엔 다중행 모드가 꺼졌을 때 $가 어떻게 작동하는지 알아보
자. 먼저 '현'부터 문단 끝까지 찾는 GREP을 작성하고 다중행 모드를
껐다 켜면서 $의 기능이 어떻게 달라지는지 살펴보자.

먼저 '현'을 찾기 위해 \b현을 쓰고 문단 끝을 찾는 $를 붙인 다음,
'현'과 문단 끝 사이의 모든 글자를 검색할 수 있도록 \b현과 $ 사이에
.+?를 넣어 GREP을 작성한다.

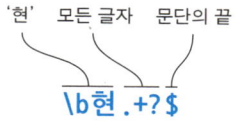

이렇게 작성한 GREP은 예문 8.3에서 \b현을 만족하는 네 '현' 중 첫
번째와 세 번째 '현'부터 문단 끝까지 검색한다.

예문 8.3

\b현.+?$

피아노에는 그랜드형과 업라이트형의 두 가지 형이 있고, 각각 소형에서
대형까지 여러 가지 크기가 있다. 피아노는 철골틀에 현을 매었고
그 틀의 뒷면에 울림판이 있어 해머로 친 현의 진동을 울림판으로
확대한다.

> 피아노선이라고 하는 특수한 강철선으로 ==현을 만드는데, 낮은음부의 현은 그 선의 둘레를 구리선으로 감았다. 낮은 음현일수록 굵고 높은 음현일수록 가늘다.==

여기서 `.+?`가 최소한의 검색 범위를 찾는다고 해서 두 번째와 네 번째 '현'부터 검색하지 않는다는 점에 주의하자. 이는 GREP이 전체 패턴을 동시에 검색하는 것이 아니라 왼쪽 패턴부터 순서대로 검색하기 때문이다. 예문 8.3 GREP의 검색 과정을 나눠서 살펴보면 먼저 ① `\b현`이 첫 번째 문단 처음부터 '현'을 찾기 시작해 ② 첫 번째 '현'이 검색되면 ③ `.+?$`가 문단 끝을 찾아 검색을 완료하고 ④ 두 번째 문단으로 넘어간다. `\b현`이 두 번째 문단 처음부터 '현'을 찾기 시작해 ⑤ 세 번째 '현'이 검색되면 ⑥ `.+?$`가 문단 끝을 찾아 검색을 완료한다.

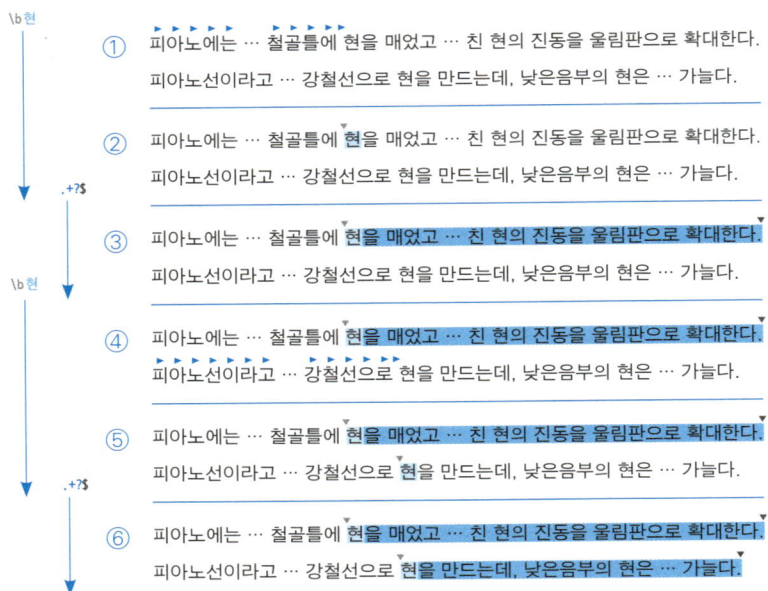

예문 8.3 GREP 앞에 (?-m)을 붙여 예문 8.4처럼 다중행 모드를 끄면, 예문 8.3의 첫 번째 문단 검색 결과가 사라진 것을 볼 수 있다.

예문 8.4

(?-m)\b현.+?$

> 피아노에는 그랜드형과 업라이트형의 두 가지 형이 있고, 각각 소형에서 대형까지 여러 가지 크기가 있다. 피아노는 철골틀에 현을 매었고 그 틀의 뒷면에 울림판이 있어 해머로 친 현의 진동을 울림판으로 확대한다.
> 피아노선이라고 하는 특수한 강철선으로 현을 만드는데, 낮은음부의 현은 그 선의 둘레를 구리선으로 감았다. 낮은 음일수록 굵고 높은 음현일수록 가늘다.

수정자: 다중행 모드

133

이는 다중행 모드가 꺼지면서 $가 문단이 아닌 스토리 끝을 인식했기 때문인데, GREP이 왼쪽 패턴부터 순서대로 찾는다고 해서 첫 번째 '현'을 찾은 후 문단 끝까지 검색하지 않음에 주의하자. 세 번째 '현'부터 검색한 이유는 .이 단락끝에서 검색을 멈추기 때문이다.

예문 8.4 GREP이 문단을 검색하는 과정을 순서대로 살펴보자. 먼저 ① \b현이 문단 처음부터 검색을 시작해 ② 첫 번째 '현'을 찾는다. ③ \b현이 검색되었으므로 .+?가 검색을 시작하는데, 첫 번째 문단 단락끝에 의해 .+?의 검색은 멈추지만 이 지점에서 $가 스토리 끝을 찾은 것이 아니므로 ④ \b현이 이전 검색 결과(첫 번째 '현')에서 출발해 두 번째 '현'을 찾기 시작한다. 하지만 ⑤ 두 번째 '현'을 찾은 후 ⑥ 첫 번째 문단 단락끝에서 .+?에 의해 검색은 멈추지만 $가 스토리 끝을 찾은 것은 아니므로 ⑦ 이전 검색 결과(두 번째 '현')부터 \b현이 세 번째 '현'을 찾기 시작하며 두 번째 문단으로 넘어간다. ⑧ \b현이 세 번째 '현'을 찾은 뒤 ⑨ 두 번째 문단 단락끝에서 .+?에 의해 검색이 멈춤과 동시에 $가 스토리 끝을 찾으면서 검색이 완료된다.

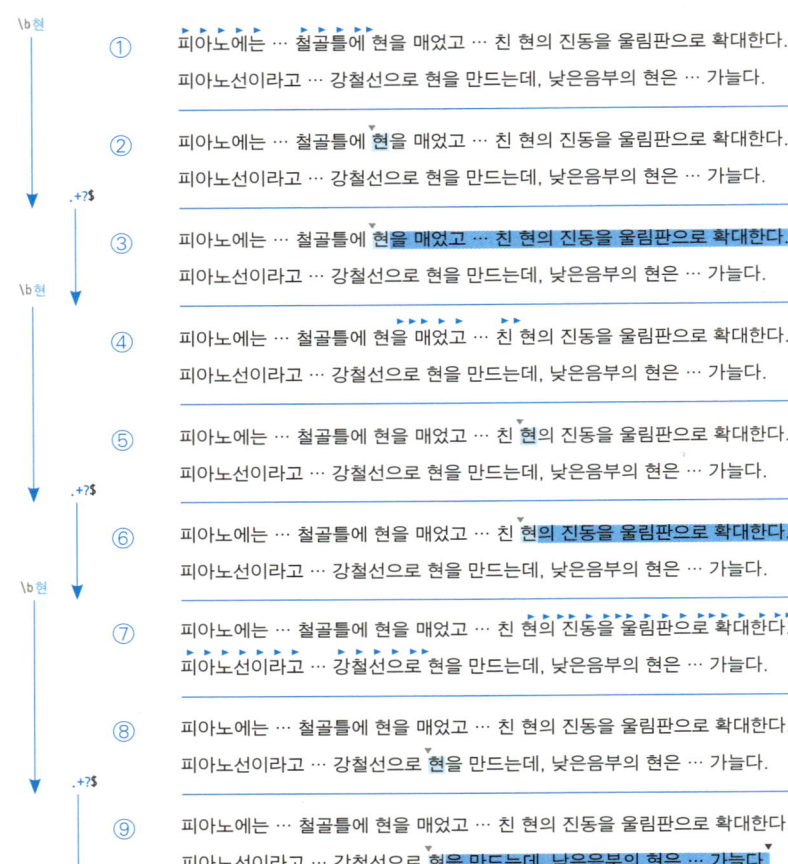

① 피아노에는 … 철골틀에 현을 매었고 … 친 현의 진동을 울림판으로 확대한다.
피아노선이라고 … 강철선으로 현을 만드는데, 낮은음부의 현은 … 가늘다.

② 피아노에는 … 철골틀에 현을 매었고 … 친 현의 진동을 울림판으로 확대한다.
피아노선이라고 … 강철선으로 현을 만드는데, 낮은음부의 현은 … 가늘다.

③ 피아노에는 … 철골틀에 현을 매었고 … 친 현의 진동을 울림판으로 확대한다.
피아노선이라고 … 강철선으로 현을 만드는데, 낮은음부의 현은 … 가늘다.

④ 피아노에는 … 철골틀에 현을 매었고 … 친 현의 진동을 울림판으로 확대한다.
피아노선이라고 … 강철선으로 현을 만드는데, 낮은음부의 현은 … 가늘다.

⑤ 피아노에는 … 철골틀에 현을 매었고 … 친 현의 진동을 울림판으로 확대한다.
피아노선이라고 … 강철선으로 현을 만드는데, 낮은음부의 현은 … 가늘다.

⑥ 피아노에는 … 철골틀에 현을 매었고 … 친 현의 진동을 울림판으로 확대한다.
피아노선이라고 … 강철선으로 현을 만드는데, 낮은음부의 현은 … 가늘다.

⑦ 피아노에는 … 철골틀에 현을 매었고 … 친 현의 진동을 울림판으로 확대한다.
피아노선이라고 … 강철선으로 현을 만드는데, 낮은음부의 현은 … 가늘다.

⑧ 피아노에는 … 철골틀에 현을 매었고 … 친 현의 진동을 울림판으로 확대한다.
피아노선이라고 … 강철선으로 현을 만드는데, 낮은음부의 현은 … 가늘다.

⑨ 피아노에는 … 철골틀에 현을 매었고 … 친 현의 진동을 울림판으로 확대한다.
피아노선이라고 … 강철선으로 현을 만드는데, 낮은음부의 현은 … 가늘다.

만약 예문 8.5처럼 . 대신 단락끝을 포함한 문자클래스 [가-힣., \r]
를 쓰면 첫 번째 '현'부터 스토리 끝까지 검색하는 것을 볼 수 있다.

예문 8.5

(?-m)\b현[가-힣.,·\r]+?$

> 피아노에는 그랜드형과 업라이트형의 두 가지 형이 있고, 각각 소형에서
> 대형까지 여러 가지 크기가 있다. 피아노는 철골틀에 현을 매었고
> 그 틀의 뒷면에 울림판이 있어 해머로 친 현의 진동을 울림판으로
> 확대한다.
> 피아노선이라고 하는 특수한 강철선으로 현을 만드는데, 낮은음부의
> 현은 그 선의 둘레를 구리선으로 감았다. 낮은 음현일수록 굵고 높은
> 음현일수록 가늘다.

앞에서 살펴보았듯이 다중행 모드를 끈 상태에서 **$**와 **.**을 사용할 때
는 단락끝에 유의해야 한다. 만약 예문 8.4의 두 번째 문단 끝에 단락
끝이 있었다면, 단락끝 뒤에 세 번째 문단이 있는 것과 마찬가지므로
예문 8.4가 예문을 검색하지 못한다.

(?-m)\b현.+?$

피아노선이라고 하는 특수한 강철선으로
현을 만드는데, 낮은음부의 현은 그 선의
둘레를 구리선으로 감았다. 낮은 음현일수록
굵고 높은 음현일수록 가늘다.#

피아노선이라고 하는 특수한 강철선으로
현을 만드는데, 낮은음부의 현은 그 선의
둘레를 구리선으로 감았다. 낮은 음현일수록
굵고 높은 음현일수록 가늘다.¶
#

단일행 모드

다중행 모드가 **^**과 **$**의 작동방식을 바꾼다면, 단일행 모드는 **.**의 작
동방식을 바꾼다. 인디자인은 단일행 모드가 꺼져 있는 **(?-s)**가 기본
상태로, **.***나 **.+**가 단락끝에서 검색을 멈춘다.

먼저 **.***의 기본 동작을 살펴보자. 예문 8.6은 단일행 모드가 꺼진
기본상태로 '현'에서 시작해 줄바꿈 문자가 있는 위치까지의 모든 문
자를 검색한다.

예문 8.6

현.*

> 피아노에는 그랜드형과 업라이트형의 두 가지 형이 있고, 각각 소형에서
> 대형까지 여러 가지 크기가 있다. 피아노는 철골틀에 현을 매었고
> 그 틀의 뒷면에 울림판이 있어 해머로 친 현의 진동을 울림판으로
> 확대한다.
> 피아노선이라고 하는 특수한 강철선으로 현을 만드는데, 낮은음부의
> 현은 그 선의 둘레를 구리선으로 감았다. 낮은 음현일수록 굵고 높은
> 음현일수록 가늘다.

.*는 문단이 바뀌는 곳, 즉 단락끝이 있는 곳까지 검색을 하기 때문에 첫 번째 '현'에서 첫 번째 문단 끝까지 검색한 후, 다음 문단으로 넘어가 세 번째 '현'에서 다시 문단 끝까지 검색한다.

하지만 예문 8.7처럼 단일행 모드 (?s)를 켜면, 첫째 문단의 '현'에서 전체 문단 끝까지 검색된다.

예문 8.7

(?s)현.*

> 피아노에는 그랜드형과 업라이트형의 두 가지 형이 있고, 각각 소형에서
> 대형까지 여러 가지 크기가 있다. 피아노는 철골틀에 현을 매었고
> 그 틀의 뒷면에 울림판이 있어 해머로 친 현의 진동을 울림판으로
> 확대한다.
> 피아노선이라고 하는 특수한 강철선으로 현을 만드는데, 낮은음부의
> 현은 그 선의 둘레를 구리선으로 감았다. 낮은 음현일수록 굵고 높은
> 음현일수록 가늘다.

이는 (?s)에 의해 .*가 단락끝을 무시하면서 .*가 두 문단으로 된 예문을 하나의 문단처럼 인식해 첫 번째 '현'부터 두 번째 문단 끝까지 검색한 것이다.

다중행 모드와 단일행 모드는 동시에 사용할 수 있다. 앞에서 살펴본 예문 8.5에선 .+?가 첫 번째 단락끝에서 검색이 멈추는 것을 막

기 위해 `.+?` 대신 단락끝을 포함하는 `[가-힣.,·\r]`를 사용하는 번잡한 방법을 사용했는데, 예문 8.8처럼 `(?s)`을 쓰면 `.+?`가 단락끝을 무시해 첫 번째 '현'에서 문단 끝까지 검색하도록 만들 수 있다.

예문 8.8

`(?-m)(?s)\b현.+?$`

> 피아노에는 그랜드형과 업라이트형의 두 가지 형이 있고, 각각 소형에서 대형까지 여러 가지 크기가 있다. 피아노는 철골틀에 현을 매었고 그 틀의 뒷면에 울림판이 있어 해머로 친 현의 진동을 울림판으로 확대한다.
> 피아노선이라고 하는 특수한 강철선으로 현을 만드는데, 낮은음부의 현은 그 선의 둘레를 구리선으로 감았다. 낮은 음현일수록 굵고 높은 음현일수록 가늘다.

만약 `(?-m)`이 없이 `(?s)`만 있다면 `$`에 의해 `.+?`가 각 단락끝에서 검색을 멈추면서 예문 8.6과 동일한 검색 결과가 나오게 된다. (같은 GREP에 수정자만 달리한 예문 8.4, 8.8, 8.9의 검색 결과를 비교해보자.)

예문 8.9

`(?s)\b현.+?$`

> 피아노에는 그랜드형과 업라이트형의 두 가지 형이 있고, 각각 소형에서 대형까지 여러 가지 크기가 있다. 피아노는 철골틀에 현을 매었고 그 틀의 뒷면에 울림판이 있어 해머로 친 현의 진동을 울림판으로 확대한다.
> 피아노선이라고 하는 특수한 강철선으로 현을 만드는데, 낮은음부의 현은 그 선의 둘레를 구리선으로 감았다. 낮은 음현일수록 굵고 높은 음현일수록 가늘다.

다중행 모드나 단일행 모드는 [단락 스타일 옵션]의 [GREP 스타일]에서는 작동하지 않으므로 주의해야 한다. [단락 스타일 옵션]은 문단 하나에 대한 설정이기 때문에 두 개 이상의 문단이 있어야 유의미하게 작동하는 다중행 모드나 단일행 모드가 작동하지 않는다. 다중행 모드와 단일행 모드는 [찾기/바꾸기]의 [GREP] 탭에서만 사용할 수 있다.

대소문자 구분

원래 GREP은 대소문자를 구별하지만 GREP 앞에 (?i)를 붙이면 대소문자 구분 없이 검색할 수 있다. GREP의 대소문자 구분을 알아보기 위해 예시를 든 예문 1.2에 (?i)를 적용하면(예문 8.10) 'GREP'이 검색되는 것을 볼 수 있다.

예문 8.10

(?i)grep

> GREP은 패턴 기반의 고급 검색 기술입니다. GREP 스타일을 사용해
> 지정하는 GREP 표현식에 맞는 문자 스타일을 적용할 수 있습니다.

(?i)와 반대로 대소문자 구분을 켜는 (?-i)이 있지만, 인디자인의 기본상태이므로 무의미한 GREP이다.

이스케이프 무시

\Q와 \E는 이스케이프해야 검색어로 사용할 수 있는 메타문자를 이스케이프 없이 검색어로 사용할 수 있게 해주는 메타문자로, GREP을 편리하게 작성하고 그 의미를 쉽게 알 수 있게 해준다. 예를 들어 예문 8.11에서 '(^-^)'를 검색하려면 메타문자로 사용한 소괄호와 ^을 이스케이프해 \(\^-\^\)로 작성해야 하지만 \Q와 \E를 사용하면 \Q(^-^)\E처럼 알아보기 쉽게 작성할 수 있다.

예문 8.11

\Q(^-^)\E

> \Q와 \E는 역슬래시(\)로 이스케이프시켜야 검색할 수 있는 문자를
> 이스케이프하지 않고 검색할 수 있게 만드는 메타문자입니다. 예를
> 들어 (^-^)를 검색하려면 \(\^-\^\)로 GREP을 짜야하지만 \Q와 \E를
> 사용하면 \Q(^-^)\E로 보기 편하게 짤 수 있습니다.

예문 8.11에서 '(^-^)'는 두 번 나오는데, 두 번째 '(^-^)'가 검색되지
않는 것을 볼 수 있다. 이처럼 \Q와 \E는 검색 결과의 신뢰도가 떨어
지므로 사용을 권장하지 않는다.

공백 무시

(?x)는 '공백 무시 모드(free spacing mode)'라고도 불리며 (?x) 뒤에
위치하는 모든 스페이스 공백을 무시한다. 예문 8.12는 (?x)를 이용
해 각 메타문자를 모두 분리시킨 예이다.

예문 8.12

(?x)··\(··\^··-··\^··\)

> \Q와 \E는 역슬래시(\)로 이스케이프시켜야 검색할 수 있는 문자를
> 이스케이프하지 않고 검색할 수 있게 만드는 메타문자입니다. 예를
> 들어 (^-^)를 검색하려면 \(\^-\^\)로 GREP을 짜야하지만 \Q와 \E를
> 사용하면 \Q(^-^)\E로 보기 편하게 짤 수 있습니다.

(?x)는 복잡한 GREP을 보기 쉽게 만들어주지만, GREP이 복잡해지
면 오히려 사용이 까다로워질 수 있다. 이를 알아보기 위해 먼저 예문
7.3 GREP을 (?x)를 사용해 예문 8.13처럼 작성해보았다.

예문 8.13

(?x)··[가-힝]+··(?=··(주의|세법)··)

> 국세는 보통 1세목 1세법주의에 의해 각각의 부과 대상에 따라
> 각각의 세법이 존재한다. 국세에 관한 법률은 법인세법, 소득세법,
> 부가가치세법 등이 있으며 이들은 각각 법인의 소득, 개인의 소득,
> 부가가치대상인 재화용역의 공급을 그 과세대상으로 하고 있다.

예문 8.13은 (?x)를 사용하지 않은 예문 7.3과 같은 검색 결과를 보여
주지만, 예문 8.14-8.16처럼 GREP을 과도하게 벌리다 보면 GREP이
망가지는 경우가 생긴다.

예문 8.14

(?··x)··[가-힝]+··(?=··(주의|세법)··)

> 국세는 보통 1세목 1세법주의에 의해 각각의 부과 대상에 따라
> 각각의 세법이 존재한다. 국세에 관한 법률은 법인세법, 소득세법,
> 부가가치세법 등이 있으며 이들은 각각 법인의 소득, 개인의 소득,
> 부가가치대상인 재화용역의 공급을 그 과세대상으로 하고 있다.

예문 8.15

(?x)··[가··-힝]+··(?=··(주의|세법)··)

> 국세는 보통 1세목 1세법주의에 의해 각각의 부과 대상에 따라
> 각각의 세법이 존재한다. 국세에 관한 법률은 법인세법, 소득세법,
> 부가가치세법 등이 있으며 이들은 각각 법인의 소득, 개인의 소득,
> 부가가치대상인 재화용역의 공급을 그 과세대상으로 하고 있다.

예문 8.16

(?x)··[가-힝]+··(?··=··(주의|세법)··)

> 국세는 보통 1세목 1세법주의에 의해 각각의 부과 대상에 따라
> 각각의 세법이 존재한다. 국세에 관한 법률은 법인세법, 소득세법,
> 부가가치세법 등이 있으며 이들은 각각 법인의 소득, 개인의 소득,
> 부가가치대상인 재화용역의 공급을 그 과세대상으로 하고 있다.

이처럼 **(?x)**를 사용하더라도 스페이스 공백으로 메타문자의 기능적 최소 단위를 해치면 원하는 검색 결과를 얻지 못할 수도 있으니 주의해야 한다.

공백 무시 모드에서 스페이스 공백을 검색하기 위해서는 유니코드 **\x{20}**를 사용해야 한다. 예문 8.17은 스페이스 공백 뒤의 '현'을 찾는 GREP으로, **(?<=)현**에 공백 무시 모드가 적용되어 있어 스페이스 공백 대신 **\x{20}**을 사용했다.

예문 8.17

(?x) (?<=\x{20}) 현

> 피아노선이라고 하는 특수한 강철선으로 **현**을 만드는데, 낮은음부의
> **현**은 그 선의 둘레를 구리선으로 감았다. 낮은 음현일수록 굵고 높은
> 음현일수록 가늘다.

주석 달기

(?#과)은 둘이 쌍을 이루어 GREP 상에서 주석을 만든다. **(?#과)** 사이에 GREP의 각 부분이 어떤 역할을 하는지 적어 넣으며, 주석은 검색 결과에 반영되지 않는다. 예문 6.3에 주석을 달아보면 예문 8.18처럼 된다.

예문 8.18

[가-힣]+(?# 여러 자리 연속한 한글을 찾는다)
(?=(주의|세법))(?# 주의나 세법 앞에 위치한 검색어를 찾는다.)

> 국세는 보통 1세목 1**세법**주의에 의해 각각의 부과 대상에 따라
> 각각의 세법이 존재한다. 국세에 관한 법률은 **법인**세법, **소득**세법,
> **부가가치**세법 등이 있으며 이들은 각각 법인의 소득, 개인의 소득,
> 부가가치대상인 재화용역의 공급을 그 과세대상으로 하고 있다.

정리

1 수정자는 '변경자'라고도 부르며 몇몇 메타문자의 작동방식을
   바꾼다.

2 (?m)은 다중행 모드를 켜는 메타문자로, 인디자인의
   기본상태이며, ^과 $가 문단의 처음과 끝을 찾도록 만든다.

3 (?-m)은 다중행 모드를 끄는 메타문자로, ^과 $가 스토리의
   처음과 끝을 찾도록 만든다.

4 (?-s)는 단일행 모드를 끄는 메타문자로, 인디자인의
   기본상태이며, .*나 .+가 단락끝에서 검색을 멈추게 만든다.

5 (?s)는 단일행 모드를 켜는 메타문자로, .*나 .+가 단락끝을
   무시하도록 만든다.

6 (?!)는 GREP이 대소문자를 구분하지 않고 검색하도록
   만든다.

7 \Q와 \E는 이스케이프 없이 메타문자를 일반문자처럼 사용할
   수 있게 만들지만, 사용을 권장하지 않는다.

8 (?x)는 공백 무시 모드로 모든 스페이스 공백을 무시한다.
   이때 스페이스 공백을 \x{20}으로 검색한다.

9 (?#과)은 GREP에 주석을 다는 메타문자다.

9 참조 1

하위표현식의 검색 결과는 같은 GREP 안에서 다시 불러와 검색어로 사용할 수 있다. 이렇게 하위표현식의 검색 결과를 다시 불러오는 것을 '참조'라고 하는데, 9장과 10장에서는 다양한 참조를 알아보자.

역참조

역참조(Backreference)는 하위표현식으로 찾은 검색 결과를 뒤에서 다시 검색하는 메타문자로, \ 뒤에 숫자를 붙여 사용한다. 만약 한 GREP 안에 네 개의 하위표현식이 있다면, 첫 번째 하위표현식부터 차례대로 1부터 4까지 번호가 매겨지며, \2라고 쓰면 두 번째 하위표현식의 검색 결과를 불러와 검색어로 사용한다. 전체 하위표현식을 가리키는 메타문자는 \0이며, 하위표현식이 4개일 때 \0은 \1\2\3\4와 같다. 역참조를 사용하려면 하위표현식이 먼저 정의되어야 하므로 역참조는 항상 하위표현식 뒤에 위치한다. ('역'참조는 '거슬러 올라가' 참조한다는 뜻이다.)

역참조를 사용해 다음 예문에서 단어가 반복된 어절(띄어쓰기 단위)을 찾아보자.

오뎅은 여러 가지 어묵을 무, 곤약 등과 함께 국물에 등과 국물에 삶아낸 요리이다. 일본어 '오뎅'은 요리 자체를 부르는 말이지만 한국어권에서는 '오뎅'을 탕에 쓰이는 낱개의 어묵을 부르는 낱개의 부르는 말로 쓰고, 탕 전체는 '오뎅탕'으로 부른다.

예문에서 단어가 반복된 부분은 '등과 함께 국물에 등과 국물에'와 '낱개의 어묵을 부르는 낱개의 부르는'으로, 어절의 반복 규칙을 숫자로 나타내면 1-2-3-1-3으로 쓸 수 있다. 어절 단위로 검색 결과가 나올 수 있도록 스페이스 공백과 한글을 하위표현식으로 묶으면 같은 패턴이 5번 반복되는 GREP을 만들 수 있다.

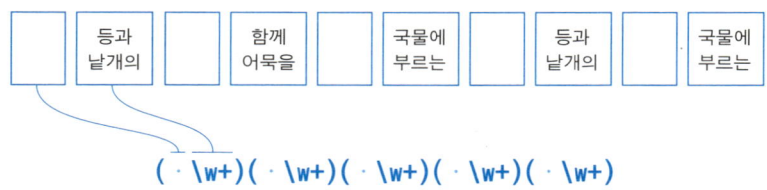

하지만 이 GREP으로 예문 9.1을 검색하면 1-2-3-1-3을 만족하지 않는 부분이 추가로 검색된다.

예문 9.1

(· \w+)(· \w+)(· \w+)(· \w+)(· \w+)

> 오뎅은 여러 가지 어묵을 무, 곤약 등과 함께 국물에 등과 국물에 삶아낸 요리이다. 일본어 '오뎅'은 요리 자체를 부르는 말이지만 한국어권에서는 '오뎅'을 탕에 쓰이는 낱개의 어묵을 부르는 낱개의 부르는 말로 쓰고, 탕 전체는 '오뎅탕'으로 부른다.

예문 9.1은 1-2-3-1-3이라는 규칙 없이 문자와 스페이스 공백만 검색하므로 사실상 1-2-3-4-5로 검색하는 것과 마찬가지이며, 다섯 개의 어절 중 쉼표, 작은따옴표, 온점을 제외한 채 GREP을 만족하는 부분이 모두 검색된다. 예문 9.1 GREP의 검색 조건이 어떻게 만족되는지 그림으로 나타내면 다음과 같다.

$$(\cdot \text{\textbackslash w+})(\cdot \text{\textbackslash w+})(\cdot \text{\textbackslash w+})(\cdot \text{\textbackslash w+})(\cdot \text{\textbackslash w+})$$
1 　 2 　 3 　 4 　 5

쉼표에 의해
검색이 막힌다.

1-2-3-4-5 규칙이
만족되며 검색이 완료된다.

오뎅은 여러 가지 어묵을 무, 곤약 등과 함께 국물에 등과 국물에
삶아낸 요리이다 일본어 오뎅은 요리 자체를 부르는 말이지만
한국어권에서는 오뎅을 탕에 쓰이는 낱개의 어묵을 부르는 낱개의
부르는 말로 쓰고 탕 전체는 오뎅탕으로 부른다

여기서 1-2-3-1-3이라는 규칙이 반영될 수 있도록, 역참조를 사용
해 네 번째와 다섯 번째 하위표현식을 \1과 \3으로 바꿔서 GREP을
작성한다.

$$(\cdot \text{\textbackslash w+})(\cdot \text{\textbackslash w+})(\cdot \text{\textbackslash w+}) \text{\textbackslash 1} \text{\textbackslash 3}$$
1 　 2 　 3

이 GREP으로 검색하면 예문 9.2처럼 찾고자 했던 반복된 어절을 검
색할 수 있다.

예문 9.2
$$(\cdot \text{\textbackslash w+})(\cdot \text{\textbackslash w+})(\cdot \text{\textbackslash w+}) \text{\textbackslash 1} \text{\textbackslash 3}$$

> 오뎅은 여러 가지 어묵을 무, 곤약 등과 함께 국물에 등과 국물에
> 삶아낸 요리이다. 일본어 '오뎅'은 요리 자체를 부르는 말이지만
> 한국어권에서는 '오뎅'을 탕에 쓰이는 낱개의 어묵을 부르는 낱개의
> 부르는 말로 쓰고, 탕 전체는 '오뎅탕'으로 부른다.

예문 9.2 GREP이 예문 9.1 GREP과 다른 점은 역참조에 의해 1-2-
3-1-3을 만족하지 못하는 예문 9.1의 두 번째 검색 결과가 제외됐다
는 점이다. 예문 9.2 GREP의 검색 조건이 어떻게 만족되는지 그림으
로 나타내면 다음과 같다.

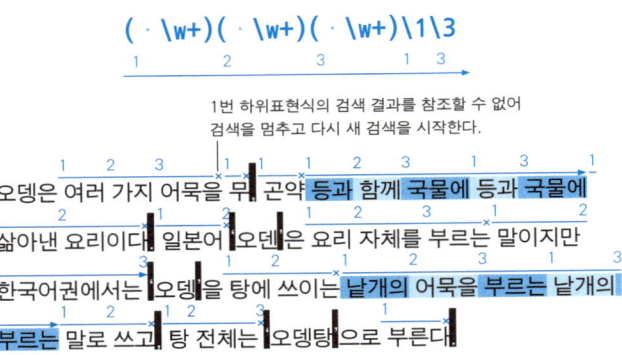

$(\cdot\backslash w+)(\cdot\backslash w+)(\cdot\backslash w+)\backslash1\backslash3$

1번 하위표현식의 검색 결과를 참조할 수 없어
검색을 멈추고 다시 새 검색을 시작한다.

오뎅은 여러 가지 어묵을 무, 곤약 등과 함께 국물에 등과 국물에
삶아낸 요리이다. 일본어 '오뎅'은 요리 자체를 부르는 말이지만
한국어권에서는 '오뎅'을 탕에 쓰이는 낱개의 어묵을 부르는 낱개의
부르는 말로 쓰고, 탕 전체는 '오뎅탕'으로 부른다.

예문 9.1과 9.2를 통해 $(\cdot\backslash w+)(\cdot\backslash w+)(\cdot\backslash w+)\backslash1\backslash3$과 $(\cdot\backslash w+)$ $(\cdot\backslash w+)(\cdot\backslash w+)(\cdot\backslash w+)(\cdot\backslash w+)$는 서로 다른 GREP임을 알 수 있다. 즉, 역참조는 패턴이 아니라 검색 결과를 참조한다.

역참조의 성질을 더 알아보기 위해 문자클래스를 사용해 예문 9.3 을 작성해보자. 예문 9.3이 예문 9.2와 다른 점은 문자클래스에 의해 '스페이스 공백 – 여러 자리의 문자'라는 순서가 사라졌다는 것이다. 즉, 어절 단위를 무시한 채 1-2-3-1-3이라는 반복 규칙에 의해서만 예문을 검색한다.

예문 9.3

$([\cdot\backslash w]+)([\cdot\backslash w]+)([\cdot\backslash w]+)\backslash1\backslash3$

> 오뎅은 여러 가지 어묵을 무, 곤약 등과 함께 국물에 등과 국물에
> 삶아낸 요리이다. 일본어 '오뎅'은 요리 자체를 부르는 말이지만
> 한국어권에서는 '오뎅'을 탕에 쓰이는 낱개의 어묵을 부르는 낱개의
> 부르는 말로 쓰고, 탕 전체는 '오뎅탕'으로 부른다.

조금 달라지긴 했지만 예문 9.3의 검색 결과도 반복된 패턴을 찾아낸 다는 점에선 문제가 없어 보인다. 하지만 예문 9.3은 운이 좋은 경우 로, /1과 /3이 $([\cdot\backslash w]+)$가 찾아야 할 범위를 제한했기 때문에 앞의 세 하위표현식이 각자의 검색 결과를 가질 수 있었다. 즉 첫 번째 하 위표현식의 검색 결과와 역참조 \1이 같아야 하고, 세 번째 하위표현 식의 검색 결과와 역참조 \3이 같아야 하기 때문에, 두 번째 하위표현

식이 자기 검색 결과(' 함께'와 '어묵을 ')를 가질 수 있었다.

역참조가 검색 결과에 미치는 영향은 예문 9.2와 9.3의 GREP에서 \3을 빼보면 더 명확히 드러난다.

예문 9.4

(· \w+)(· \w+)(· \w+)\1

> 오뎅은 여러 가지 어묵을 무, 곤약 등과 함께 국물에 등과 국물에 삶아낸 요리이다. 일본어 '오뎅'은 요리 자체를 부르는 말이지만 한국어권에서는 '오뎅'을 탕에 쓰이는 낱개의 어묵을 부르는 낱개의 부르는 말로 쓰고, 탕 전체는 '오뎅탕'으로 부른다.

예문 9.5

([· \w]+)([· \w]+)([· \w]+)\1

> 오뎅은 여러 가지 어묵을 무, 곤약 등과 함께 국물에 등과 국물에 삶아낸 요리이다. 일본어 '오뎅'은 요리 자체를 부르는 말이지만 한국어권에서는 '오뎅'을 탕에 쓰이는 낱개의 어묵을 부르는 낱개의 부르는 말로 쓰고, 탕 전체는 '오뎅탕'으로 부른다.

예문 9.4는 예문 9.2에서 \3에 해당하는 검색 결과만 제외됐지만, 예문 9.5는 예문 9.3에서 \3이 사라지자 두 번째와 세 번째 하위표현식의 구분이 무의미해져 ([· \w]+)([· \w]+)\1로 검색한 것과 같은 결과가 나왔다. 예문 9.5 GREP의 검색 조건이 어떻게 만족되는지 그림으로 나타내면 다음과 같다.

다시 말해, 예문 9.5는 쉼표, 작은따옴표, 마침표를 제외한 범위 안에서 탐욕적으로 1-2-1 규칙을 만족하는 결과다. 즉, 역참조가 위치상 뒤에 있지만 자신이 가리키는 하위표현식의 검색 범위에 영향을 끼친 것이다.(GREP은 앞에 나온 패턴을 검색한 후 뒤의 패턴을 검색하기 때문에 전체 GREP을 만족할 때까지 검색을 반복한 결과라고 해야 정확하다.)

이에 반해 예문 9.4는 하위표현식 안에서 '스페이스 공백-여러 자리의 문자'라는 순서가 유지되고 있기 때문에, 두 번째와 세 번째 하위표현식이 독립적인 검색 결과를 낼 수 있다.

탐색, 다중행 모드, 단일행 모드, 공백 무시 모드, 주석은 소괄호로 둘러싸여 있어 하위표현식과 형태가 비슷하지만 역참조에서 제외된다. 예문 9.6은 예문 9.2에서 두 번째 검색 결과만 찾을 수 있도록 후방탐색을 사용했는데, 예문 9.2의 두 번째 검색 결과가 예문 9.6에서 유지되는 것을 통해 역참조 \1이 (?<=는)를 가리키지 않는 것을 확인할 수 있다.

예문 9.6
(?<=는)(· \w+)(· \w+)(· \w+)\1\3

오뎅은 여러 가지 어묵을 무, 곤약 등과 함께 국물에 등과 국물에 삶아낸 요리이다. 일본어 '오뎅'은 요리 자체를 부르는 말이지만 한국어권에서는 '오뎅'을 탕에 쓰이는 낱개의 어묵을 부르는 낱개의 부르는 말로 쓰고, 탕 전체는 '오뎅탕'으로 부른다.

치환

GREP에는 검색된 패턴을 다른 패턴으로 치환하는 기능이 있다. 역참조와 비슷한 방법으로 하위표현식에 번호를 매겨 치환하는데, \ 대신 $를 사용해 번호를 매긴다. 하위표현식 순서대로 $1, $2, $3··· 번호가 매겨지며, $0은 전체 하위표현식을 가리킨다.(어떤 GREP에 $1, $2, $3이 있다면 $0는 $1$2$3과 같다.)

치환은 [단락 스타일 옵션]에서는 할 수 없고 [찾기/바꾸기]에서만 가능하며, 검색할 패턴([찾을 내용])과 치환할 패턴([바꿀 내용])이 필요하다. [찾을 내용]과 [바꿀 내용]에서 사용할 수 있는 메타문자가 서로 다르므로 주의해야 한다. (부록 2 참조)

그림 2.5
[찾을 내용]의 [@] 목록(왼쪽)과
[바꿀 내용]의 [@] 목록(오른쪽)

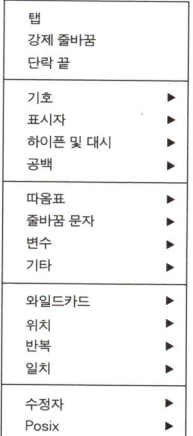

[찾을 내용]에 없는 대표적인 항목이 와일드카드인데, 이는 특정 와일드카드를 다른 종류의 와일드카드로 치환할 수 없다는 뜻이기도 하다. 예를 들어 \d에 속하는 숫자를 \s에 속하는 공백으로 치환하려고 하면, 어느 숫자를 어느 공백문자로 바꿔야 논리적으로 맞는지 알수가 없을 뿐더러, \d와 \s가 포함하는 전체 문자의 갯수가 달라 임의로 치환하더라도 숫자 쪽 문자가 남을 것이다.

같은 이유로 **.** 이나 문자클래스, 포직스, 하위표현식, 유니코드 프로퍼티도 [바꿀 내용]에서 사용할 수 없다. [바꿀 내용]에서 **.** 은 마침 표로 치환될 뿐이고, **[abc]** 를 **[def]** 로 바꾸거나 **(a|b|c)** 를 **(d|e|f)** 로 바꾸는 것도 불가능하다. [찾을 내용]의 '모든 큰따옴표'와 '모든 작은따옴표(아포스트로피)'도 범위를 찾는 메타문자이므로 [바꿀 내용]에서 사용할 수 없다. 범위를 찾는 메타문자는 **$1**, **$2**…를 사용해 검색 결과를 [바꿀 내용]으로 가져오는 것만 가능하며, [바꿀 내용] 에 억지로 사용하면 메타문자의 기능을 잃고 일반문자처럼 치환된다.

범위를 찾는 메타문자 외에 수량자, 탐색, 위치지정자, 수정자 도 [바꿀 내용]에서 사용할 수 없다는 점에 주의하자. 예를 들어, [바 꿀 내용]에서 **+**, *****, **?**, **{}** 같은 수량자는 일반문자로 작동하기 때문에 [바꿀 내용]에 **\d+** 를 쓰면 [찾을 내용]에서 검색한 부분이 일반문자 '\d+'로 치환될 뿐이다.

즉, [바꿀 내용]은 [찾을 내용]에서 검색한 결과를 그대로 가져오 거나 다른 문자로 바꾸는 것만 가능하고 패턴을 다른 패턴으로 바꾸 는 것은 불가능하므로, 치환 결과를 예측할 수 없는 경우 테스트해볼 것을 권장한다.

다음 예문에서 큰따옴표와 작은따옴표로 둘러싸인 부분을 부등호 기호로 바꾸는 GREP을 작성해 치환 사용법을 알아보자.

> 1950년 (22세) 대학 졸업 후 뉴욕으로 옮겨 '보그'(VOGUE)나 '하퍼스 바자'(Harper's BAZAAR) 등의 잡지 광고와 일러스트로 알려지기 시작했다. 1952년에는 신문광고 미술 부문에서 "아트 디렉터스 클럽 어워드"(Art Director's Club Award)를 수상했고, 선에 잉크를 실어 종이에 전사하는 "브롯테드 라인"(Burottedo line)이라는 대량 인쇄에 적합한 기술을 발명한다.

먼저 따옴표로 둘러싼 부분을 GREP으로 작성한다. 작은따옴표와 큰 따옴표는 **|** 로 묶어주고, 따옴표로 둘러싸인 부분은 **.** 를 써준다.

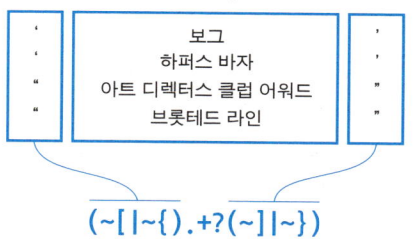

그다음 치환 번호를 생성하기 위해 패턴을 하위표현식으로 묶는다.
따옴표 부분은 이미 하위표현식으로 묶여있으므로 남은 가운데 부분
만 묶으면 된다. 이렇게 묶은 하위표현식에는 각각 1, 2, 3이라는 번호
가 할당된다.

(~[|~{).+?(~]|~})
 1   2

(~[|~{)(.+?)(~]|~})
 1   2   3

그다음 [바꿀 내용]의 GREP을 작성한다. 첫 번째와 세 번째 하위표
현식은 치환할 때 없어져야 하므로 [바꿀 내용]에 $1과 $3를 쓰지 않
는다. (.+?)의 검색 결과는 치환할 때 그대로 가져와야 하기 때문에
[바꿀 내용]에 $2를 써주고 앞뒤로 부등호 기호를 붙인다.

(~[|~{)(.+?)(~]|~})
                      찾을 내용
                      바꿀 내용
〈$2〉

이렇게 작성한 GREP을 예문에 적용하면 예문 9.7처럼 따옴표가 부
등호로 바뀐다. 얼핏 보기에 첫 번째와 세 번째 하위표현식이 부등호
로 직접 치환된 것 같지만, 실제로는 이 두 하위표현식은 $1과 $3에
할당되지 못해 삭제되고 $2 앞뒤에 부등호가 붙은 것이다.

예문 9.7 (찾을 내용)

(~[| ~{)(.+?)(~] | ~})

> 1950년 (22세) 대학 졸업 후 뉴욕으로 옮겨 '보그'(VOGUE)나
> '하퍼스 바자'(Harper's BAZAAR) 등의 잡지 광고와 일러스트로
> 알려지기 시작했다. 1952년에는 신문광고 미술 부문에서 "아트
> 디렉터스 클럽 어워드"(Art Director's Club Award)를 수상했고, 선에
> 잉크를 실어 종이에 전사하는 "브롯테드 라인"(Burottedo line)이라는
> 대량 인쇄에 적합한 기술을 발명한다.

예문 9.7 (바꿀 내용)

〈$2〉

> 1950년 (22세) 대학 졸업 후 뉴욕으로 옮겨 〈보그〉(VOGUE)나
> 〈하퍼스 바자〉(Harper's BAZAAR) 등의 잡지 광고와 일러스트로
> 알려지기 시작했다. 1952년에는 신문광고 미술 부문에서 〈아트
> 디렉터스 클럽 어워드〉(Art Director's Club Award)를 수상했고, 선에
> 잉크를 실어 종이에 전사하는 〈브롯테드 라인〉(Burottedo line)이라는
> 대량 인쇄에 적합한 기술을 발명한다.

앞에서 언급했듯이, $0는 모든 하위표현식을 가리킨다. 예문 9.8에서
$0는 $1$2$3와 같기 때문에 예문 9.8의 $1$0$3는 $1$1$2$3$3와 같
으며, 그 결과 따옴표가 이중으로 나타난다.

예문 9.8 (찾을 내용)

(~[| ~{)(.+?)(~] | ~})

> 1950년 (22세) 대학 졸업 후 뉴욕으로 옮겨 '보그'(VOGUE)나
> '하퍼스 바자'(Harper's BAZAAR) 등의 잡지 광고와 일러스트로
> 알려지기 시작했다. 1952년에는 신문광고 미술 부문에서 "아트
> 디렉터스 클럽 어워드"(Art Director's Club Award)를 수상했고, 선에
> 잉크를 실어 종이에 전사하는 "브롯테드 라인"(Burottedo line)이라는
> 대량 인쇄에 적합한 기술을 발명한다.

예문 9.8 (바꿀 내용)

$1$0$3

> 1950년 (22세) 대학 졸업 후 뉴욕으로 옮겨 "보그"(VOGUE)나
> "하퍼스 바자"(Harper's BAZAAR) 등의 잡지 광고와 일러스트로
> 알려지기 시작했다. 1952년에는 신문광고 미술 부문에서 ""아트
> 디렉터스 클럽 어워드""(Art Director's Club Award)를 수상했고,
> 선에 잉크를 실어 종이에 전사하는 ""브롯테도 라인""(Burottedo
> line)이라는 대량 인쇄에 적합한 기술을 발명한다.

하위표현식이 겹쳐진 경우에는 여는 소괄호의 순서에 따라 참조 번
호가 매겨진다. 예를 들어 ((A)(B))(C)(((D)(E)F)G)라는 GREP이
있다면 참조 번호는 다음 그림과 같이 매겨진다.

'ABCDEFG'라는 예문을 ((A)(B))(C)(((D)(E)F)G)로 검색하고 $1
에서 $9로 치환하면 각 치환 결과는 다음과 같이 나온다.

예문 9.9 (찾을 내용)

((A)(B))(C)(((D)(E)F)G)

| ABCDEFG

예문 9.9 (바꿀 내용)

$1	$2	$3	$4	$5	$6	$7	$8
AB	A	B	C	DEFG	DEF	D	E

$0으로 치환하면 'ABCDEFG'로 치환되며, $9로 치환하면 $9에 해당
하는 하위표현식이 없으므로 일반문자 '$9'로 치환된다.

(?:)는 하위표현식을 만들지만 역참조하거나 치환할 때 번호가 매겨지지 않는 메타문자다. 예문 9.9의 4번과 5번 하위표현식에 (?:)를 사용해 ((A)(B))(?:C)(?:((D)(E)F)G)를 만들면, 4번과 5번 하위표현식을 건너뛰고 번호가 매겨진다.

'ABCDEFG'라는 예문을 ((A)(B))(?:C)(?:((D)(E)F)G)로 검색하고 $1에서 $6으로 치환하면 각 치환 결과는 다음과 같이 나온다.

예문 9.10 (찾을 내용)

((A)(B))(?:C)(?:((D)(E)F)G)

| ABCDEFG

예문 9.11 (바꿀 내용)

$1	$2	$3	$4	$5	$6
AB	A	B	DEF	D	E

예문 9.9와 마찬가지로 $0의 치환 결과는 'ABCDEFG'이며, $7로 치환하면 해당 하위표현식이 없으므로 치환 결과는 '$7'이 된다.

정리

1   참조는 검색 결과를 다시 검색어로 사용하는 방법을 말한다.

2   역참조는 하위표현식이 찾은 검색 결과를 다시 검색어로
    사용하는 메타문자다.

3   역참조할 때는 \ 뒤에 숫자를 붙여 사용하며, \n은 n번째
    하위표현식의 검색 결과를 검색어로 사용한다.

4   \0은 전체 하위표현식을 역참조한다.

5   치환은 하위표현식이 찾은 검색 결과를 다른 패턴으로
    바꾸거나 삭제하는 메타문자로, [찾기/바꾸기]의
    [바꿀내용]에서만 사용 가능하다.

6   치환할 때는 $ 뒤에 숫자를 붙여 사용하며, $n은 n번째
    하위표현식의 검색 결과를 치환한다.

7   $0은 전체 하위표현식을 치환한다.

8   치환에 사용할 수 있는 메타문자는 검색에 사용하는
    메타문자보다 적으므로 [@]을 통해 입력하는 방법을 권장한다.

9   하위표현식이 겹쳐져 있는 경우 참조 번호는 여는 소괄호의
    순서에 따라 순차적으로 매겨진다.

10 (?:)는 하위표현식을 만들지만 참조 번호와 치환 번호가
    매겨지지 않는다.

10 참조 2

GREP에는 특정 패턴의 검색 여부에 따라 다른 패턴의 검색 여부를 결정하는 메타문자를 역참조 조건이라고 한다. 역참조 조건에는 두 가지 형태가 있으며, **?**와 하위표현식을 이용해 작성한다.

역참조 조건 1

역참조 조건은 역참조한 하위표현식이 검색에 성공했을 때만 패턴을 검색하는 메타문자로, 형식은 다음과 같다.

(?(b)t)

여기서 b는 역참조한 하위표현식 '번호'이고, t는 검색할 '패턴'으로, 간단히 말해 'b가 있을 때 t를 검색하라'는 뜻이다. 역참조는 역참조 번호 앞에 ****를 붙였지만, 역참조 조건에서는 **** 없이 b 자리에 숫자만 넣는다.

아래 예문에서 한글·영문으로 조합된 단어를 검색하는 GREP을 역참조 조건을 이용해 작성해보자.

> 커피(Coffee)는 꼭두서니과Rubiaceae 코페아속Coffea에
> 속한다.커피는 크게 '아라비카(Arabica)'와 '로부스타(Robusta)',
> 그리고 '리베리카(Liberica)' 품종으로 나뉘는데 그중
> 아라비카(Arabica'는 전 세계 생산량의 75%를 차지하고 향기와 맛이
> 좋아 최고의 품질로 인정받고 있다.

예문에 나온 한글·영문의 규칙을 찾아보면 다음과 같다.

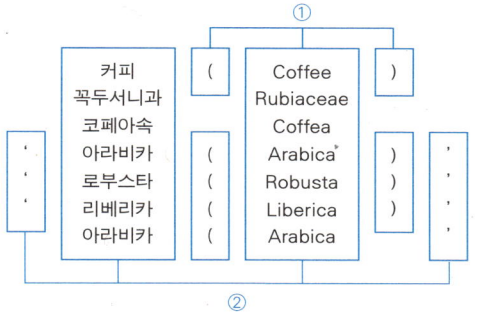

① 영문은 소괄호로 둘러싸여 있거나 둘러싸여 있지 않다.
② 한글 · 영문은 작은 작은따옴표로 둘러싸여 있거나
   둘러싸여 있지 않다.

이를 바탕으로 모든 경우의 패턴을 만족시키는 GREP을 다음과 같은
과정을 통해 작성한다.

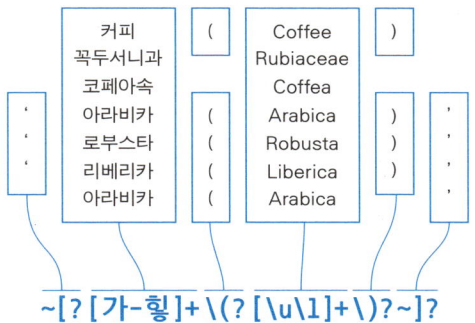

~[?[가-힣]+\(?[\u\1]+\)?~]?

이렇게 작성한 GREP으로 검색하면 예문 10.1과 같은 결과를 얻는다.

예문 10.1

~[?[가-힣]+\(?[\u\1]+\)?~]?

> 커피(Coffee)는 꼭두서니과Rubiaceae 코페아속Coffea에 속한다.
> 커피는 크게 '아라비카(Arabica)'와 '로부스타(Robusta)', 그리고
> '리베리카(Liberica)' 품종으로 나뉘는데 그중 아라비카(Arabica)'는
> 전 세계 생산량의 75%를 차지하고 향기와 맛이 좋아 최고의 품질로
> 인정받고 있다.

예문에 나온 한글·영문 패턴을 모두 검색했지만, 여는 작은따옴표와 닫는 소괄호가 없어 형식이 틀린 '아라비카(Arabica''까지 검색했다. 필요에 따라 형식이 틀린 패턴도 검색할 수 있지만, 여기서는 역참조 조건으로 '아라비카(Arabica''를 검색에서 제외해보자.

　예문 10.1을 수정하기 위해 추가해야 할 규칙은 다음과 같다.

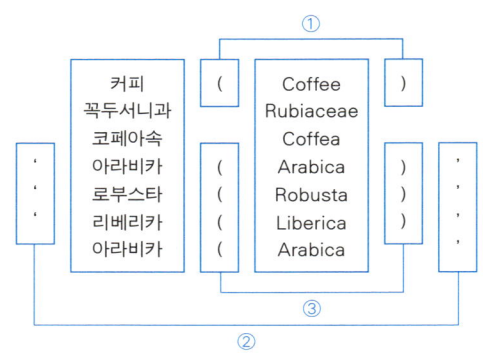

① 한글과 영문은 항상 짝을 이룬다. 즉, 한글이 있다면
　영문도 있어야 한다.
② 여는 따옴표는 닫는 따옴표와 짝을 이룬다.
　즉, 여는 따옴표가 있다면 닫는 따옴표도 있어야 한다.
③ 여는 소괄호는 닫는 소괄호와 짝을 이룬다.
　즉, 여는 소괄호가 있다면 닫는 소괄호가 있어야 한다.

하위표현식과 역참조 조건을 사용하기 위해 앞서 작성한 GREP을 소괄호로 묶는다.

$$(\sim[?])([가-힣]+)(\backslash(?)([\backslash u\backslash1]+)(\backslash)?)(\sim]?)$$
　　1　　　2　　　　3　　　4　　　　5　　　6

'2번 패턴이 있을 때 4번 패턴을 검색한다'고 역참조 조건을 만들면 2번과 4번은 항상 짝을 이루게 된다. 이 원리를 적용해 2번과 4번, 5번과 1번, 3번과 6번이 짝을 이룰 수 있도록 역참조 조건을 작성한다.

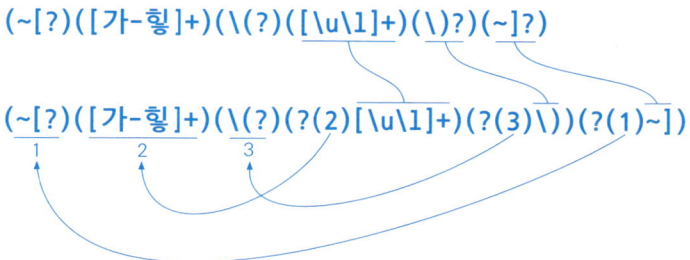

이때 5, 6번 하위표현식 (\)?)와 (~]?))에서 수량자로 쓰인 ?가 역참조 조건에서 사라진 것에 주의하자. ?는 패턴이 있거나 없는 두 가지 경우를 만족시키기 위해 사용하지만, 역참조 조건에서는 조건이 만족될 때만 패턴을 검색하므로 ?를 사용할 필요가 없다.

　이렇게 작성한 예문 10.2 GREP은 따옴표가 없는 한글 · 영문 세 개를 검색하지 못한다.

예문 10.2

(~[?)([가-힣]+)(\(?)(?(2)[\u\1]+)(?(3)\))(?(1)~])

> 커피(Coffee)는 꼭두서니과Rubiaceae 코페아속Coffea에 속한다. 커피는 크게 '아라비카(Arabica)'와 '로부스타(Robusta)', 그리고 '리베리카(Liberica)' 품종으로 나뉘는데 그중 아라비카(Arabica'는 전 세계 생산량의 75%를 차지하고 향기와 맛이 좋아 최고의 품질로 인정받고 있다.

원인은 첫번째 하위표현식 (~[?)의 ?로 인해 첫번째 하위표현식을 역참조하는 네번째 하위표현식 (?(1)~])가 잘못되었기 때문이다. 역참조는 하위표현식의 검색 결과를 참조해야 하는데, ?로 인해 첫 번째 하위표현식의 검색 결과가 확정되지 않아 역참조 조건이 정확한 검색 결과를 참조할 수 없게 된 것이다.

　이를 수정하기 위해 첫 번째 하위표현식 (~[?)에서 ?를 밖으로 빼 (~[)?를 작성한다. (~[)?는 (~[?)와 검색 결과는 동일하며, 네 번째 하위표현식 (?(1)~])로 하여금 ? 없이 ~[만 역참조하게 해주어 부정확한 조건 처리를 피할 수 있다.

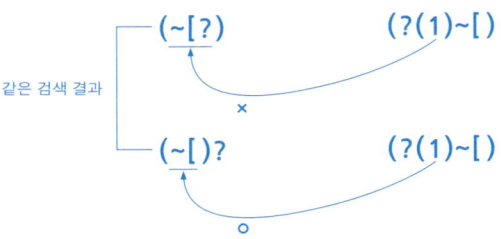

이는 소괄호에 대한 역참조(5번 패턴)도 마찬가지므로, 첫 번째와 세 번째 하위표현식에서 ?를 밖으로 빼 GREP을 수정한다.

(~[?)([가-힣]+)(\(?)(?(2)[\u\1]+)(?(3)\))(?(1)~])

(~[)?([가-힣]+)(\()?(?(2)[\u\1]+)(?(3)\))(?(1)~])

이렇게 수정한 GREP은 예문에서 잘못된 규칙의 한글·영문을 제외하고 검색한다.

예문 10.3

(~[)?([가-힣]+)(\()?(?(2)[\u\1]+)(?(3)\))(?(1)~])

> 커피(Coffee)는 꼭두서니과Rubiaceae 코페아속Coffea에 속한다. 커피는 크게 '아라비카(Arabica)'와 '로부스타(Robusta)', 그리고 '리베리카(Liberica)' 품종으로 나뉘는데 그중 아라비카(Arabica'는 전 세계 생산량의 75%를 차지하고 향기와 맛이 좋아 최고의 품질로 인정받고 있다.

많은 단계를 거쳐 복잡한 GREP이 된 것 같지만, 검색할 부분의 규칙만 찾으면 GREP 작성 자체는 어렵지 않다. 또한, 시간을 들여 GREP을 작성하는 방법이 대개의 경우 전체 문서를 훑어가며 작업하는 방법보다 빠르고 정확하다.

역참조 조건 2

앞에서 배운 역참조 조건은 역참조한 하위표현식이 없으면 패턴을 검색하지 않지만, 역참조한 하위표현식이 있을 때와 없을 때 서로 다른 두 패턴을 검색하게 만들 수 있다. 이때는 | 를 사용하는데, 형식은 다음과 같다.

(?(b)t|f)

b는 역참조한 하위표현식의 번호, t는 역참조가 존재할 때 검색할 패턴, f는 역참조가 없을 때 검색할 패턴으로, 'b가 있으면 t를 검색하고, b가 없으면 f를 검색하라'라는 뜻이다.

다음 예문에서 연도를 찾는 GREP을 작성하면서 역참조 조건에 대해 알아보자.

제1차 세계대전(1914.7.28–1918.11.11)은 약 4년 4개월간
지속된 최초의 세계대전이다. 1914년 7월 28일, 오스트리아의
세르비아에 대한 선전 포고로 시작되었다. 1914년 8.1에 이르면서
독일은 러시아에도 선전 포고를 벌였으나, 3년 후 러시아에서는
혁명으로 군주제가 붕괴되어 전쟁을 포기했다.

예문에서 연도는 다음 둘 중 하나의 형식을 취해야 한다.

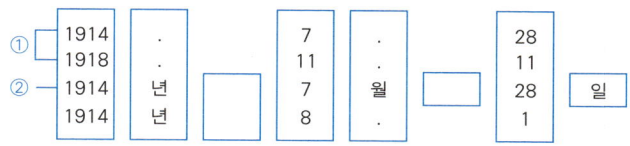

① ○.○.○
② ○년 ○월 ○일

이 두 형식의 날짜를 검색하는 GREP을 작성해보자.

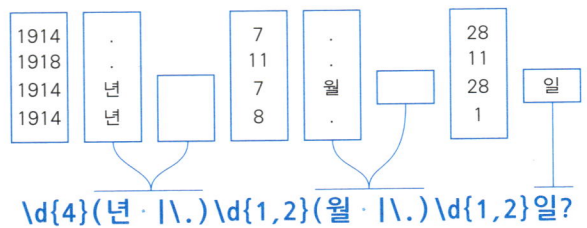

$$\texttt{\textbackslash d\{4\}(년 · |\textbackslash.)\textbackslash d\{1,2\}(월 · |\textbackslash.)\textbackslash d\{1,2\}일?}$$

이렇게 작성한 예문 10.4는 '1914년 8.1'처럼 규칙에 맞지 않는 연도까지 검색한다.

문
법

예문 10.4

\d{4}(년 · |\.)\d{1,2}(월 · |\.)\d{1,2}일?

> 제1차 세계대전(**1914.7.28** ~ **1918.11.11**)은 약 4년 4개월간
> 지속된 최초의 세계대전이다. **1914년 7월 28**일, 오스트리아의
> 세르비아에 대한 선전 포고로 시작되었다. **1914년 8.1**에 이르면서
> 독일은 러시아에도 선전 포고를 벌였으나, 3년 후 러시아에서는
> 혁명으로 군주제가 붕괴되어 전쟁을 포기하였다.

예문에 나온 연도는 '년 –월 –일'과 '온점–온점' 중 하나로 표시해야 하는데, 연도의 규칙을 만드는 **(년 · |\.)**과 **(월 · |\.)**과 **일?**는 독립적으로 작동한다. 그렇기 때문에 규칙에 맞지 않는 '년 –온점'도 검색한 것이다.

규칙에 맞지 않는 연도를 검색에서 제외하기 위해 네 자리 숫자 뒤에 오는 '년'과 '온점' 중 하나를 기준으로 정해, 기준의 검색 여부에 따라 '년 –월 –일'만 검색하거나 '온점–온점'만 검색하게 만들어야 한다. 여기서는 '년'을 기준으로 삼는다.

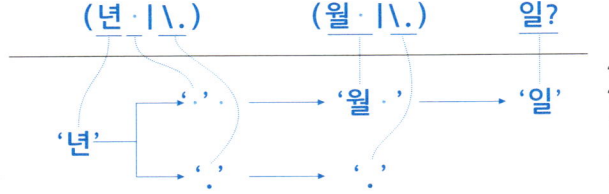

'년'을 기준으로 역참조를 만드는 과정은 다음과 같다.

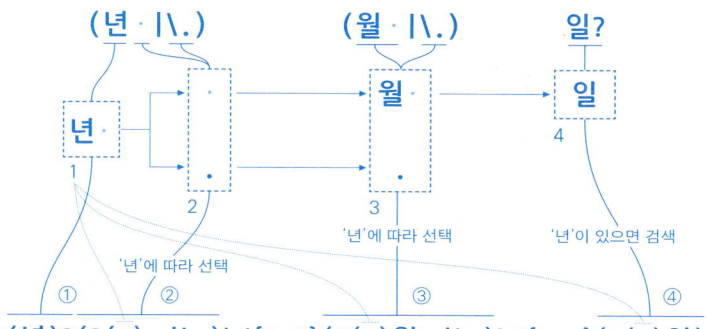

\d{4}(년)?(?(1) ·|\.)\d{1,2}(?(1)월 ·|\.)\d{1,2}(?(1)일)

① 기준을 만들기 위해 '년'을 하위표현식으로 만든다. 1914.7.28
처럼 '년'이 검색되지 않는 경우가 있어 **?**를 붙이는데, '년'은
역참조의 기준이 되는 패턴이므로 **?**를 하위표현식 밖으로 뺀다.

② **(?(1) ·|\.)**는 1번 하위표현식이 검색되면 스페이스 공백을
검색하고, 1번 하위표현식이 없으면 온점을 검색한다.

③ **(?(1)월 ·|\.)**는 1번 하위표현식이 검색되면 '월 '을
검색하고, 1번 하위표현식이 없으면 온점을 검색한다.

④ **(?(1)일)**는 1번 하위표현식이 검색되면 '일'을 검색하고,
1번 하위표현식이 없으면 아무것도 검색하지 않는다.

이렇게 작성된 예문 10.5 GREP은 잘못된 형식의 날짜를 제외하고 두
형식의 날짜를 검색한다.

예문 10.5
\d{4}(년)?(?(1) ·|\.)\d{1,2}(?(1)월 ·|\.)\d{1,2}(?(1)일)

제1차 세계대전(1914.7.28-1918.11.11)은 약 4년 4개월간
지속된 최초의 세계대전이다. 1914년 7월 28일, 오스트리아의
세르비아에 대한 선전 포고로 시작되었다. 1914년 8.1에 이르면서
독일은 러시아에도 선전 포고를 벌였으나, 3년 후 러시아에서는
혁명으로 군주제가 붕괴되어 전쟁을 포기하였다.

예문 10.5의 '1914년 7월 28일'은 '년' 뒤에 스페이스 공백이 있어 역참조 조건 (?(b)t|f)의 t 자리에 스페이스 공백을 놓을 수 있었다. 하지만 '1914년7월28일'처럼 '년' 뒤에 공백이 없는 경우, t 자리에 놓을 문자가 없어 역참조 조건을 만들 수 없다. 이때 '아무것도 검색할 것이 없다'는 의미를 지닌 패턴을 만들어 t 자리에 넣어주면 된다.

년{0}
년?
.{0}
.?

위의 예시에서 '년' 대신 아무 글자가 와도 상관없다. 검색할 문자가 없거나(년{0}과 .{0}) 없을 수도 있다(년?과 .?)는 의미만 충족하면, 위의 네 예시 외에도 같은 뜻의 GREP은 얼마든지 만들 수 있다. 예문 10.6은 .{0}을 사용한 경우다.

예문 10.6

\d{4}(년)?(?(1).{0}|\.)\d{1,2}(?(1)월|\.)\d{1,2}(?(1)일)

> 제1차 세계대전(1914.7.28-1918.11.11)은 약 4년 4개월간
> 지속된 최초의 세계대전이다. 1914년7월28일, 오스트리아의
> 세르비아에 대한 선전 포고로 시작되었다. 1914년 8.1에 이르면서
> 독일은 러시아에도 선전 포고를 벌였으나, 3년 후 러시아에서는
> 혁명으로 군주제가 붕괴되어 전쟁을 포기했다.

조금 억지스러운 GREP이 되었지만, '아무것도 없는 GREP'이 필요할 때 위의 방법을 사용하면 된다.

정리

1   역참조 조건은 역참조의 유무에 따라 GREP의 검색 여부를
결정하는 GREP으로, 두 가지 형태가 있다.

2   첫 번째 형태는 (?(b)t)으로 'b가 있을 때 t를
검색하라'는 의미다.

3   두 번째 형태는 (?(b)t | f)으로 'b가 있으면 t를 검색하고,
b가 없으면 f를 검색하라'는 의미다.

4   역참조되는 하위표현식에 수량자가 있어서 검색이 되지
않는다면 수량자를 하위표현식 밖으로 빼본다.

5   아무것도 검색할 것이 없다는 의미의 패턴이 필요할 때는
구간 {0}나 ?를 이용한다.

11 메타문자

GREP 메타문자에 대해 정리해보자. 먼저 GREP은 자신과 동일한 형태의 문자를 찾는 일반문자와 패턴을 검색할 수 있는 메타문자로 작성할 수 있다. 메타문자는 문자 검색, 범위 검색, 검색 보조, 기호 검색을 위한 메타문자로 나눌 수 있다.

문자 검색을 위한 메타문자는 주로 유니코드나 문자이름으로 문자를 검색한다. 범위 검색을 위한 메타문자는 디자이너가 범위를 지정할 수 있는 것과 미리 범위가 지정된 것이 있으며, 범위를 지정하는 메타문자에는 문자클래스와 하위표현식, 범위가 지정된 메타문자에는 온점, 와일드카드, 포직스, 유니코드 프로퍼티가 있다. 검색을 보조하는 메타문자에는 수량자, 하위표현식, 탐색, 위치지정자, 수정자, 역참조, 치환, 역참조 조건이 있으며 기호 검색을 위한 메타문자는 일반문자를 검색하기 위한 메타문자와 인디자인용 특수문자를 검색하는 메타문자로 나눌 수 있다.

문자 검색

앞에서 배웠듯이 GREP은 기본적으로 찾고자 하는 문자를 검색어로 사용한다. 하지만 문자나 기호 입력이 번거로울 경우 유니코드나 문자 이름을 검색어로 사용할 수 있다.

\x{ }	유니코드로 문자를 검색한다.	1.2
\N{ }	유니코드 이름으로 문자를 검색한다.	1.3

범위 검색

GREP은 특정 범위의 문자를 검색할 수 있는데, 모든 문자를 검색할 수도 있고, 디자이너가 직접 검색할 범위를 설정할 수도 있다. 아니면 미리 검색 범위가 정해진 메타문자를 쓸 수도 있다.

먼저 모든 범위의 글자를 검색하는 메타문자다.

.	아무 글자나 검색한다.	3.1

다음은 문자클래스와 관련된 메타문자다.

[ ]	대괄호 안에 있는 문자들을 검색한다.	3.2
-	대괄호 안에서 두 문자 사이의 문자를 검색한다.	3.2
^	대괄호 안에 있는 문자를 제외하고 검색한다.	3.2

다음은 미리 검색 범위가 정해진 메타문자로, 와일드카드, 포직스, 유니코드 프로퍼티가 있다. 먼저 와일드카드다.

\u	대문자를 검색한다.	4.1
\U	대문자를 제외하고 검색한다.	4.1
\l	소문자를 검색한다.	4.1
\L	소문자를 제외하고 검색한다.	4.1
\d	숫자를 검색한다.	4.1
\D	숫자를 제외하고 검색한다.	4.1
\w	단어문자를 검색한다.(한글, 영문, 숫자, 밑줄)	4.1
\W	단어문자를 제외하고 검색한다.	4.1
\s	공백, 탭, 줄바꿈 문자를 검색한다.	4.1

\S	공백, 탭, 줄바꿈 문자를 제외하고 검색한다.	4.1
~K	모든 한자를 검색한다.	4.1
\v	수직 공백(단락끝과 강제 줄바꿈 문자)을 검색한다. 인디자인 CS6에서 추가되었다.	4.1
\V	수직 공백을 제외한 모든 문자요소를 검색한다. 인디자인 CS6에서 추가되었다.	4.1
\h	수평 공백을 검색한다. 인디자인 CS6에서 추가되었다.	4.1
\H	수평 공백을 제외한 모든 문자요소를 검색한다. 인디자인 CS6에서 추가되었다.	4.1

다음은 포직스다.

[[:alnum:]]	영숫자를 검색한다. (한글, 영문, 숫자)	4.2
[[:alpha:]]	숫자를 제외한 문자요소를 검색한다.	4.2
[[:digit:]]	숫자를 검색한다.	4.2
[[:lower:]]	소문자를 검색한다.	4.2
[[:upper:]]	대문자를 검색한다.	4.2
[[:punct:]]	문장부호를 검색한다.	4.2
[[:space:]]	공백, 탭, 줄바꿈 문자를 검색한다.	4.2
[[:word:]]	문자를 검색한다. (한글, 영문, 숫자, 밑줄)	4.2
[[:xdigit:]]	16진수 문자을 검색한다.	4.2
[[:print:]]	줄바꿈 문자를 포함한 모든 문자를 검색한다.	4.2
[[:blank:]]	공백, 탭을 검색한다.	4.2
[[:graph:]]	공백, 탭을 제외하고 검색한다.	4.2
[[= =]]	등호표시 사이에 있는 영문자와 관련된 문자세트를 검색한다.	4.2
[[. .]]	이중자를 검색한다.	4.2

다음은 유니코드 프로퍼티다.

\p{L*}	숫자를 제외한 문자를 검색한다.	4.3
\p{Ll}	소문자를 검색한다.	4.3
\p{Lu}	대문자를 검색한다.	4.3
\p{Lt}	특이한 형태의 타이틀 케이스와 고대 그리스어를 검색한다.	4.3
\p{Lm}	유니코드 02B0~02FF에 해당하는 문자를 검색한다.	4.3
\p{Lo}	위의 네 문자요소를 제외한 특수문자를 검색한다.	4.3
\p{M*}	밑의 세 문자요소를 검색한다.	4.3
\p{Mn}	분음부호 및 성조부호를 검색한다.	4.3
\p{Mc}	벵골어, 구자라트어의 모음을 검색한다.	4.3
\p{Me}	원, 사각형, 마름모 등의 기호를 검색한다.	4.3
\p{Z*}	스페이스 공백, 줄바꿈 문자, 줄 구분자, 문단 구분자를 검색한다.	4.3
\p{Zs}	스페이스 공백, 줄바꿈 문자를 검색한다.	4.3
\p{Zl}	줄 구분자를 검색한다.	4.3
\p{Zp}	문단 구분자를 검색한다.	4.3
\p{S*}	밑의 네 문자요소를 검색한다.	4.3
\p{Sm}	수학기호를 검색한다.	4.3
\p{Sc}	통화기호를 검색한다.	4.3
\p{Sk}	고유자폭을 지닌 결합 문자를 검색한다.	4.3
\p{So}	윙딩, 딩뱃 등의 기호를 검색한다.	4.3
\p{N*}	모든 형태의 숫자를 검색한다.	4.3
\p{Nd}	0~9에 해당하는 숫자를 검색한다.	4.3
\p{Nl}	로마자 숫자를 검색한다.	4.3
\p{No}	첨자, 분수, 원형 번호, 괄호 번호 등을 검색한다.	4.3
\p{P*}	아래 일곱 가지 문장부호를 검색한다.	4.3
\p{Pd}	하이픈과 대시를 검색한다.	4.3
\p{Ps}	여는 형태의 구두점을 검색한다.	4.3
\p{Pe}	닫는 형태의 구두점을 검색한다.	4.3
\p{Pi}	여는 형태의 인용부호를 검색한다.	4.3

\p{Pf}	닫는 형태의 인용부호를 검색한다.	4.3
\p{Pc}	밑줄 밑 타이 기호를 검색한다.	4.3
\p{Po}	그 외의 문장부호를 검색한다.	4.3
\p{C*}	탭과 줄바꿈 문자를 검색한다.	4.3
\p{Cc}	제어문자를 검색한다.	4.3
\p{Cf}	눈에 안 보이는 문장부호를 검색한다.	4.3
\p{Co}	사용자 자유 영역을 검색한다.	4.3
\p{Cn}	문자가 할당되지 않은 유니코드를 검색한다.	4.3
\P{ }	\p{ }를 제외한 범위를 검색한다.	4.3

검색 보조

여기서부터 나오는 메타문자는 문자나 범위를 직접 찾지 않고 검색할 위치나 검색의 순서, 검색어의 반복 등을 설정해 검색에 도움을 주는 역할을 한다.

다음은 수량자로 검색의 반복 횟수를 설정한다.

+	1번 이상의 연속된 문자를 찾는다.	5.1
*	없거나 1번 이상의 연속된 문자를 찾는다.	5.2
?	없거나 연속되지 않은 문자를 찾는다.	5.3
{n}	n번 연속된 문자를 찾는다.	5.4
{n,}	n번 이상 연속된 문자를 찾는다.	5.4
{n,m}	n번 이상 m번 이하 연속된 문자를 찾는다.	5.4
+?	1번 이상의 연속된 문자를 최소한의 범위로 찾는다.	5.5
*?	없거나 1번 이상의 연속된 문자를 최소한의 범위로 찾는다.	5.6
{n,}?	n번 이상 연속된 문자를 최소한의 범위로 찾는다.	5.7
{n,m}?	n번 이상 m번 이하 연속된 문자를 최소한의 범위로 찾는다.	5.7

다음은 하위표현식으로 패턴을 선택하거나 묶어 다양한
기능을 수행한다.

( )	하위표현식. GREP을 그룹으로 묶는다.	6.1
		하위표현식에 쓰인 다수의 검색어 중 하나만을 지정한다.	6.2
(?:)	하위표현식. 참조나 치환 번호가 매겨지지 않는다.	10.2

다음은 탐색으로 특정 패턴 앞이나 뒤의 검색어를 찾거나
제외한다.

(?=)	검색어 앞에 위치해야 하는 문자를 지정한다.	7.1
(?<=)	검색어 뒤에 위치해야 하는 문자를 지정한다.	7.1
(?!)	검색어 앞에 위치하면 안 되는 문자를 지정한다.	7.2
(?<!)	검색어 뒤에 위치하면 안 되는 문자를 지정한다.	7.2

다음은 위치지정자로 단어나 문단, 스토리의 경계를 찾는다.

\b	단어 경계를 찾는다.	8.1
\B	단어 경계가 아닌 부분을 찾는다.	8.1
\<	단어 시작 부분을 찾는다.	8.1
\>	단어 끝 부분을 찾는다.	8.1
^	문단 시작 부분을 찾는다.	8.2
$	문단 끝 부분을 찾는다.	8.2
\A	스토리의 시작 부분을 찾는다.	8.4
\Z, \z	스토리의 끝 부분을 찾는다.	8.4

다음은 수정자로 GREP 작성에 편의를 주거나 일부
메타문자의 성질을 바꾼다.

(?m)	다중행 모드를 켬. ^과 $를 문단 시작, 끝으로 설정한다. (기본 설정)	9.1
(?-m)	다중행 모드를 끔. ^과 $를 스토리 시작, 끝으로 설정한다.	9.1
(?s)	단일행 모드를 켬. 온점(.)의 검색 범위가 줄바꿈 문자에 의해 끊어진다.	9.2
(?-s)	단일행 모드를 끔. 온점(.)의 검색 범위가 줄바꿈 문자를 무시하고 스토리 끝까지 이어진다.	9.2
(?i)	대소문자 구분을 하지 않게 만든다.	9.3
(?-i)	대소문자 구분을 하게 만든다. (기본 설정)	9.3
\Q…\E	역슬래시(\)로 이스케이프해야 검색어로 쓸 수 있는 메타문자를 이스케이프 시키지 않고 검색어로 쓸 수 있게 한다.	9.4
(?x)	공백 무시 모드로 GREP의 스페이스 공백을 무시한다.	9.5
(?#)	GREP에 주석을 단다.	9.6

다음은 역참조와 치환과 관련된 메타문자로, 하위표현식으로
묶인 패턴의 검색 결과를 검색어로 사용한다.

\1, \2…	GREP 내에서 하위표현식을 참조한다.	10.1
$1, $2…	GREP 밖에서 하위표현식을 치환한다.	10.2

다음은 역참조 조건과 관련된 메타문자로, 하위표현의
검색 결과 유무에 따라 패턴의 검색 여부를 결정한다.

(?(b)t)	b가 있을 때 t를 검색한다.	11.1
(?(b)t|f)	b가 있을 때 t를 검색하고 없으면 f를 검색한다.	11.2

기호 검색

기호를 검색하는 메타문자는 텍스트 메타문자와 형태가 유사하고 인디자인에 특화된 것이 많다.

다음은 자주 쓰는 기호를 검색하는 메타문자로, \로 시작하는 것은 다른 용도의 메타문자를 이스케이프한 것이다.

~8	글머리 기호 문자(•)
~5	가나 글머리 기호(•), 가나 폰트에서 가능
\\	역슬래시 문자(\)
\^	캐럿(^)
~2	저작권 표시(©)
~e	줄임표(…)
~7	단락 기호(¶)
~r	등록 상표 기호(®)
~6	섹션 기호(§)
~d	상표 기호(TM)
\(	여는 소괄호(()
\)	닫는 소괄호())
\{	여는 중괄호({)
\}	닫는 중괄호(})
\[	여는 대괄호([)
\]	닫는 대괄호(])
\+	더하기
*	별표
\?	물음표

다음은 쪽, 섹션, 각주를 검색하는 메타문자다.

~#	모든 쪽 번호
~N	현재 쪽 번호 ([문자] ▶ [특수 문자 삽입] ▶ [표시자])
~X	다음 쪽 번호 ([문자] ▶ [특수 문자 삽입] ▶ [표시자])
~V	이전 쪽 번호 ([문자] ▶ [특수 문자 삽입] ▶ [표시자])
~x	섹션 표시자 ([문자] ▶ [특수 문자 삽입] ▶ [표시자])
~a	연결 개체 표시자
~F	각주 참조 표시자로 [문자] ▶ [문서 각주 옵션]을 사용하면서 생긴 모든 각주 번호를 검색한다.
~I	색인 표시자

다음은 하이픈 및 대시를 검색하는 메타문자다. 하이픈 및 대시는 [문자] ▶ [특수 문자 삽입] ▶ [하이픈 및 대시]에서 입력할 수 있다.

~_	전각 대시(—)
~=	반각 대시(–)
~-	임의 하이픈
~~	단어 잘림 방지 하이픈(-)

다음은 공백을 검색하는 메타문자다. 공백은 [문자] ▶ [공백 삽입]을 통해 입력할 수 있다.

~m	전각 공백
~>	반각 공백
~(	표의 문자 공백
~3	1/3 공백

~4	1/4 공백
~%	1/6 공백
~f	강제 공백
~|	1/10~1/16 공백
~S	단어 잘림 방지 공백
~s	단어 잘림 방지 공백 (고정폭)
~<	1/5 공백
~/	숫자 공백
~.	구두점 공백

다음은 따옴표를 검색하는 메타문자다. 따옴표는 [문자] ▶
[특수 문자 삽입] ▶ [따옴표]에서 입력할 수 있다.

"	모든 큰따옴표("")
'	모든 작은따옴표(아포스트로피)('')
~"	수직 큰따옴표(")
~{	왼쪽 큰따옴표(")
~}	오른쪽 큰따옴표(")
~'	수직 작은따옴표(아포스트로피)(')
~[	왼쪽 작은따옴표(')
~]	오른쪽 작은따옴표(')

다음은 줄바꿈 문자를 검색하는 메타문자다. 줄바꿈 문자는
[문자] ▶ [줄바꿈 문자 삽입]에서 입력할 수 있다.

\n	강제 줄바꿈. 시프트 키와 리턴 키를 같이 눌렀을 때 입력되는 줄바꿈 문자
\r	단락 바꾸기 혹은 단락끝. 리턴 키를 눌렀을 때 생성되는 줄바꿈 문자

~b	표준 캐리지 리턴
~M	단 나누기 ([문자] ▶ [줄바꿈 문자 삽입])
~R	프레임 나누기 ([문자] ▶ [줄바꿈 문자 삽입])
~P	페이지 나누기 ([문자] ▶ [줄바꿈 문자 삽입])
~L	홀수 페이지 나누기 ([문자] ▶ [줄바꿈 문자 삽입])
~E	짝수 페이지 나누기 ([문자] ▶ [줄바꿈 문자 삽입])
~k	임의 줄바꿈 ([문자] ▶ [줄바꿈 문자 삽입])

다음은 [문자] ▶ [특수 문자 삽입] ▶ [기타]에서 입력할 수 있는 문자를 검색하는 메타문자다.

\t	탭
~y	오른쪽 들여쓰기 탭
~i	들여쓰기 위치
~h	중첩 스타일 끝 문자
~j	비연결자

다음은 변수를 찾는 메타문자다. 변수는 [문자] ▶ [텍스트 변수]에서 사용할 수 있다.

~v	모든 변수
~Y	(단락 스타일) 머리글 실행 중
~Z	(문자 스타일) 머리글 실행 중
~u	사용자 정의 텍스트
~T	마지막 쪽 번호
~H	장 번호
~O	만든 날짜
~o	수정 날짜
~D	출력 날짜
~l	파일 이름
~J	메타데이터 캡션

3부

활용

3부에서는 GREP을 실무에서 어떻게 활용하는지 살펴본다. 문제 해결 과정을 이해하기 위해 패턴을 찾아 GREP을 작성해 스타일을 적용하는 과정을 순서대로 짚어본다.

글꼴 섞어 쓰기

편집디자인 실무에서는 두 종 이상의 글꼴을 섞어 쓰는 경우가 많다. 이를 위해 인디자인에서는 합성글꼴 기능을 제공하는데, 합성글꼴을 사용하기가 여의치 않을 때는 GREP으로 문자세트를 구성하고 문자 스타일을 지정해 합성 글꼴을 대신할 수 있다.

01

예문 1은 본문 서식만 적용된 상태이며, 단락 스타일 설정은 그림 3.1 과 같으니 참고한다.

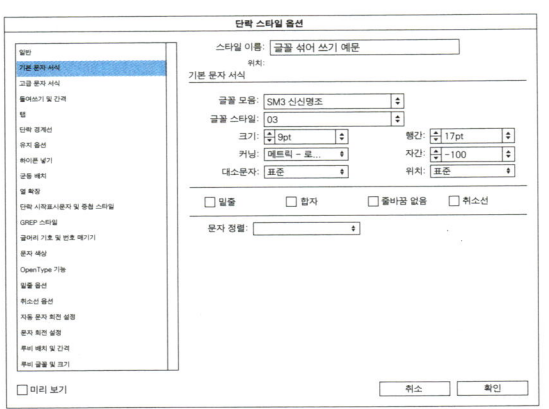

그림 3.1
예문의 단락 스타일 설정
[단락 스타일 옵션] ▶
[기본 문자 서식]

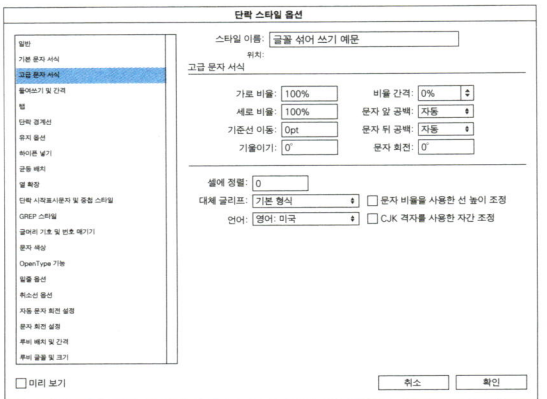

그림 3.2
예문의 단락 스타일 설정
[단락 스타일 옵션] ▶
[고급 문자 서식]

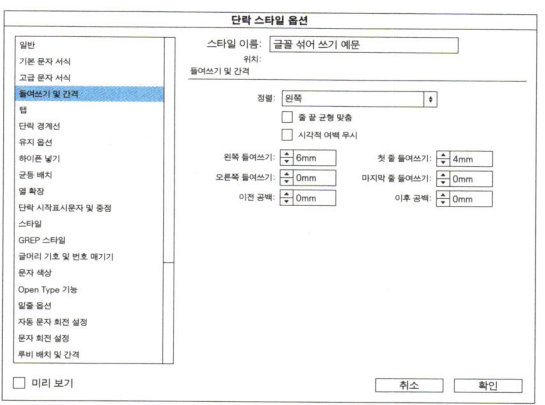

그림 3.3
예문의 단락 스타일 설정
[단락 스타일 옵션] ▶
[들여쓰기 및 간격]

글꼴 섞어 쓰기 예문 1

셰익스피어(William Shakespeare, 1564년 4월 26일~1616년 4월 23일)는
극작가로 활동한 1590년에서 1613년 사이―약 24년―에 희극과 비극을
포함해 작품 38편을 발표했다.

1590년대 초반에 셰익스피어가 집필한 『타이터스 안드로니커스(Titus
Andronicus)』『헨리 6세(King Henry VI)』『리처드 3세(Richard III)』등이
런던의 무대에서 상연되었는데 특히 『헨리 6세』는 공전(空前)의 흥행(興行)을
기록한다. 셰익스피어를 향한 악의에 찬 비난(非難)도 있었지만, 시간이
지날수록 대학에서 교육받지도 못한 작가 셰익스피어의 작품의 인기는
더해 갔다. 1623년 벤 존슨(Ben Jonson, 1572년~1637년)은 희랍과 로마의
극작가와 견줄 사람은 오직 셰익스피어뿐이라고 호평하면서 그는 "어느 한
시대의 사람이 아니라 모든 시대의 사람"이라고 칭찬(稱讚)했다. 1668년
존 드라이든(John Dryden)은 셰익스피어를 "가장 크고 포괄(包括)스러운
영혼(靈魂)"이라고 극찬(極讚)한다. 셰익스피어는 1590년에서 1613년까지
로마극을 포함해 비극 10편, 희극 17편, 역사극 10편, 장시(長詩) 몇 편과 시집
『소네트』를 지었고 작품 대부분이 생전에 인기를 누렸다.

생전에 엘리자베스 1세(Elizabeth I, 1558~1603)는 셰익스피어를 두고
"국가를 모두 넘겨주는 때에도 셰익스피어 한 명만은 못 넘긴다."라는 유명한
말을 남겼다.

먼저, 영문 글꼴을 바꿔보자. 영문자를 바꾸기 위해 사용할 수 있는 GREP은 [\u\l]과 [A-Za-z]가 있다. 두 GREP 모두 예문 1에 사용된 영문을 빠짐없이 지정할 수 있지만 만약의 경우를 대비해 확장된 라틴어도 포함하는 [\u\l]을 사용한다.

[단락 스타일 옵션] ▶ [GREP 스타일] ▶ [대상 텍스트]에 [\u\l]을 입력하고(그림 3.4), [스타일 적용] ▶ [새 문자 스타일]을 눌러 [\u\l]에 적용할 적당한 영문 글꼴을 지정해 문자 스타일을 새로 만든다(그림 3.5).

이때 새로 만든 문자 스타일에서 따로 값을 지정하지 않은 항목은 단락 스타일의 값을 그대로 가져온다. 예를 들어, 영문의 가로세로 비율을 따로 지정하지 않으면, 그림 3.2의 가로세로 비율 값이 적용되므로, 이를 조정하고 싶다면 그림 3.6처럼 적당한 값을 입력한다.

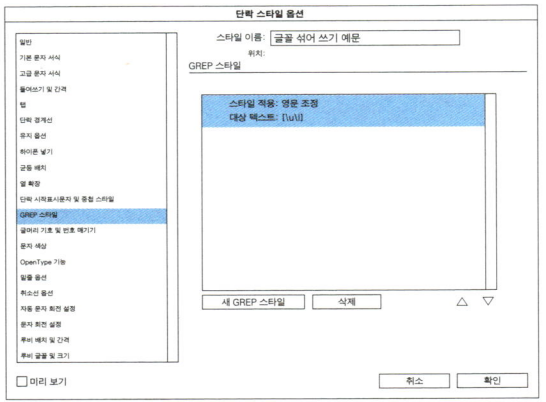

그림 3.4
영문 섞어 쓰기를 위한
[GREP 스타일] 설정

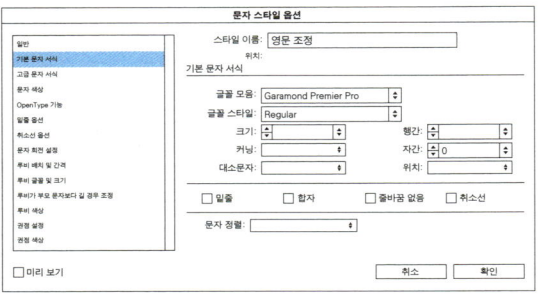

그림 3.5
영문에 적용한 문자
스타일의 [기본 문자
서식] 설정

그림 3.6
영문에 적용한 문자 스타일의
[고급 문자 서식] 설정

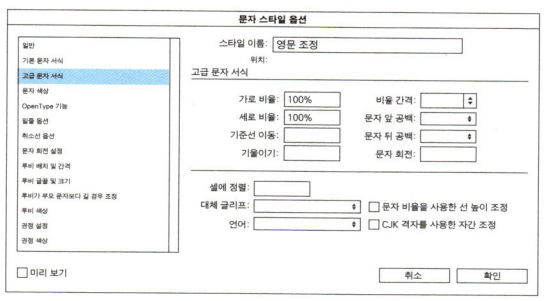

글꼴 섞어 쓰기 예문 2

셰익스피어(William Shakespeare, 1564년 4월 26일~1616년 4월 23일)는 극작가로 활동한 1590년에서 1613년 사이―약 24년―에 희극과 비극을 포함해 작품 38편을 발표했다.

1590년대 초반에 셰익스피어가 집필한『타이터스 안드로니커스(Titus Andronicus)』『헨리 6세(King Henry VI)』『리처드 3세(Richard III)』등이 런던의 무대에서 상연되었는데 특히 『헨리 6세』는 공전(空前)의 흥행(興行)을 기록한다. 셰익스피어를 향한 악의에 찬 비난(非難)도 있었지만, 시간이 지날수록 대학에서 교육받지도 못한 작가 셰익스피어의 작품의 인기는 더해 갔다. 1623년 벤 존슨(Ben Jonson, 1572년~1637년)은 희랍과 로마의 극작가와 견줄 사람은 오직 셰익스피어뿐이라고 호평하면서 그는 "어느 한 시대의 사람이 아니라 모든 시대의 사람"이라고 칭찬(稱讚)했다. 1668년 존 드라이든(John Dryden)은 셰익스피어를 "가장 크고 포괄(包括)스러운 영혼(靈魂)"이라고 극찬(極讚)한다. 셰익스피어는 1590년에서 1613년까지 로마극을 포함해 비극 10편, 희극 17편, 역사극 10편, 장시(長詩) 몇 편과 시집 『소네트』를 지었고 작품 대부분이 생전에 인기를 누렸다.

생전에 엘리자베스 1세(Elizabeth I, 1558~1603)는 셰익스피어를 두고 "국가를 모두 넘겨주는 때에도 셰익스피어 한 명만은 못 넘긴다."라는 유명한 말을 남겼다.

다음은 숫자의 글꼴을 바꿔보자. [단락 스타일 옵션] ▶ [GREP 스타일] ▶ [새 GREP 스타일] ▶ [대상 텍스트]에 **\d+**을 입력하고(그림 3.7), [스타일 적용] ▶ [새 문자 스타일]을 눌러 적당한 글꼴을 지정해 **\d+**에 적용할 문자 스타일을 만든다(그림 3.8, 그림 3.9).

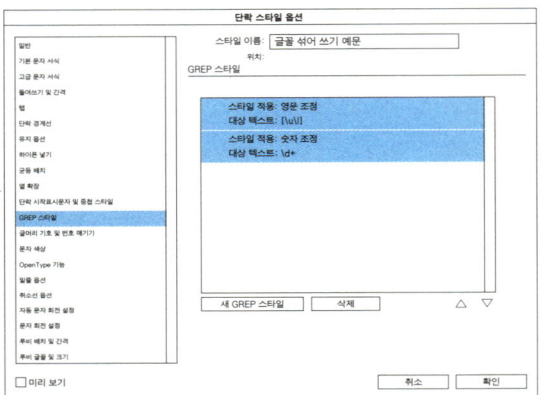

그림 3.7
숫자 섞어 쓰기를 위한
[GREP 스타일] 설정

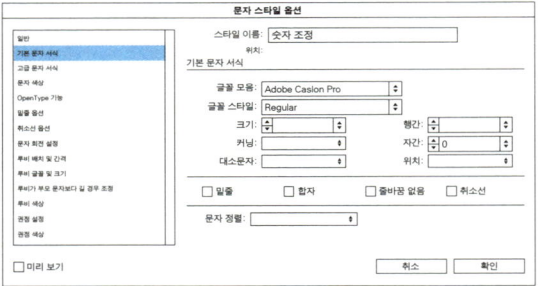

그림 3.8
숫자에 적용한 문자 스타일의
[기본 문자 서식] 설정

그림 3.9
숫자에 적용한 문자 스타일의
[고급 문자 서식] 설정

셰익스피어(William Shakespeare, 1564년 4월 26일~1616년 4월 23일)는
극작가로 활동한 1590년에서 1613년 사이—약 24년—에 희극과 비극을
포함해 작품 38편을 발표했다.

1590년대 초반에 셰익스피어가 집필한 『타이터스 안드로니커스(Titus
Andronicus)』 『헨리 6세(King Henry VI)』 『리처드 3세(Richard III)』 등이
런던의 무대에서 상연되었는데 특히 『헨리 6세』는 공전(空前)의 흥행(興行)을
기록한다. 셰익스피어를 향한 악의에 찬 비난(非難)도 있었지만, 시간이
지날수록 대학에서 교육받지도 못한 작가 셰익스피어의 작품의 인기는
더해 갔다. 1623년 벤 존슨(Ben Jonson, 1572년~1637년)은 희랍과 로마의
극작가와 견줄 사람은 오직 셰익스피어뿐이라고 호평하면서 그는 "어느 한
시대의 사람이 아니라 모든 시대의 사람"이라고 칭찬(稱讚)했다. 1668년
존 드라이든(John Dryden)은 셰익스피어를 "가장 크고 포괄(包括)스러운
영혼(靈魂)"이라고 극찬(極讚)한다. 셰익스피어는 1590년에서 1613년까지
로마극을 포함해 비극 10편, 희극 17편, 역사극 10편, 장시(長詩) 몇 편과 시집
『소네트』를 지었고 작품 대부분이 생전에 인기를 누렸다.

생전에 엘리자베스 1세(Elizabeth I, 1558~1603)는 셰익스피어를 두고
"국가를 모두 넘겨주는 때에도 셰익스피어 한 명만은 못 넘긴다."라는 유명한
말을 남겼다.

04

이번엔 구두점 글꼴을 바꿔보자. 전체 문서에서 사용된 구두점이 다양하기 때문에 포직스를 사용해 [[:punct:]]로 지정하고(그림 3.10), 적당한 글꼴로 구두점에 적용할 문자 스타일을 만든다(그림 3.11, 그림 3.12). 겹낫표는 [[:punct:]]에 포함되지만 문자 스타일에서 지정한 글꼴이 겹낫표를 지원하지 않으면 글꼴 섞어 쓰기 예문 4처럼 깨진 부분이 나온다.

186

활
용

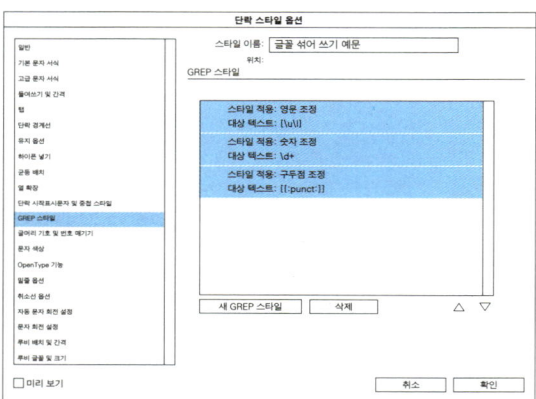

그림 3.10
구두점 섞어 쓰기를 위한
[GREP 스타일] 설정

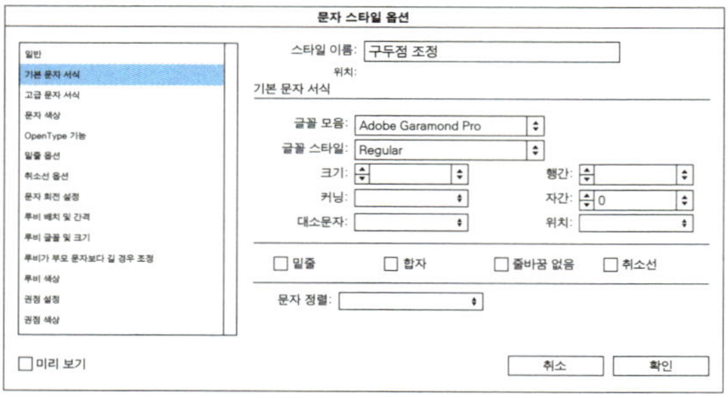

그림 3.11
구두점에 적용한 문자
스타일의 [기본 문자 서식]

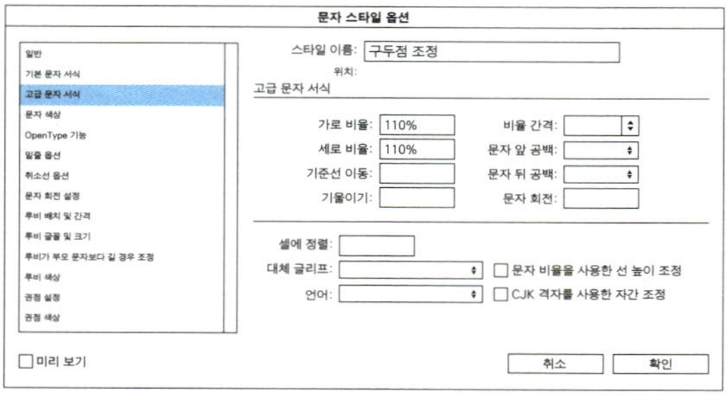

그림 3.12
구두점에 적용한 문자
스타일의 [고급 문자 서식]

　　셰익스피어(William Shakespeare, 1564년 4월 26일~1616년 4월 23일)는
극작가로 활동한 1590년에서 1613년 사이—약 24년—에 희극과 비극을
포함해 작품 38편을 발표했다.

　　1590년대 초반에 셰익스피어가 집필한▩타이터스 안드로니커스(Titus
Andronicus)▩ ▩헨리 6세(King Henry VI)▩ ▩리처드 3세(Richard III)▩ 등이
런던의 무대에서 상연되었는데 특히 ▩헨리 6세▩는 공전(空前)의 흥행(興行)을
기록한다. 셰익스피어를 향한 악의에 찬 비난(非難)도 있었지만, 시간이
지날수록 대학에서 교육받지도 못한 작가 셰익스피어의 작품의 인기는
더해 갔다. 1623년 벤 존슨(Ben Jonson, 1572년~1637년)은 희랍과 로마의
극작가와 견줄 사람은 오직 셰익스피어뿐이라고 호평하면서 그는 "어느 한
시대의 사람이 아니라 모든 시대의 사람"이라고 칭찬(稱讚)했다. 1668년
존 드라이든(John Dryden)은 셰익스피어를 "가장 크고 포괄(包括)스러운
영혼(靈魂)"이라고 극찬(極讚)한다. 셰익스피어는 1590년에서 1613년까지
로마극을 포함해 비극 10편, 희극 17편, 역사극 10편, 장시(長詩) 몇 편과 시집
▩소네트▩를 지었고 작품 대부분이 생전에 인기를 누렸다.

　　생전에 엘리자베스 1세(Elizabeth I, 1558~1603)는 셰익스피어를 두고
"국가를 모두 넘겨주는 때에도 셰익스피어 한 명만은 못 넘긴다."라는 유명한
말을 남겼다.

이번엔 깨진 겹낫표를 바꿔보자. 겹낫표는 낫표와 같이 사용될 확률이 높으므로 [새 GREP 스타일] ▶ [대상 텍스트]에 [『 』「 」]를 작성하고(그림 3.13), [스타일 적용] ▶ [새 문자 스타일]을 눌러 적당한 글꼴을 지정한 문자 스타일을 만든다(그림 3.14). \x{}를 사용해 유니코드를 입력해도 되지만, GREP을 쉽게 알아볼 수 있도록 글리프를 그대로 사용했다(그림 3.13). [단락 스타일 옵션] ▶ [GREP 스타일] 목록에서 낫표 문자 스타일이 구두점 문자 스타일보다 위에 있으면 낫표 문자 스타일 적용이 되지 않으니 주의한다(그림 3.15).

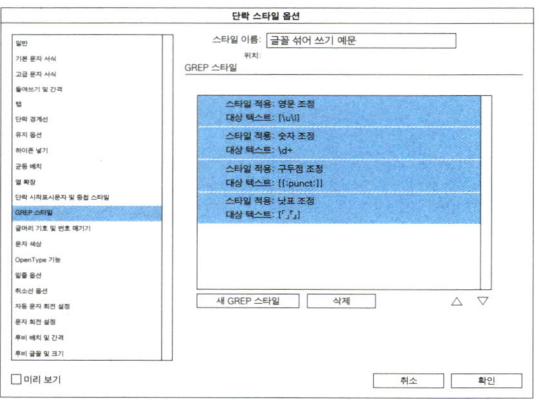

그림 3.13
낫표 섞어 쓰기를 위한
[GREP 스타일] 설정

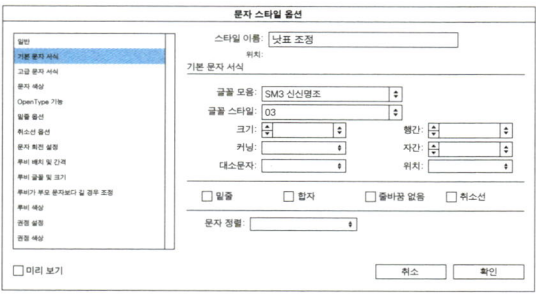

그림 3.14
낫표에 적용한 문자
스타일의 [기본 문자 서식]

그림 3.15
구두점에 적용할
문자스타일의
[고급 문자 서식]

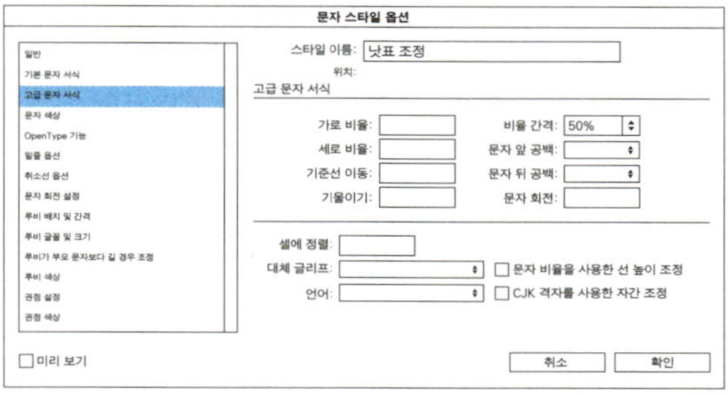

189

글꼴 섞어 쓰기 예문 5

셰익스피어(William Shakespeare, 1564년 4월 26일~1616년 4월 23일)는 극작가로 활동한 1590년에서 1613년 사이—약 24년—에 희극과 비극을 포함해 작품 38편을 발표했다.

1590년대 초반에 셰익스피어가 집필한 『타이터스 안드로니커스(Titus Andronicus)』『헨리 6세(King Henry VI)』『리처드 3세(Richard III)』 등이 런던의 무대에서 상연되었는데 특히 『헨리 6세』는 공전(空前)의 흥행(興行)을 기록한다. 셰익스피어를 향한 악의에 찬 비난(非難)도 있었지만, 시간이 지날수록 대학에서 교육받지도 못한 작가 셰익스피어의 작품의 인기는 더해 갔다. 1623년 벤 존슨(Ben Jonson, 1572년~1637년)은 희랍과 로마의 극작가와 견줄 사람은 오직 셰익스피어뿐이라고 호평하면서 그는 "어느 한 시대의 사람이 아니라 모든 시대의 사람"이라고 칭찬(稱讚)했다. 1668년 존 드라이든(John Dryden)은 셰익스피어를 "가장 크고 포괄(包括)스러운 영혼(靈魂)"이라고 극찬(極讚)한다. 셰익스피어는 1590년에서 1613년까지 로마극을 포함해 비극 10편, 희극 17편, 역사극 10편, 장시(長詩) 몇 편과 시집 『소네트』를 지었고 작품 대부분이 생전에 인기를 누렸다.

생전에 엘리자베스 1세(Elizabeth I, 1558~1603)는 셰익스피어를 두고 "국가를 모두 넘겨주는 때에도 셰익스피어 한 명만은 못 넘긴다."라는 유명한 말을 남겼다.

구두점 글꼴을 바꾸면서 기준선 높이가 어색해진 소괄호를 보기 좋게 조정해보자. 먼저 소괄호의 기준선을 조정하기 위해 [새 GREP 스타일] ▶ [대상 텍스트]에 [()]를 입력하고(그림 3.16), [스타일 적용] ▶ [새 문자 스타일]을 눌러 소괄호에 적용할 문자 스타일을 만들어 기준선 등을 수정해 적용한다(그림 3.17). 원래 소괄호는 메타문자이기 때문에 이스케이프해야 하지만, 문자클래스 안에서는 메타문자가 아니므로 이스케이프하지 않고 사용할 수 있다.

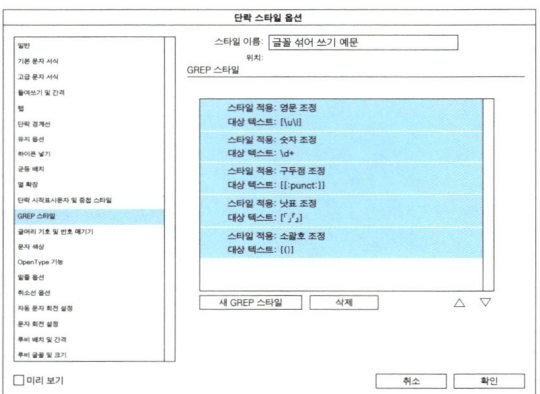

그림 3.16
소괄호 높이 조정을 위한
[GREP 스타일] 설정

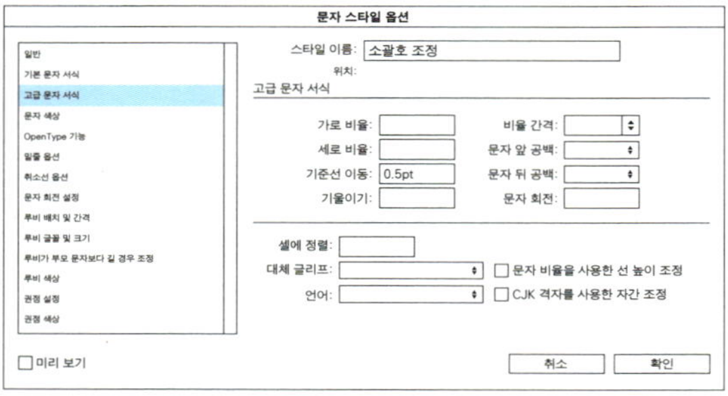

그림 3.17
소괄호에 적용한
문자 스타일의
[고급 문자 서식]

　　셰익스피어(William Shakespeare, 1564년 4월 26일~1616년 4월 23일)는 극작가로 활동한 1590년에서 1613년 사이—약 24년—에 희극과 비극을 포함해 작품 38편을 발표했다.

　　1590년대 초반에 셰익스피어가 집필한 『타이터스 안드로니커스(Titus Andronicus)』『헨리 6세(King Henry VI)』『리처드 3세(Richard III)』 등이 런던의 무대에서 상연되었는데 특히 『헨리 6세』는 공전(空前)의 흥행(興行)을 기록한다. 셰익스피어를 향한 악의에 찬 비난(非難)도 있었지만, 시간이 지날수록 대학에서 교육받지도 못한 작가 셰익스피어의 작품의 인기는 더해 갔다. 1623년 벤 존슨(Ben Jonson, 1572년~1637년)은 희랍과 로마의 극작가와 견줄 사람은 오직 셰익스피어뿐이라고 호평하면서 그는 "어느 한 시대의 사람이 아니라 모든 시대의 사람"이라고 칭찬(稱讚)했다. 1668년 존 드라이든(John Dryden)은 셰익스피어를 "가장 크고 포괄(包括)스러운 영혼(靈魂)"이라고 극찬(極讚)한다. 셰익스피어는 1590년에서 1613년까지 로마극을 포함해 비극 10편, 희극 17편, 역사극 10편, 장시(長詩) 몇 편과 시집 『소네트』를 지었고 작품 대부분이 생전에 인기를 누렸다.

　　생전에 엘리자베스 1세(Elizabeth I, 1558~1603)는 셰익스피어를 두고 "국가를 모두 넘겨주는 때에도 셰익스피어 한 명만은 못 넘긴다."라는 유명한 말을 남겼다.

이번엔 하이픈의 기준선을 조정해보자. [새 GREP 스타일] ▶ [대상 텍스트]에 하이픈을 검색하는 유니코드 프로퍼티인 **\p{Pd}**를 입력하고(그림 3.18), [스타일 적용] ▶ [새 문자 스타일]을 눌러 기준선을 조금 올린 문자 스타일을 만들어 적용한다(그림 3.19).

이때, 영어 단어 중간에 줄바꿈되면서 자동으로 생성되는 하이픈은 GREP으로 검색할 수 없으므로 주의한다. 만약 하이픈의 글꼴을 GREP으로 바꾼다면, 두 종류의 하이픈이 사용되는 셈이다. 여기에서는 글꼴을 변경하지 않고 하이픈의 기준선 값만 바꾸었다.

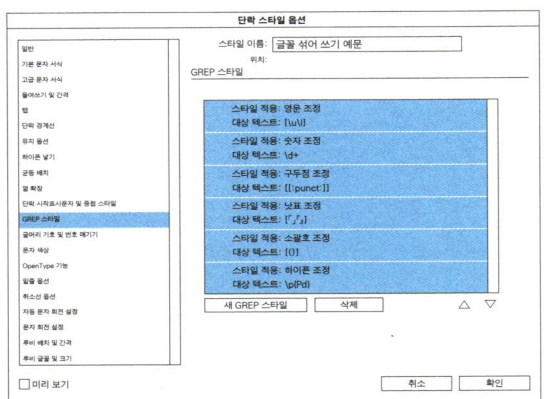

그림 3.18
하이픈 기준선 조정을 위한
[GREP 스타일] 설정

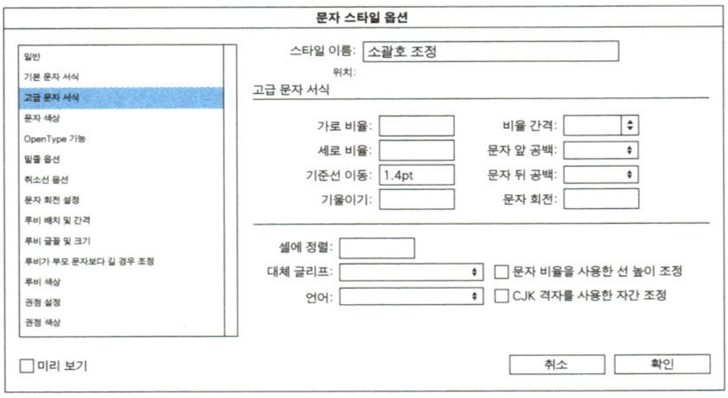

그림 3.19
하이픈에 적용할 문자
스타일의 [고급 문자 서식]

셰익스피어(William Shakespeare, 1564년 4월 26일~1616년 4월 23일)는 극작가로 활동한 1590년에서 1613년 사이—약 24년—에 희극과 비극을 포함해 작품 38편을 발표했다.

1590년대 초반에 셰익스피어가 집필한『타이터스 안드로니커스(Titus Andronicus)』『헨리 6세(King Henry VI)』『리처드 3세(Richard III)』등이 런던의 무대에서 상연되었는데 특히『헨리 6세』는 공전(空前)의 흥행(興行)을 기록한다. 셰익스피어를 향한 악의에 찬 비난(非難)도 있었지만, 시간이 지날수록 대학에서 교육받지도 못한 작가 셰익스피어의 작품의 인기는 더해 갔다. 1623년 벤 존슨(Ben Jonson, 1572년~1637년)은 희랍과 로마의 극작가와 견줄 사람은 오직 셰익스피어뿐이라고 호평하면서 그는 "어느 한 시대의 사람이 아니라 모든 시대의 사람"이라고 칭찬(稱讚)했다. 1668년 존 드라이든(John Dryden)은 셰익스피어를 "가장 크고 포괄(包括)스러운 영혼(靈魂)"이라고 극찬(極讚)한다. 셰익스피어는 1590년에서 1613년까지 로마극을 포함해 비극 10편, 희극 17편, 역사극 10편, 장시(長詩) 몇 편과 시집 『소네트』를 지었고 작품 대부분이 생전에 인기를 누렸다.

생전에 엘리자베스 1세(Elizabeth I, 1558~1603)는 셰익스피어를 두고 "국가를 모두 넘겨주는 때에도 셰익스피어 한 명만은 못 넘긴다."라는 유명한 말을 남겼다.

이번엔 한자와 닫는 소괄호 사이의 간격을 탐색을 이용해 살짝 벌려 보자. [새 GREP 스타일] ▶ [대상 텍스트]에 한자 뒤에 오는 소괄호를 찾는 (?<=~K)\)를 입력하고(그림 3.20), [스타일 적용] ▶ [새 문자 스타일]을 눌러 문자 앞 자간을 조정한 문자 스타일을 만들어 적용한다(그림 3.21).

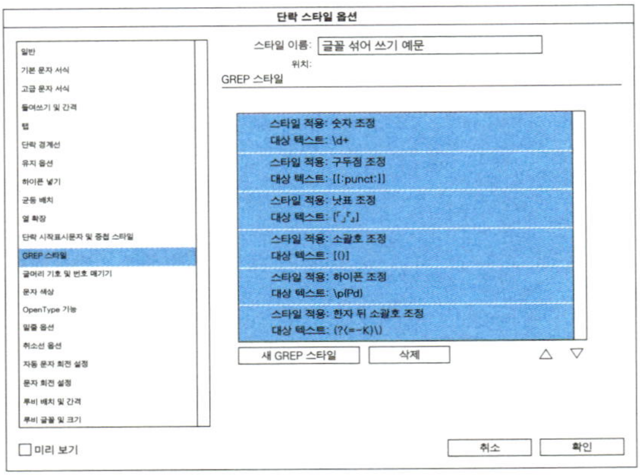

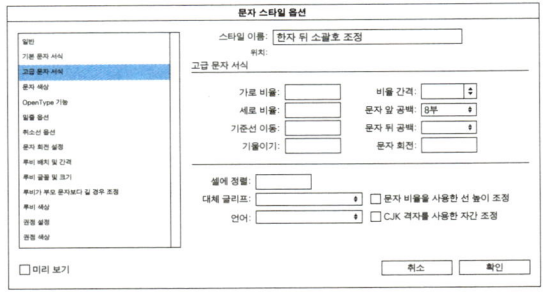

그림 3.20
한문과 닫는 소괄호
사이의 간격 조정을 위한
[GREP 스타일] 설정

그림 3.21
닫는 소괄호에 적용할
문자 스타일의
[고급 문자 서식]

셰익스피어(William Shakespeare, 1564년 4월 26일~1616년 4월 23일)는 극작가로 활동한 1590년에서 1613년 사이 — 약 24년 — 에 희극과 비극을 포함해 작품 38편을 발표했다.

1590년대 초반에 셰익스피어가 집필한 『타이터스 안드로니커스(Titus Andronicus)』『헨리 6세(King Henry VI)』『리처드 3세(Richard III)』 등이 런던의 무대에서 상연되었는데 특히 『헨리 6세』는 공전(空前)의 흥행(興行)을 기록한다. 셰익스피어를 향한 악의에 찬 비난(非難)도 있었지만, 시간이 지날수록 대학에서 교육받지도 못한 작가 셰익스피어의 작품의 인기는 더해 갔다. 1623년 벤 존슨(Ben Jonson, 1572년~1637년)은 희랍과 로마의 극작가와 견줄 사람은 오직 셰익스피어뿐이라고 호평하면서 그는 "어느 한 시대의 사람이 아니라 모든 시대의 사람"이라고 칭찬(稱讚)했다. 1668년 존 드라이든(John Dryden)은 셰익스피어를 "가장 크고 포괄(包括)스러운 영혼(靈魂)"이라고 극찬(極讚)한다. 셰익스피어는 1590년에서 1613년까지 로마극을 포함해 비극 10편, 희극 17편, 역사극 10편, 장시(長詩) 몇 편과 시집 『소네트』를 지었고 작품 대부분이 생전에 인기를 누렸다.

생전에 엘리자베스 1세(Elizabeth I, 1558~1603)는 셰익스피어를 두고 "국가를 모두 넘겨주는 때에도 셰익스피어 한 명만은 못 넘긴다."라는 유명한 말을 남겼다.

첨자

영문이나 한자가 병기된 부분을 위 첨자나 아래 첨자로 만들 때는 대부분 문자 스타일로 첨자 서식을 만들어 단축키를 지정하고 병기된 부분을 드래그 선택한 다음 단축키를 눌러 첨자로 만든다.

첨자로 만들 부분이 소괄호로 둘러싸여 있다면 예문 4.22를 응용해 [단락 스타일 옵션]에서 첨자를 만들 수도 있지만, 소괄호를 제거하려면 [찾기/바꾸기]의 치환을 이용해야 한다.

글꼴 섞어 쓰기 예문 8에서 소괄호로 둘러싸인 부분을 첨자로 만들어보자. 이 예문은 복잡하게 글꼴 섞어 쓰기가 되어있고, 병기된 부분도 한글, 한자, 영문, 문장부호가 섞여 있다. 이런 상태에서 첨자를 만드는 가장 단순한 방법은 위 첨자나 아래 첨자로만 문자 스타일을 지정해 첨자 예문 1처럼 만드는 것이다.

그림 3.22처럼 [찾을 내용]에 (\()(.+?)(\))를, [바꿀 내용]에 $2 를 입력하고, 그림 3.23처럼 [위치]를 '위 첨자'로 설정한 문자 스타일을 만들어 [서식 변경]에서 지정한다. [검색] 범위로 지정한 후 [모두 변경]을 누르면 병기된 부분이 위 첨자로 바뀌게 된다.

이때 위 첨자의 크기와 위치는 [환경 설정] ▶ [고급 문자]에서 설정할 수 있다(그림 3.24).

그림 3.22
첨자 예문 1의 첨자에
위 첨자 문자 스타일을
적용하기 위한
[찾기/바꾸기] 설정

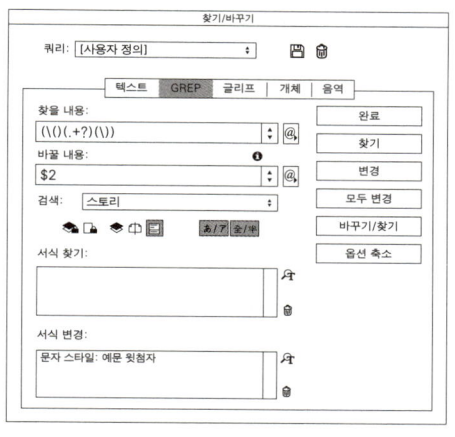

그림 3.23
첨자 예문 1의 첨자에
적용한 문자 스타일의
[기본 문자 서식]

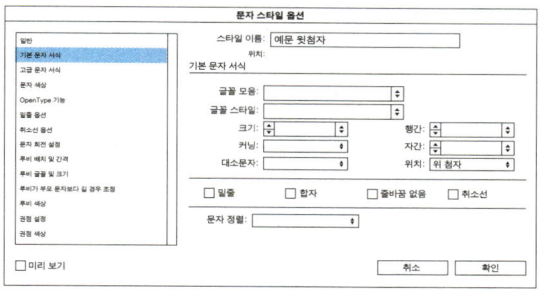

그림 3.24
위 첨자 크기 및 위치 설정

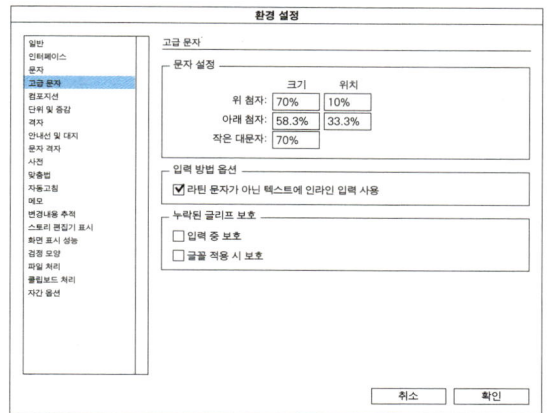

셰익스피어^{William Shakespeare, 1564년 4월 26일~1616년 4월 23일}는 극작가로 활동한 1590년에서 1613년 사이—약 24년—에 희극과 비극을 포함해 작품 38편을 발표했다.

1590년대 초반에 셰익스피어가 집필한 『타이터스 안드로니커스^{Titus Andronicus}』 『헨리 6세^{King Henry VI}』 『리처드 3세^{Richard III}』 등이 런던의 무대에서 상연되었는데 특히 『헨리 6세』는 공전^{空前}의 흥행^{興行}을 기록한다. 셰익스피어를 향한 악의에 찬 비난^{非難}도 있었지만, 시간이 지날수록 대학에서 교육받지도 못한 작가 셰익스피어의 작품의 인기는 더해 갔다. 1623년 벤 존슨^{Ben Jonson, 1572년~1637년}은 희랍과 로마의 극작가와 견줄 사람은 오직 셰익스피어뿐이라고 호평하면서 그는 "어느 한 시대의 사람이 아니라 모든 시대의 사람"이라고 칭찬^{稱讚}했다. 1668년 존 드라이든^{John Dryden}은 셰익스피어를 "가장 크고 포괄^{包括}스러운 영혼^{靈魂}"이라고 극찬^{極讚}한다. 셰익스피어는 1590년에서 1613년까지 로마극을 포함해 비극 10편, 희극 17편, 역사극 10편, 장시^{長詩} 몇 편과 시집 『소네트』를 지었고 작품 대부분이 생전에 인기를 누렸다.

생전에 엘리자베스 1세^{Elizabeth I, 1558~1603}는 셰익스피어를 두고 "국가를 모두 넘겨주는 때에도 셰익스피어 한 명만은 못 넘긴다."라는 유명한 말을 남겼다.

'위 첨자'를 설정하기 위해 문자 스타일을 새로 만든 이유는 나중에 색상이나 자간 등을 바꿀 때 저장해둔 문자 스타일을 불러와 간단히 수정할 수 있기 때문이다(그림 3.25). 새로 문자 스타일을 만들지 않고 [서식 변경 설정] ▶ [기본 문자 서식]에서 '위 첨자'를 선택해 첨자를 만들면 (그림 3.26) 추가 수정 사항을 반영할 때 번거로울 수 있다.

그림 3.25
[서식 변경 설정]에서
위 첨자가 설정된
문자 스타일 불러오기

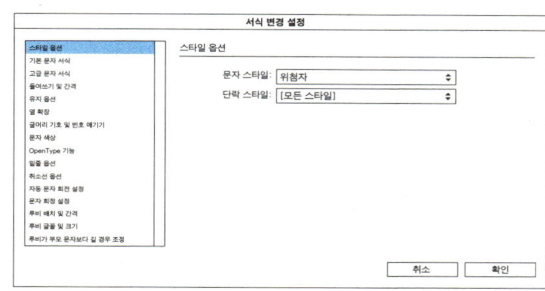

그림 3.26
[서식 변경 설정]에서
문자 스타일을 불러오지
않고 위 첨자 설정하기

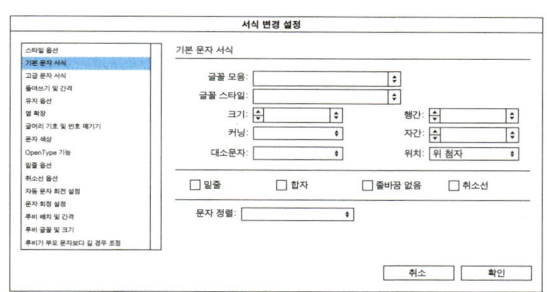

첨자의 글꼴로 본문과 다른 영문 글꼴을 사용하면(그림 3.27, 그림 3.28, 그림 3.29) 첨자 예문 2처럼 첨자의 한글과 한자가 깨지는 문제가 발생한다. 여기서 한글과 한자에만 한글 글꼴을 써서 깨지는 문제는 해결하려면 첨자도 글꼴 섞어 쓰기를 적용해야 하는데, 문자 스타일은 GREP을 지원하지 않으므로 GREP을 이용한 글꼴 섞어 쓰기를 할 수 없다.

활
용

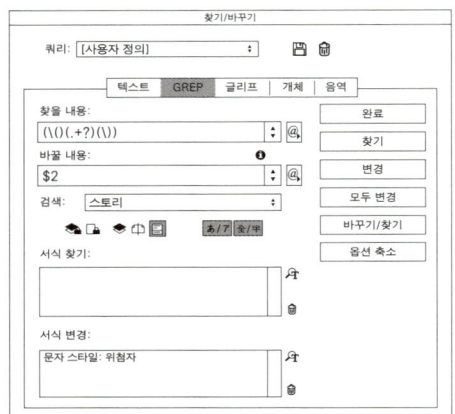

그림 3.27
첨자 예문 2에서 영문 글꼴을
첨자에 적용하기 위한
[찾기/바꾸기] 설정

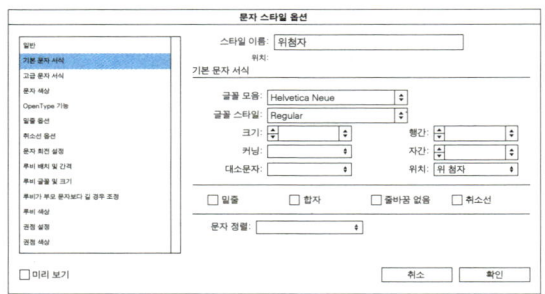

그림 3.28
첨자 예문 2의 첨자에
적용한 문자 스타일의
[기본 문자 설정]

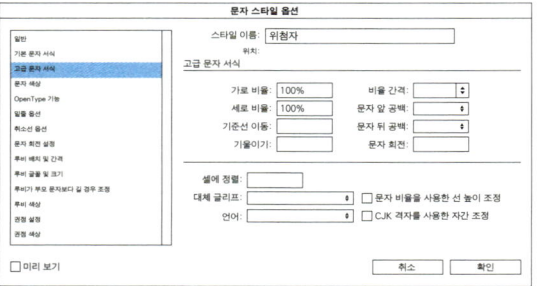

그림 3.29
첨자 예문 2의 첨자에
적용한 문자 스타일의
[기본 문자 설정]

셰익스피어^{William Shakespeare, 1564. 4. 26. ~1616. 4. 23.} 는 극작가로 활동한 1590년에서 1613년 사이—약 24년—에 희극과 비극을 포함해 작품 38편을 발표했다.

1590년대 초반에 셰익스피어가 집필한『타이터스 안드로니커스^{Titus Andronicus}』『헨리 6세^{King Henry VI}』『리처드 3세^{Richard III}』 등이 런던의 무대에서 상연되었는데 특히『헨리 6세』는 공전의 흥행을 기록한다. 셰익스피어를 향한 악의에 찬 비난도 있었지만, 시간이 지날수록 대학에서 교육받지도 못한 작가 셰익스피어의 작품의 인기는 더해 갔다. 1623년 벤 존슨^{Ben Jonson, 1572. ~1637.}은 희랍과 로마의 극작가와 견줄 사람은 오직 셰익스피어뿐이라고 호평하면서 그는 "어느 한 시대의 사람이 아니라 모든 시대의 사람"이라고 칭찬했다. 1668년 존 드라이든^{John Dryden}은 셰익스피어를 "가장 크고 포괄스러운 영혼"이라고 극찬한다. 셰익스피어는 1590년에서 1613년까지 로마극을 포함해 비극 10편, 희극 17편, 역사극 10편, 장시 몇 편과 시집『소네트』를 지었고 작품 대부분이 생전에 인기를 누렸다.

생전에 엘리자베스 1세^{Elizabeth I, 1558~1603}는 셰익스피어를 두고 "국가를 모두 넘겨주는 때에도 셰익스피어 한 명만은 못 넘긴다."라는 유명한 말을 남겼다.

첨자를 한글 글꼴로 설정하면(그림 3.30, 그림 3.31, 그림 3.32) 글자가 깨지는 문제는 막을 수 있지만, 한글 글꼴의 영문자 형태가 디자이너의 의도와 다를 수 있다. 이것은 디자이너의 의도나 작업 여건에 따라 달라지는 부분이지만 여기서는 첨자에도 글꼴 섞어 쓰기를 한다.

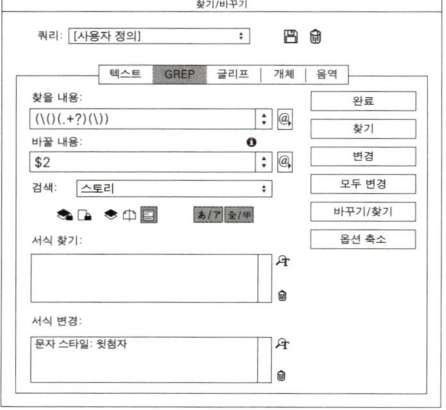

그림 3.30
첨자 예문 3에서 한글 글꼴을
첨자에 적용하기 위한
[찾기/바꾸기] 설정

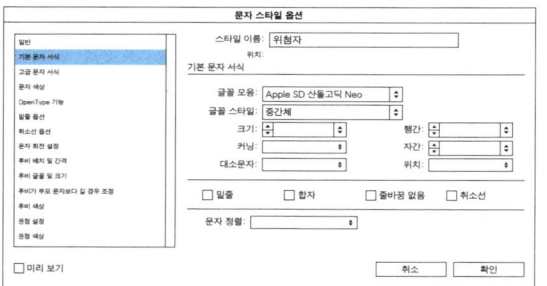

그림 3.31
첨자 예문 3의 첨자에
적용한 문자 스타일의
[기본 문자 설정]

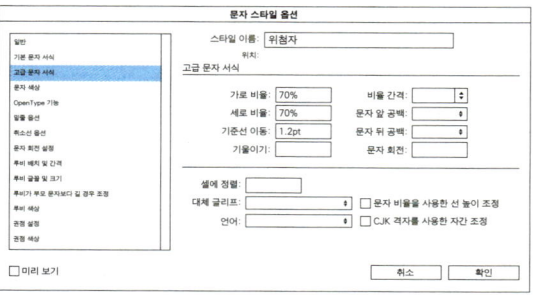

그림 3.32
첨자 예문 3의 첨자에
적용한 문자 스타일의
[고급 문자 설정]

셰익스피어William Shakespeare, 1564년 4월 26일~1616년 4월 23일는 극작가로 활동한 1590년에서 1613년 사이— 약 24년— 에 희극과 비극을 포함해 작품 38편을 발표했다.

1590년대 초반에 셰익스피어가 집필한『타이터스 안드로니커스Titus Andronicus』『헨리 6세King Henry VI』『리처드 3세Richard III』등이 런던의 무대에서 상연되었는데 특히『헨리 6세』는 공전空前의 흥행興行을 기록한다. 셰익스피어를 향한 악의에 찬 비난非難도 있었지만, 시간이 지날수록 대학에서 교육받지도 못한 작가 셰익스피어의 작품의 인기는 더해 갔다. 1623년 벤 존슨Ben Jonson, 1572년~1637년은 희랍과 로마의 극작가와 견줄 사람은 오직 셰익스피어뿐이라고 호평하면서 그는 "어느 한 시대의 사람이 아니라 모든 시대의 사람"이라고 칭찬稱讚했다. 1668년 존 드라이든John Dryden은 셰익스피어를 "가장 크고 포괄包括스러운 영혼靈魂"이라고 극찬極讚한다. 셰익스피어는 1590년에서 1613년까지 로마극을 포함해 비극 10편, 희극 17편, 역사극 10편, 장시長詩 몇 편과 시집『소네트』를 지었고 작품 대부분이 생전에 인기를 누렸다.

생전에 엘리자베스 1세Elizabeth I, 1558~1603는 셰익스피어를 두고 "국가를 모두 넘겨주는 때에도 셰익스피어 한 명만은 못 넘긴다."라는 유명한 말을 남겼다.

203

첨자에 글꼴을 섞어 쓰려면 [찾기/바꾸기]를 여러 번 실행해야 한다. 여기서는 영문과 숫자를 같은 영문 글꼴로, 한글과 한자를 같은 한글 글꼴로 설정한다.

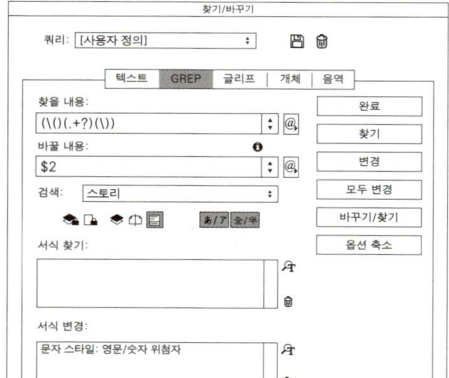

그림 3.33
첨자 예문 4에서 영문 글꼴을
첨자에 적용하기 위한
[찾기/바꾸기] 설정

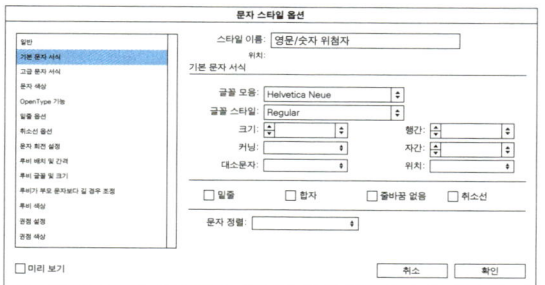

그림 3.34
첨자 예문 4의 첨자에
적용한 문자 스타일의
[기본 문자 설정]

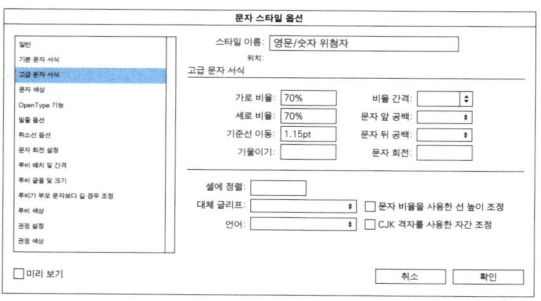

그림 3.35
첨자 예문 4의 첨자에
적용한 문자 스타일의
[고급 문자 설정]

먼저 영문 글꼴을 첨자에 적용해보자. 글꼴 섞어 쓰기 예문 8에서 소괄호를 제거하고 문자 스타일을 적용하기 위해 [찾기/바꾸기] ▶ [GREP] ▶ [찾을 내용]에 (\()(.+?)(\))를 입력하고, [바꿀 내용]에 $2를 입력한다(그림 3.33). [서식변경]에서 적당한 영문 첨자 문자 스타일(그림 3.34, 그림 3.35)을 지정해 [모두 변경]을 누르면, 첨자 예문 4처럼 영문과 숫자는 변경되고 한글과 한자는 깨진다.

첨자 예문 4

셰익스피어William Shakespeare, 1564 4 26 ~1616 4 23 는 극작가로 활동한 1590년에서 1613년 사이— 약 24년—에 희극과 비극을 포함해 작품 38편을 발표했다.

1590년대 초반에 셰익스피어가 집필한『타이터스 안드로니커스Titus Andronicus』『헨리 6세King Henry VI』『리처드 3세Richard III』등이 런던의 무대에서 상연되었는데 특히『헨리 6세』는 공전 의 흥행 을 기록한다. 셰익스피어를 향한 악의에 찬 비난 도 있었지만, 시간이 지날수록 대학에서 교육받지도 못한 작가 셰익스피어의 작품의 인기는 더해 갔다. 1623년 벤 존슨Ben Jonson, 1572 ~1637 은 희랍과 로마의 극작가와 견줄 사람은 오직 셰익스피어뿐이라고 호평하면서 그는 "어느 한 시대의 사람이 아니라 모든 시대의 사람"이라고 칭찬 했다. 1668년 존 드라이든John Dryden은 셰익스피어를 "가장 크고 포괄 스러운 영혼 "이라고 극찬 한다. 셰익스피어는 1590년에서 1613년까지 로마극을 포함해 비극 10편, 희극 17편, 역사극 10편, 장시 몇 편과 시집『소네트』를 지었고 작품 대부분이 생전에 인기를 누렸다.

생전에 엘리자베스 1세Elizabeth I, 1558~1603는 셰익스피어를 두고 "국가를 모두 넘겨주는 때에도 셰익스피어 한 명만은 못 넘긴다."라는 유명한 말을 남겼다.

첨자 예문 4에서 한글과 한자를 첨자로 만들기 위해 [찾기/바꾸기]
를 다시 실행한다. 이때 앞 단계에서 영문 첨자에 적용한 문자 스타일
로 검색 범위를 좁히면 검색 오류를 줄일 수 있다. 먼저 [찾을 내용]
에 한글과 한자를 검색하는 **[가-힣~K]**를 입력하고, [서식 찾기]에 현
재 첨자에 적용된 문자 스타일을 지정한다. [서식 변경]에 한글과 한
자 첨자에 적용할 문자 스타일을 지정하고 [모두 변경]을 누르면, 한
글과 한자 첨자에만 문자 스타일이 적용된다.

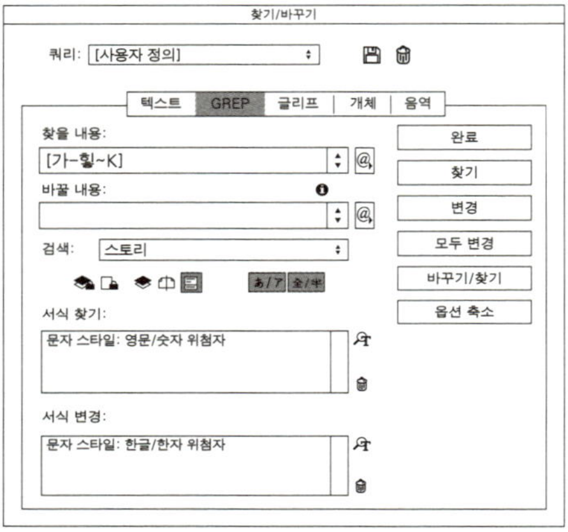

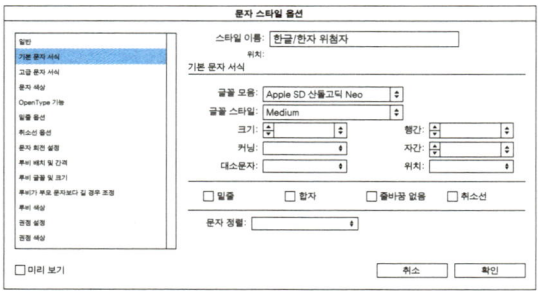

그림 3.36
첨자 예문 5에서 한글 글꼴을
한글/한자 첨자에 적용하기
위한 [찾기/바꾸기] 설정

그림 3.37
첨자 예문 5의 한글/한자
첨자에 적용한 문자 스타일의
[기본 문자 설정]

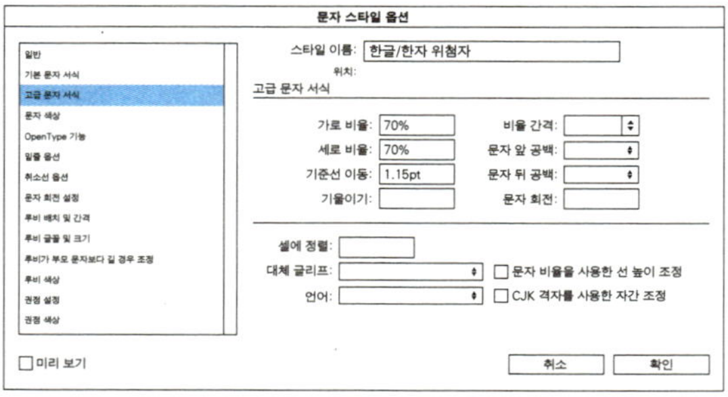

그림 3.38
첨자 예문 4의 한글/한문
첨자에 적용한 문자 스타일의
[고급 문자 설정]

셰익스피어William Shakespeare, 1564년 4월 26일~1616년 4월 23일는 극작가로 활동한 1590년에서 1613년 사이— 약 24년— 에 희극과 비극을 포함해 작품 38편을 발표했다.

1590년대 초반에 셰익스피어가 집필한 『타이터스 안드로니커스Titus Andronicus』 『헨리 6세King Henry VI』 『리처드 3세Richard III』 등이 런던의 무대에서 상연되었는데 특히 『헨리 6세』는 공전空前의 흥행興行을 기록한다. 셰익스피어를 향한 악의에 찬 비난非難도 있었지만, 시간이 지날수록 대학에서 교육받지도 못한 작가 셰익스피어의 작품의 인기는 더해 갔다. 1623년 벤 존슨Ben Jonson, 1572년~1637년은 희랍과 로마의 극작가와 견줄 사람은 오직 셰익스피어뿐이라고 호평하면서 그는 "어느 한 시대의 사람이 아니라 모든 시대의 사람"이라고 칭찬稱讚했다. 1668년 존 드라이든John Dryden은 셰익스피어를 "가장 크고 포괄包括스러운 영혼靈魂"이라고 극찬極讚한다. 셰익스피어는 1590년에서 1613년까지 로마극을 포함해 비극 10편, 희극 17편, 역사극 10편, 장시長詩 몇 편과 시집 『소네트』를 지었고 작품 대부분이 생전에 인기를 누렸다.

생전에 엘리자베스 1세Elizabeth I, 1558~1603는 셰익스피어를 두고 "국가를 모두 넘겨주는 때에도 셰익스피어 한 명만은 못 넘긴다."라는 유명한 말을 남겼다.

첨자 예문 5의 첨자 물결표의 기준선을 수정해보자. 수정 방법은 앞에서 본 한글과 한자 첨자를 수정하는 방법과 동일하다. 현재 물결표는 영문과 숫자 첨자 스타일이 적용되어 있으므로 [서식 찾기]에서 영문과 숫자 첨자 문자 스타일을 지정하고, [서식 변경]에 바꾸고자 하는 문자 스타일을 지정해 [모두 변경]을 누른다(그림 3.39, 그림 3.40, 그림 3.41).

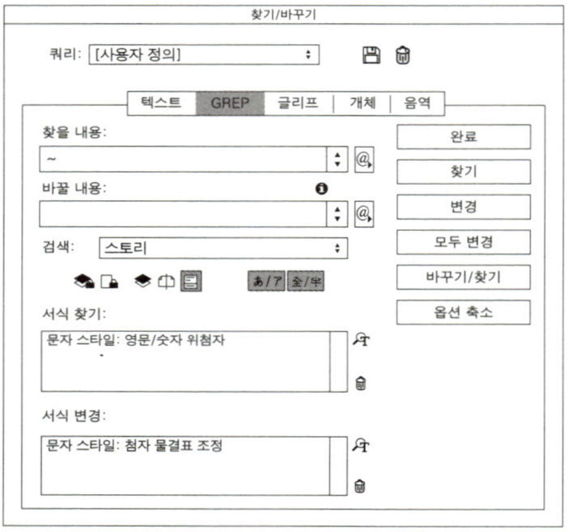

활용

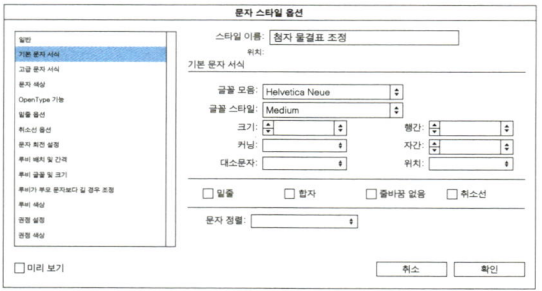

그림 3.39
첨자 예문 6에서 첨자의
물결표 기준선을 조정하기
위한 [찾기/바꾸기] 설정

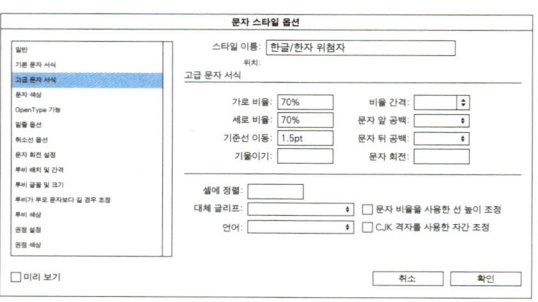

그림 3.40
첨자 예문 6의 물결표
첨자에 적용한 문자
스타일의 [기본 문자 설정]

그림 3.41
첨자 예문 6의 물결표
첨자에 적용한 문자
스타일의 [고급 문자 설정]

    셰익스피어William Shakespeare, 1564년 4월 26일~1616년 4월 23일는 극작가로 활동한 1590년에서 1613년 사이 — 약 24년 — 에 희극과 비극을 포함해 작품 38편을 발표했다.

    1590년대 초반에 셰익스피어가 집필한『타이터스 안드로니커스Titus Andronicus』『헨리 6세King Henry VI』『리처드 3세Richard III』 등이 런던의 무대에서 상연되었는데 특히 『헨리 6세』는 공전空前의 흥행興行을 기록한다. 셰익스피어를 향한 악의에 찬 비난誹難도 있었지만, 시간이 지날수록 대학에서 교육받지도 못한 작가 셰익스피어의 작품의 인기는 더해 갔다. 1623년 벤 존슨Ben Jonson, 1572~1637은 희랍과 로마의 극작가와 견줄 사람은 오직 셰익스피어뿐이라고 호평하면서 그는 "어느 한 시대의 사람이 아니라 모든 시대의 사람"이라고 칭찬稱讚했다. 1668년 존 드라이든John Dryden은 셰익스피어를 "가장 크고 포괄包括스러운 영혼靈魂"이라고 극찬極讚한다. 셰익스피어는 1590년에서 1613년까지 로마극을 포함해 비극 10편, 희극 17편, 역사극 10편, 장시長詩 몇 편과 시집『소네트』를 지었고 작품 대부분이 생전에 인기를 누렸다.

    생전에 엘리자베스 1세Elizabeth I, 1558~1603는 셰익스피어를 두고 "국가를 모두 넘겨주는 때에도 셰익스피어 한 명만은 못 넘긴다."라는 유명한 말을 남겼다.

고아 없애기

GREP을 이용하면 고아(infant)를 자동으로 방지할 수 있다. 고아를 제거하기 위해선 고아가 있는 끝줄을 없애거나 끝줄을 두 글자 이상으로 만들어야 하는데, [문자 스타일 옵션]의 [줄바꿈 없음]을 이용하면 후자의 방법으로 고아를 방지할 수 있다.

먼저 그림 3.42처럼 [줄바꿈 없음]만 체크되어 있는 문자 스타일을 만들고 적당한 이름을 지정한다.

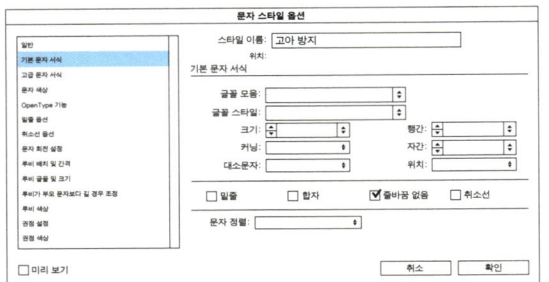

그림 3.42
[문자 스타일 옵션]에서
줄바꿈 방지 설정

이제 문단 끝의 두 글자를 찾는 GREP을 작성해 고아 방지 문자 스타일을 단락 스타일에 적용한다. 문단 끝의 두 글자는 두 자리의 한글을 찾는 [가-힣]{2}$로만 찾을 수 없으며, 문단 끝에 오는 문장부호도 GREP에 추가해야 한다. 문단 끝에 위치하는 문장부호로는 마침표, 느낌표, 물음표가 있고, 말줄임표 뒤에 마침표가 붙는 형태도 있을 것이다. 이 모든 경우를 포함하는 GREP을 작성하면 다음과 같다.

　　　[가-힣]{2}[.!?~e]\.?$

'두 글자의 한글'을 찾는 [가-힣]{2} 뒤에 '문단 끝에 위치할 수 있는 문장부호'를 찾는 [.!?~e]을 붙이고, 말줄임표 뒤에 마침표가 위치할 테니 '있거나 없을 수 있는 마침표'를 찾는 \.?를 뒤에 붙였다.

만약 문단 끝에 위치할 수 있는 문장부호를 예측할 수 없다면 전체 문장부호를 검색하는 포직스 `[[:punct:]]`를 이용해 다음과 같이 바꿔 쓸 수 있다.

`[가-힣]{2}[[:punct:]]\.?$`

여기서 소괄호나 따옴표 등의 문장부호로 둘러싸인 문장으로 문단이 끝나는 경우를 생각해보자. 만약 소괄호로 문장이 끝난다면 그 형태는 다음 중 하나가 될 것이다.

-니다.)
-니다).
-니다.).

여기서 가장 복잡한 세 번째 경우에 작은따옴표가 적용된다면 그 형태는 다음 중 하나가 될 것이다.

-니다.').
-니다.).'
-니다.').'

이 외에도 다양한 문장부호가 오는 경우를 생각할 수 있지만, 가장 쉽고 단순한 규칙은 '두 글자의 한글' 뒤에 여러 문장부호가 온다는 것이다. 즉 앞서 작성한 GREP에서 `[[:punct:]]` 뒤에 +를 붙여 패턴을 만들 수 있다.

`[가-힣]{2}[[:punct:]]+.$`

여기까지 작성했다면 대부분의 문단 끝에 있는 두 글자를 찾을 수 있지만, 실제로는 검색되지 않는 경우도 생긴다. 이는 문단 끝에 공백이 남아 있기 때문인데 (집필이나 교열 과정에서 복사해 붙여넣기를 하면서 공백이 같이 딸려오는 경우 등) 이를 방지하기 위해 '있거나 없을 수 있는 한 자리 이상의 공백'을 찾는 GREP을 추가한다.

212

[가-힣]{2}[[:punct:]]+ *$

활
용

원고 작성 과정에서 스페이스 공백 외의 다른 공백이 입력될 확률은 낮기 때문에 위와 같이 작성하면 놓치는 부분 없이 고아를 없앨 수 있을 것이다. 이 GREP으로도 검색하지 못하는 부분이 있다면 그때마다 GREP을 수정해나가면 된다.

만약 고아가 많이 발생하지 않는 원고라면 GREP이 '문단 끝의 두 글자'를 제대로 찾고 있는지 알기 어렵다. GREP이 제대로 작동하는지 테스트해보려면 '고아 방지' 문자 스타일에서 임시로 문자 색상을 바꿔보면 된다. 만약 색상이 바뀌지 않은 '문단 끝의 두 글자'가 있다면 GREP이 놓치고 있는 부분이므로 놓친 부분을 검색할 수 있게 GREP을 수정한다.

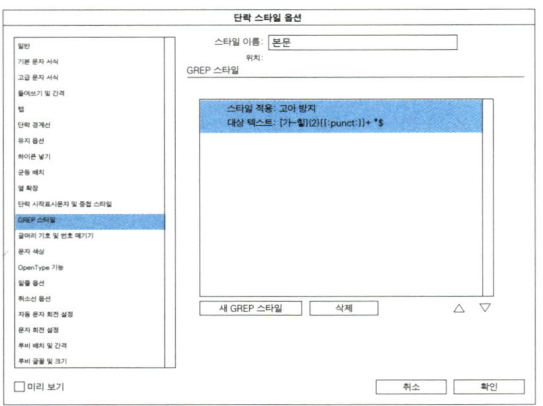

그림 3.43
고아 방지 GREP 적용

고정된 개체 일괄 삽입하기

GREP을 사용하면 텍스트를 치환하는 방식으로, 글줄에 고정된 개체(anchored object)를 삽입하거나 그림파일 형식의 끝표(endmark)를 일괄적으로 삽입할 수 있다. 다음 예문에서 'Home' 'Ctrl' 'Shift'를 고정된 개체로 치환해보자.

> 홈(Home) 키는 현재 윈도용 문서편집환경에선 통상적으로 커서의 현재 위치에서 그 커서가 위치한 행(라인)의 선두로 돌아간다. 문서를 편집할 수 없는 경우(웹브라우저, PDF)에는 커서는 그 문서의 처음으로 돌아간다. 또 편집 중에도 컨트롤 키와 병용해(Ctrl+Home) 문서의 처음으로 돌아갈 수 있다. 또한 홈 키는 편집 중에 시프트 키를 병용해(Shift+Home) 현재의 커서 위치에서 행 선두까지의 모든 문자를 선택(하이라이트)할 수 있다.

먼저 글줄에 삽입할 이미지를 일러스트레이터에서 만든 뒤 가져오기(Cmd+D)로 불러온다.

`home` `shift` `Ctrl`

이미지에 개체 스타일을 적용한다. 이미지를 선택한 뒤 [개체 스타일 옵션] ▶ [연결 개체 옵션]으로 들어가 [위치]를 '인라인 또는 줄 위'로 설정한 다음 [Y 오프셋]을 적당한 값으로 지정한다(그림 3.44).

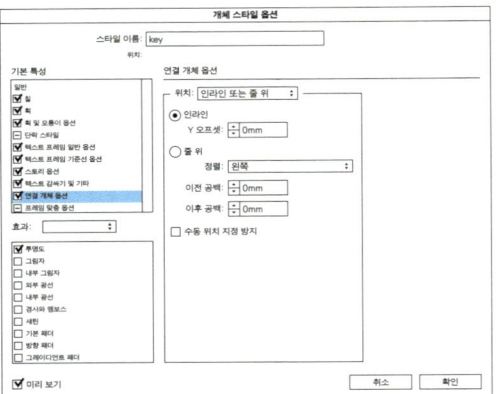

그림 3.44
삽입할 이미지에 적용할
개체 스타일 설정

먼저 home 이미지를 Cmd+C로 복사한 뒤 [찾기/바꾸기] ▶ [GREP] ▶ [찾을 내용]에 **Home**을 입력하고 [바꿀 내용]에 **~C**를 입력한 후 [모두 변경]을 눌러 'home' 자리에 home 이미지를 삽입한다(그림 3.45). **~C**는 클립보드에 복사한 내용을 불러오는 메타문자로, 텍스트뿐 아니라 이미지도 불러올 수 있다.

> 홈(home) 키는 현재 윈도용 문서편집환경에선 통상적으로 커서의 현재 위치에서 그 커서가 위치한 행(라인)의 선두로 돌아간다. 문서를 편집할 수 없는 경우(웹브라우저, PDF)에는 커서는 그 문서의 처음으로 돌아간다. 또 편집 중에도 컨트롤 키와 병용해(Ctrl+home) 문서의 처음으로 돌아갈 수 있다. 또한 홈 키는 편집 중에 시프트 키를 병용해(Shift+home) 현재의 커서 위치에서 행 선두까지의 모든 문자를 선택(하이라이트)할 수 있다.

[찾기/바꾸기] 실행 시 그림 3.45와 같이 [서식 변경]에 빈 문자 스타일을 하나 만들어 지정하면 나중에 문자 스타일을 수정해 삽입된 이미지의 자간이나 앞뒤 간격 등을 조정할 수 있다. 만약, 오브젝트가 삽입되는 글줄에 자간값이 좁혀져 있다면, 글줄에 삽입된 오브젝트에도 자간값이 적용되어 오른쪽 간격이 좁아질 테니 나중에라도 자간을 0으로 바꿔야 한다.

같은 방법으로 Ctrl 이미지를 복사한 다음 [찾을 내용]에 **Ctrl**을 입력하고 [바꿀 내용]에 **~C**를 입력한 후 [모두 변경]을 눌러 'Ctrl' 자리에 Ctrl 이미지를 삽입한다(그림 3.46). 앞에서 했던 것과 마찬가지로 [서식 변경]에 빈 문자 스타일을 새로 만들었다.

> 홈(**home**) 키는 현재 윈도용 문서편집환경에선 통상적으로 커서의 현재 위치에서 그 커서가 위치한 행(라인)의 선두로 돌아간다. 문서를 편집할 수 없는 경우(웹브라우저, PDF)에는 커서는 그 문서의 처음으로 돌아간다. 또 편집 중에도 컨트롤 키와 병용해(**Ctrl** + **home**) 문서의 처음으로 돌아갈 수 있다. 또한 홈 키는 편집 중에 시프트 키를 병용해(Shift+**home**) 현재의 커서 위치에서 행 선두까지의 모든 문자를 선택(하이라이트)할 수 있다.

그림 3.45
Home 자리에 오브젝트를
삽입하기 위한
[찾기/바꾸기] 설정

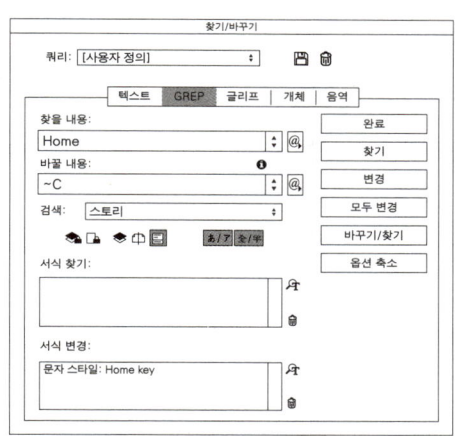

그림 3.46
Ctrl 자리에 오브젝트를
삽입하기 위한
[찾기/바꾸기] 설정

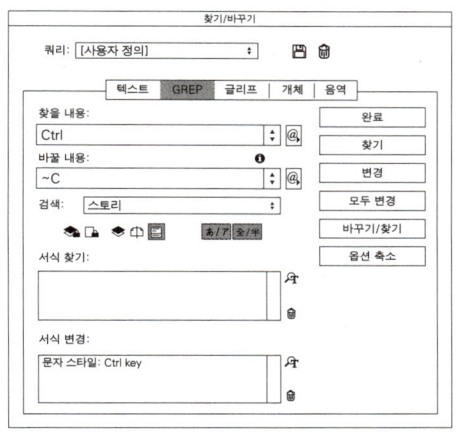

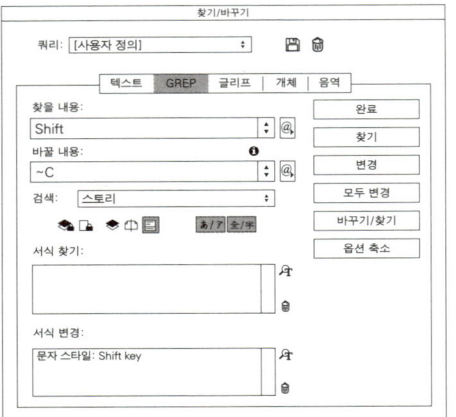

그림 3.47
Shift 자리에 오브젝트를
삽입하기 위한 [찾기/바꾸기] 설정

마지막으로 Shift 이미지를 복사한 다음 [찾을 내용]에 **Shift**를 입력
하고 [바꿀 내용]에 **~C**를 입력한 후 [모두 변경]을 눌러 Shift 자리에
Shift 이미지를 삽입한다.(그림 4.47) 마찬가지로 [서식 변경]에는 빈
문자 스타일을 지정했다.

> 홈(home) 키는 현재 윈도용 문서편집환경에선 통상적으로 커서의 현재
> 위치에서 그 커서가 위치한 행(라인)의 선두로 돌아간다. 문서를 편집할 수
> 없는 경우(웹브라우저, PDF)에는 커서는 그 문서의 처음으로 돌아간다. 또
> 편집 중에도 컨트롤 키와 병용해(Ctrl +home) 문서의 처음으로 돌아갈 수
> 있다. 또한 홈 키는 편집 중에 시프트 키를 병용해(shift +) 현재의 커서
> 위치에서 행 선두까지의 모든 문자를 선택(하이라이트)할 수 있다.

고정된 개체를 삽입할 때 만든 빈 문자 스타일을 열어 기준선, 자간,
앞뒤 간격 등을 수정해 고정된 개체가 글줄에 더욱 자연스럽게 위치
할 수 있도록 만들어준다.

홈(**home**) 키는 현재 윈도용 문서편집환경에선 통상적으로 커서의 현재 위치에서 그 커서가 위치한 행(라인)의 선두로 돌아간다. 문서를 편집할 수 없는 경우(웹브라우저, PDF)에는 커서는 그 문서의 처음으로 돌아간다. 또 편집 중에도 컨트롤 키와 병용해(**Ctrl** + **home**) 문서의 처음으로 돌아갈 수 있다. 또한 홈 키는 편집 중에 시프트 키를 병용해(**shift** + **home**) 현재의 커서 위치에서 행 선두까지의 모든 문자를 선택(하이라이트)할 수 있다.

그림 3.48
고정된 개체에 적용한
문자 스타일 수정

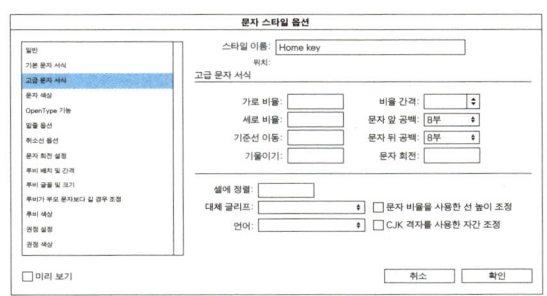

태그로 원고 정리하기

여러 종류의 문단(제목, 본문, 인용문 등)으로 구성된 원고를 작업할 때는 각 문단에 해당하는 단락 스타일을 만들곤 한다. 이럴 때는 원고 작성이나 정리 단계에서 문단의 종류를 알려주는 태그를 붙여놓으면 GREP으로 쉽게 단락 스타일을 적용할 수 있다.

01

태그는 두 가지 조건을 만족해야 한다. 첫째, 원고에 없는 형태여야 한다. 둘째, 일관된 규칙을 지켜야 한다. 여기서는 HTML이나 XML에서 사용하는 태그 형식을 이용해보겠다. 이런 종류의 태그는 예문 1에서 볼 수 있듯이 시작하는 태그와 끝나는 태그의 형태가 다른데, 규칙만 잘 지킨다면 두 태그의 형태는 같아도 상관없다. 각 문단마다 태그를 달 수도 있지만, 첫 번째 본문처럼 같은 종류의 문단이 2개 이상 연속된다면 연속된 문단의 시작과 끝에만 태그를 다는 것이 편리하다.

〈절제목〉기질〈/절제목〉

〈본문〉포메라니안은 일반적으로 매우 친근하고 원기왕성한 개이다. 이 개는 주인의 주변에 함께 있는 것을 좋아하고, 보호해주는 것으로 알려져 있다. 이 품종은 주인과 유대감이 빨리 형성 돼 혼자 시간을 보낼 수 있도록 훈련시키지 않는다면, 분리 불안에 시달릴 수 있다.

포메라니안은 경계와 환경의 변화를 알아채고 새로운 자극에 짖는 행동은 어떤 상황에서도 과도하게 짖는 습관으로 이어 질 수 있다. 포메라니안은 똑똑한 개로 훈련 반응이 좋은데, 주인에게 어떻게 훈련을 받느냐에 따라 매우 성공적인 성과를 얻을 수 있다.〈/본문〉

〈절제목〉건강〈/절제목〉

〈소제목〉전반적인 건강〈/소제목〉

〈본문〉포메라니안의 수명은 12년에서 15년이다. 적절한 운동과 좋은 식습관을 길들인다면 건강 문제는 거의 없고, 튼튼한 개이다. 이 개는 많은 개 품종들과 비슷한 건강 문제를 가지고 있지만, 포메라니안은 소형견이기 때문에 고관절이형성과 같은 질병은 흔치 않다. 털, 치아, 귀, 눈 등 위생 관리를 해주지 않는다면 건강 상의 문제가 발생할 수 있는데, 정기적인 관리를 통해 이런 건강 문제는 쉽게 방지 할 수 있다.〈/본문〉

〈소제목〉흔한 질병〈/소제목〉

〈본문〉멀 종류의 경우 안압, 비정시안, 소안구증, 안검홍채맥락막의 선천적 결손 등을 포함한 여러 청각 장애 발병이 일어나기 쉽다. 두 부모가 모두 멀 포메라니안이면 뼈, 심장, 번식 문제에 있어 기형으로 태어날 가능성이 높다.〈/본문〉

먼저 〈본문〉과 〈/본문〉으로 둘러싸인 부분을 찾기위해 **〈본문〉.+〈/본문〉**을 작성하고, 이 GREP이 제대로 작동하는지 테스트해보자. 임시로 GREP을 적용할 것이므로 [찾기]로 선택된 부분만 확인하거나, 태그로 원고 정리하기 예문 2처럼 [서식 변경 설정] ▶ [문자 색상]에서 적당한 색상을 지정해 (그림 3.49) 문자 스타일을 만들지 않고 본문에 색상이 적용되는지 확인한다(그림 3.50).

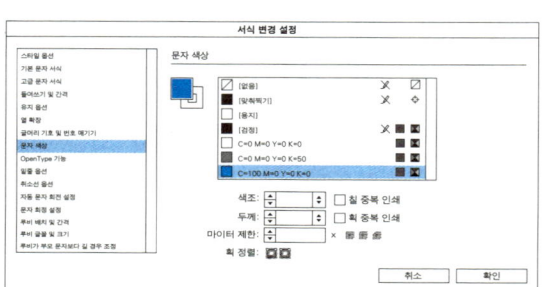

그림 3.49
문자 스타일을 만들지
않고 색상 지정

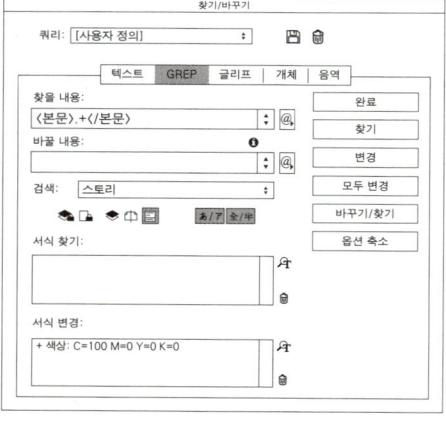

그림 3.50
태그 사이의
본문 찾기 테스트

예문에서 볼 수 있듯이 **〈본문〉.+〈/본문〉**은 태그로 묶여 있는 두 개 이상의 연속된 문단을 검색할 수 없다. 연속된 두 문단을 구분하는 단락끝에 의해 .의 검색이 제한을 받기 때문인데, 이 제한을 풀기 위해 단일행 모드를 사용해야 한다.

〈절제목〉기질〈/절제목〉

〈본문〉포메라니안은 일반적으로 매우 친근하고 원기왕성한 개이다. 이 개는 주인의 주변에 함께 있는 것을 좋아하고, 보호해주는 것으로 알려져 있다. 이 품종은 주인과 유대감이 빨리 형성 돼 혼자 시간을 보낼 수 있도록 훈련시키지 않는다면, 분리 불안에 시달릴 수 있다.

포메라니안은 경계와 환경의 변화를 알아채고 새로운 자극에 짖는 행동은 어떤 상황에서도 과도하게 짖는 습관으로 이어 질 수 있다. 포메라니안은 똑똑한 개로 훈련 반응이 좋은데, 주인에게 어떻게 훈련을 받느냐에 따라 매우 성공적인 성과를 얻을 수 있다.〈/본문〉

〈절제목〉건강〈/절제목〉

〈소제목〉전반적인 건강〈/소제목〉

〈본문〉포메라니안의 수명은 12년에서 15년이다. 적절한 운동과 좋은 식습관을 길들인다면 건강 문제는 거의 없고, 튼튼한 개이다. 이 개는 많은 개 품종들과 비슷한 건강 문제를 가지고 있지만, 포메라니안은 소형견이기 때문에 고관절이형성과 같은 질병은 흔치 않다. 털, 치아, 귀, 눈 등 위생 관리를 해주지 않는다면 건강 상의 문제가 발생할 수 있는데, 정기적인 관리를 통해 이러한 건강 문제는 쉽게 방지 할 수 있다.〈/본문〉

〈소제목〉흔한 질병〈/소제목〉

〈본문〉멀 종류의 경우 안압, 비정시안, 소안구증, 안검홍채맥락막의 선천적 결손 등을 포함한 여러 청각 장애 발병이 일어나기 쉽다. 두 부모가 모두 멀 포메라니안이면 뼈, 심장, 번식 문제에 있어 기형으로 태어날 가능성이 높다.〈/본문〉

.의 검색 범위가 단락끝에 의해 제한되는 것을 풀어주기 위해 GREP 앞에 **(?s)**를 붙여 단일행 모드를 켠다. 또한 탐욕적 검색을 막기 위해 **.+** 뒤에 **?**를 붙여준다.

(?s)〈본문〉.+?〈/본문〉

이 GREP으로 검색하면 〈본문〉과 〈/본문〉으로 둘러싸인 부분이 태그로 원고 정리하기 예문 3처럼 제대로 검색된다.

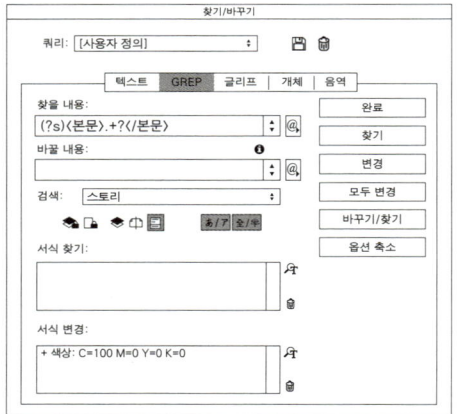

그림 3.51
태그 사이의 본문 찾기

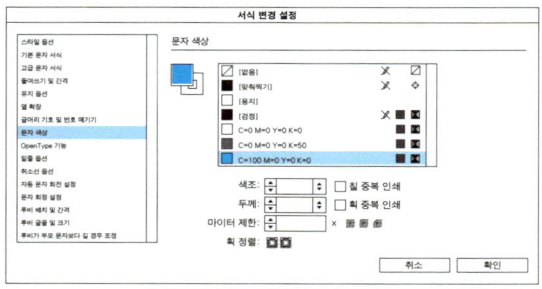

그림 3.52
문자 스타일을 만들지 않고 색상 지정

〈절제목〉기질〈/절제목〉

〈본문〉포메라니안은 일반적으로 매우 친근하고 원기왕성한 개이다. 이 개는 주인의 주변에 함께 있는 것을 좋아하고, 보호해주는 것으로 알려져 있다. 이 품종은 주인과 유대감이 빨리 형성 돼 혼자 시간을 보낼 수 있도록 훈련시키지 않는다면, 분리 불안에 시달릴 수 있다.

포메라니안은 경계와 환경의 변화를 알아채고 새로운 자극에 짖는 행동은 어떤 상황에서도 과도하게 짖는 습관으로 이어 질 수 있다. 포메라니안은 똑똑한 개로 훈련 반응이 좋은데, 주인에게 어떻게 훈련을 받느냐에 따라 매우 성공적인 성과를 얻을 수 있다.〈/본문〉

〈절제목〉건강〈/절제목〉

〈소제목〉전반적인 건강〈/소제목〉

〈본문〉포메라니안의 수명은 12년에서 15년이다. 적절한 운동과 좋은 식습관을 길들인다면 건강 문제는 거의 없고, 튼튼한 개이다. 이 개는 많은 개 품종들과 비슷한 건강 문제를 가지고 있지만, 포메라니안은 소형견이기 때문에 고관절이형성과 같은 질병은 흔치 않다. 털, 치아, 귀, 눈 등 위생 관리를 해주지 않는다면 건강 상의 문제가 발생할 수 있는데, 정기적인 관리를 통해 이런 건강 문제는 쉽게 방지 할 수 있다.〈/본문〉

〈소제목〉흔한 질병〈/소제목〉

〈본문〉멀 종류의 경우 안압, 비정시안, 소안구증, 안검홍채맥락막의 선천적 결손 등을 포함한 여러 청각 장애 발병이 일어나기 쉽다. 두 부모가 모두 멀 포메라니안이면 뼈, 심장, 번식 문제에 있어 기형으로 태어날 가능성이 높다.〈/본문〉

앞에서 테스트한 GREP으로 실제 스타일을 적용해보자. 먼저, 치환으로 태그를 삭제해야 하므로 앞 단계에서 작성한 GREP을 하위표현식으로 묶는다.

(?s)(〈본문〉)(.+?)(〈/본문〉)

(?s)는 소괄호로 둘러싸여 있지만 하위표현식이 아니므로 (.+?)가 $2에 할당된다. 우선 본문에 적용할 단락 스타일을 만든 다음 [찾을 내용]에 (?s)(〈본문〉)(.+?)(〈/본문〉)를, [바꿀 내용]에 $2를 입력하고 [서식 변경]에서 본문 단락 스타일을 지정한 뒤 [모두 변경]을 누른다(그림 3.53). 이때 태그가 삭제되면서 본문에 본문 단락 스타일이 적용된다.

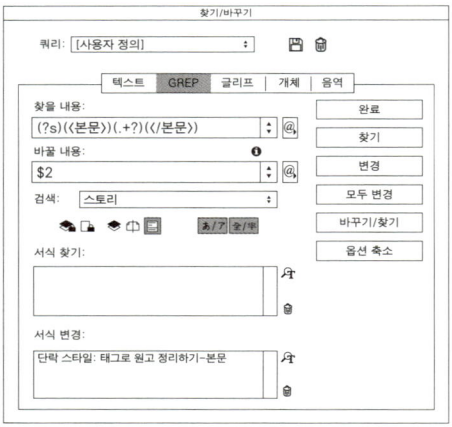

그림 3.53
본문 스타일 적용 및
태그 삭제

〈절제목〉기질〈/절제목〉

포메라니안은 일반적으로 매우 친근하고 원기왕성한 개이다. 이 개는 주인의 주변에 함께 있는 것을 좋아하고, 보호해주는 것으로 알려져 있다. 이 품종은 주인과 유대감이 빨리 형성 돼 혼자 시간을 보낼 수 있도록 훈련시키지 않는다면, 분리 불안에 시달릴 수 있다.

포메라니안은 경계와 환경의 변화를 알아채고 새로운 자극에 짖는 행동은 어떤 상황에서도 과도하게 짖는 습관으로 이어 질 수 있다. 포메라니안은 똑똑한 개로 훈련 반응이 좋은데, 주인에게 어떻게 훈련을 받느냐에 따라 매우 성공적인 성과를 얻을 수 있다.

〈절제목〉건강〈/절제목〉

〈소제목〉전반적인 건강〈/소제목〉

포메라니안의 수명은 12년에서 15년이다. 적절한 운동과 좋은 식습관을 길들인다면 건강 문제는 거의 없고, 튼튼한 개이다. 이 개는 많은 개 품종들과 비슷한 건강 문제를 가지고 있지만, 포메라니안은 소형견이기 때문에 고관절이형성과 같은 질병은 흔치 않다. 털, 치아, 귀, 눈 등 위생 관리를 해주지 않는다면 건강 상의 문제가 발생할 수 있는데, 정기적인 관리를 통해 이런 건강 문제는 쉽게 방지 할 수 있다.

〈소제목〉흔한 질병〈/소제목〉

멀 종류의 경우 안압, 비정시안, 소안구증, 안검홍채맥락막의 선천적 결손 등을 포함한 여러 청각 장애 발병이 일어나기 쉽다. 두 부모가 모두 멀 포메라니안이면 뼈, 심장, 번식 문제에 있어 기형으로 태어날 가능성이 높다.

절제목과 소제목도 같은 방식으로 GREP을 작성하고 단락 스타일을
적용하면 쉽게 원고를 정리할 수 있다.

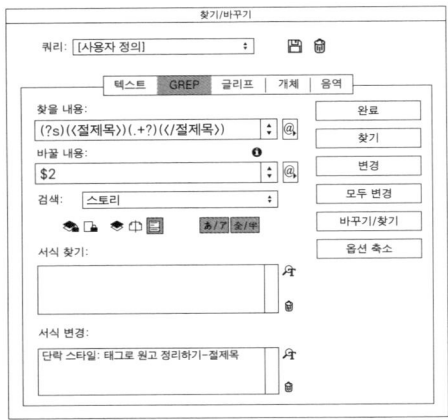

그림 3.54
절제목 스타일 적용 및
태그 삭제

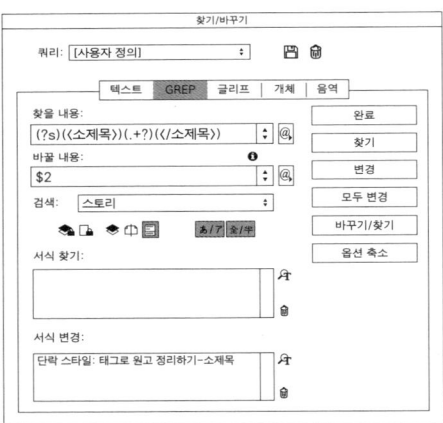

그림 3.55
소제목 스타일 적용 및
태그 삭제

태그에 사용한 꺾은 괄호는 입력할 때 시프트 키를 눌러야 해서 번거
로울 수 있다. 더 쉽게 입력할 수 있는 태그를 만드는 것이 작업 속도
를 높이는 데 도움이 될 것이다.

기질

포메라니안은 일반적으로 매우 친근하고 원기왕성한 개이다. 이 개는 주인의 주변에 함께 있는 것을 좋아하고, 보호해주는 것으로 알려져 있다. 이 품종은 주인과 유대감이 빨리 형성 돼 혼자 시간을 보낼 수 있도록 훈련시키지 않는다면, 분리 불안에 시달릴 수 있다.

포메라니안은 경계와 환경의 변화를 알아채고 새로운 자극에 짖는 행동은 어떤 상황에서도 과도하게 짖는 습관으로 이어 질 수 있다. 포메라니안은 똑똑한 개로 훈련 반응이 좋은데, 주인에게 어떻게 훈련을 받느냐에 따라 매우 성공적인 성과를 얻을 수 있다.

건강

전반적인 건강

포메라니안의 수명은 12년에서 15년이다. 적절한 운동과 좋은 식습관을 길들인다면 건강 문제는 거의 없고, 튼튼한 개이다. 이 개는 많은 개 품종들과 비슷한 건강 문제를 가지고 있지만, 포메라니안은 소형견이기 때문에 고관절이형성과 같은 질병은 흔치 않다. 털, 치아, 귀, 눈 등 위생 관리를 해주지 않는다면 건강 상의 문제가 발생할 수 있는데, 정기적인 관리를 통해 이런 건강 문제는 쉽게 방지 할 수 있다.

흔한 질병

멀 종류의 경우 안압, 비정시안, 소안구증, 안검홍채맥락막의 선천적 결손 등을 포함한 여러 청각 장애 발병이 일어나기 쉽다. 두 부모가 모두 멀 포메라니안이면 뼈, 심장, 번식 문제에 있어 기형으로 태어날 가능성이 높다.

227

목록 변환

다음과 같이 앞에 번호가 붙은 목록에 일괄적으로 스타일을 적용하는 방법을 알아보자.

> 1. 1925년 을축년 대홍수로 인해 유적이 노출되어 신석기 시대의 주거지로 알려졌다.
> 2. 1971년-1975년 국립중앙박물관이 4차례 발굴을 시작했다.
> 3. 1979년 7월 26일 국가사적 제267호로 지정되었다.
> 4. 1997년 1월 20일 무주와 전주에서 열린 97년 동계유니버시아드 대회 성화채화지로 지정되었다.
> 5. 2006년 11월 선사문화사업소를 설치해 운영했다.

먼저, 왼쪽 들여쓰기와 첫 줄 들여쓰기에 적당한 값을 지정해, 번호와 내용 사이에 탭이 들어가면 들여쓰기가 정렬되는 단락 스타일을 만든다(그림 3.56).

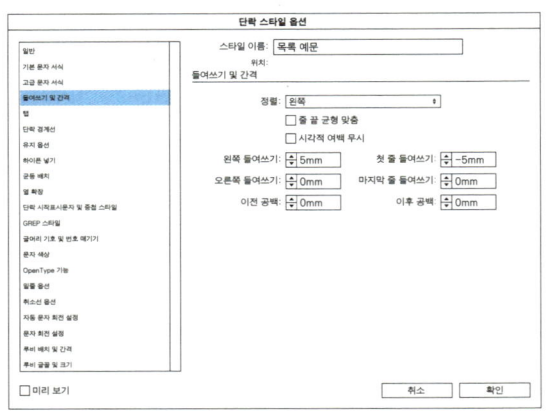

그림 3.56
목록에 적용할
단락 스타일

그다음, 목록이 '숫자-온점-스페이스 공백-내용'으로 구성되었다는 규칙을 이용해 `^\d\. .+$`를 작성한다. 스페이스 공백을 탭으로 바꿀 것이므로 하위표현식을 사용해 `^(\d\.)( )(.+)$`로 묶은 후 [찾을 내용]에 입력하고, [바꿀 내용]에 `$1\t$3`를 입력한다. [서식 변경]에 목록에 적용할 단락 스타일을 지정하고 [모두 변경]을 누르면 다음과 같이 목록의 들여쓰기가 정렬된다(그림 3.57).

1. 1925년 을축년 대홍수로 인해 유적이 노출되어 신석기 시대의 주거지로 알려졌다.
2. 1971년-1975년 국립중앙박물관이 4차례 발굴을 시작했다.
3. 1979년 7월 26일 국가사적 제267호로 지정되었다.
4. 1997년 1월 20일 무주와 전주에서 열린 97년 동계유니버시아드 대회 성화채화지로 지정되었다.
5. 2006년 11월 선사문화사업소를 설치해 운영했다.

그림 3.57
목록 검색 후 단락 스타일 적용

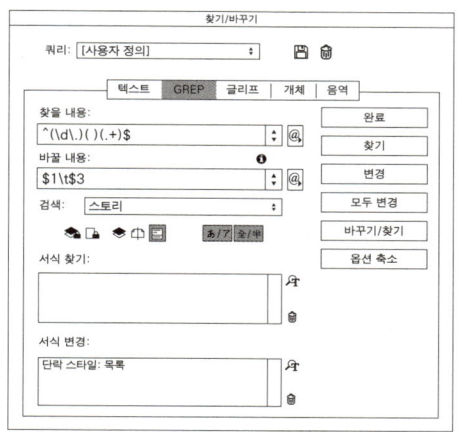

앞에서 살펴본 목록은 한 항목이 하나의 문단(번호 · 제목 · 내용)으로 구성되어 있어, 항목의 패턴만 찾으면 전체 목록을 검색할 수 있었지만, 다음과 같이 한 항목이 두 문단('번호 · 제목' 문단과 '내용' 문단)으로 이루어진 목록이라면 좀 더 복잡한 방법이 필요하다.

1. 1925년 ⸱⸱⸱⸱⸱⸱ '번호·제목' 문단

을축년 대홍수로 인해 유적이 노출되어 신석기 시대의 주거지로

알려졌다. ⸱⸱⸱⸱⸱⸱ '내용' 문단

2. 1971년-1975년

국립중앙박물관이 4차례 발굴을 시작했다.

3. 1979년 7월 26일

국가사적 제267호로 지정되었다.

4. 1997년 1월 20일

무주와 전주에서 열린 97년 동계유니버시아드 대회 성화채화지로

지정되었다.

위와 같은 목록에 단락 스타일을 적용하려면 한 항목이 아닌 전체 목록을 찾아내는 GREP을 작성해야 하며, 이를 위해, 목록을 세 부분(목록의 시작 부분과 끝 부분, 그 사이의 중간 부분)으로 나눠야 한다. 이때 두 가지 조건이 만족되어야 한다. 첫째, 목록의 시작과 끝 부분 패턴이 본문과의 경계 역할을 할 수 있어야 한다. 둘째, 시작 부분과 끝 부분의 패턴이 서로 달라야 한다. 이 두 조건을 충족시키기 위해 목록의 시작 부분은 첫 번째 항목의 번호로, 목록의 끝 부분은 마지막 항목 전체로 잡았다.

시작 부분　　　　　　　　　　중간 부분

1. 1925년

을축년 대홍수로 인해 유적이 노출되어 신석기 시대의 주거지로

알려졌다.

2. 1971년-1975년

국립중앙박물관이 4차례 발굴을 시작했다.

3. 1979년 7월 26일

국가사적 제267호로 지정되었다.

4. 1997년 1월 20일

무주와 전주에서 열린 97년 동계유니버시아드 대회 성화채화지로

지정되었다.

끝 부분

시작 부분의 규칙은 '번호 · 온점 · 스페이스 공백'이므로 **\d\.·**을 작성하며, 목록 끝 부분의 규칙은 '번호 · 온점 · 스페이스 공백 · 문자 · 단락 끝 · 문자'이므로 **\d\.·.+\r.+$**로 작성한다. 중간 부분은 두 패턴 사이에 위치한 모든 문자이므로 **.+**로 작성한다. 또한 여러 문단에 걸쳐 GREP이 적용되어야 하므로 단일행 모드를 사용한다. 이렇게 작성한 GREP을 모두 이어보면 다음과 같다.

(?s)\d\.·.+\d\.·.+\r.+$

위 GREP을 [찾을 내용]에 입력하고 [서식 변경]에서 목록에 적용할 단락 스타일을 지정한 후 [모두 변경]을 누르면 다음과 같이 목록의 형태가 바뀐다(그림 3.58).

1. 1925년
을축년 대홍수로 인해 유적이 노출되어 신석기 시대의 주거지로
　알려졌다.
2. 1971년-1975년
국립중앙박물관이 4차례 발굴을 시작했다.
3. 1979년 7월 26일
국가사적 제267호로 지정되었다.
4. 1997년 1월 20일
무주와 전주에서 열린 97년 동계유니버시아드 대회 성화채화지로
　지정되었다.

이제 탭을 삽입해 목록 들여쓰기를 정렬해보자. 먼저 번호와 제목을 사이의 스페이스 공백을 탭으로 치환하기 위해 [찾을 내용]에 들어갈 GREP을 작성한다.

(\d\.)·(.+)

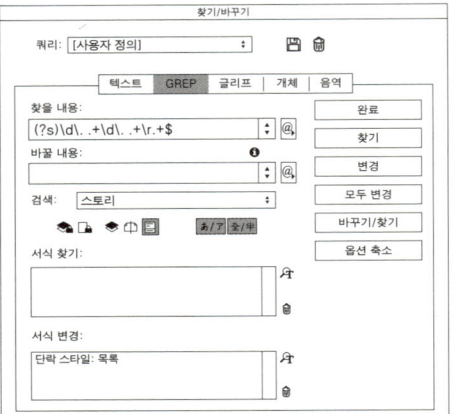

그림 3.58
제목과 내용으로 구분된
목록을 검색 후 목록 문단
스타일을 적용

목록의 내용 문단은 앞에 번호와 스페이스 공백이 없기 때문에, 앞에서 작성한 GREP에 **?**를 달아 내용 문단도 검색할 수 있게 만든다.

　　(\d\.)? ?(.+)

[바꿀 내용]에서 각 하위표현식을 **$1**, **$2**에 할당 후 그 사이에 **\t**을 넣으면 스페이스 공백을 탭으로 치환할 수 있다.

　　$1\t$2

목록 외의 다른 문단이 검색되지 않도록 [서식 찾기]에서 목록에 적용한 단락 스타일을 지정하고 [모두 변경]을 누르면 제목과 내용 앞에 탭이 들어가면서 목록이 정렬된다(그림 3.59). 이때 내용 부분은 번호와 스페이스 공백이 없어 **$1**에 아무 것도 할당되지 않으므로, 자동적으로 내용 부분 앞에 탭이 붙게 된다.

그림 3.59
제목과 내용으로 구분된
목록에서 들여쓰기 정렬을
위한 탭 삽입

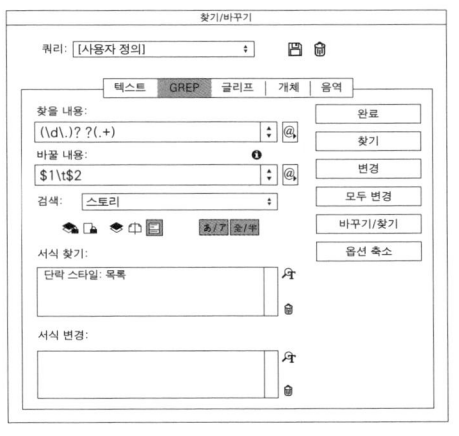

목록과 표편집

1. 1925년
   을축년 대홍수로 인해 유적이 노출되어 신석기 시대의 주거지로
   알려졌다.
2. 1971년-1975년
   국립중앙박물관이 4차례 발굴을 시작했다.
3. 1979년 7월 26일
   국가사적 제267호로 지정되었다.
4. 1997년 1월 20일
   무주와 전주에서 열린 97년 동계유니버시아드 대회
   성화채화지로 지정되었다.

GREP으로 일괄처리하기 위해 작성과정이 조금 까다로운 GREP을
사용했는데, 쉬운 GREP을 여러 단계에 걸쳐 적용해도 된다. 다만, 쿼
리로 저장해놓으려면 조금 복잡하더라도 쿼리 개수를 줄일 수 있는
GREP이 편리하니 시간을 들여 GREP을 작성하는 것이 좋다.

인용문 간격 벌리기

본문 중에 인용문이나 다른 요소의 문단이 들어가면 위아래 간격을 벌려 본문과 구분되도록 만드는 경우가 있다. 여기에서는 특정 문단의 위아래 간격을 GREP을 활용해 일괄적으로 벌려보자.

위아래 간격을 벌리는 방법은 엔터(리턴) 키를 눌러 단락끝를 삽입하는 방법과 [이전 공백]과 [이후 공백]을 주는 방법이 있다.

먼저 단락끝을 삽입하는 방법을 알아보자. 원고는 본문과 인용문 두 종류의 단락 스타일이 적용된 상태로 인용문과 본문 사이의 간격이 붙어 있다.

> 루즈벨트는 스탈린이 유럽 일부 지역을 지배할 수 있다고 경고하자 스탈린과 자신의 관계에 대한 이유를 단적으로 드러내는 말로 대답했다.
>
> 나는 스탈린이 그런 사람이 아니리라고 생각했다.
>
> 나는 만약 내가 그에게 모든 것을 준다면, 나는 아마 그에게 아무것도 돌려달라고 청할 수 없을 것이다.
>
> 노블레스 오블리주에 따라 그는 아무것도 빼앗지 않고 나와 함께 세계의 민주주의와 평화를 위해 일할 것이다.
>
> 1943년 11월 28일, 미·영·소 3개국 정상회담에서 프랭클린 루스벨트는 다음과 같이 말했다.
>
> 한국인이 완전한 독립을 얻기 전에 약 40년 간의 수습 기간(apprenticeship)을 필요로 한다.
>
> 스탈린은 이에 구두로 동의를 표했다.

인용문 위아래에 단락끝을 넣는 방법은 간단하다. 먼저 검색 범위를 줄이기 위해 [서식 찾기]에 인용문에 적용된 단락 스타일을 지정한다. 인용문이 여러 문단으로 이루어져 있으므로 단일행 모드를 사용해 (?s)(.+)를 작성하고 [찾을 내용]에 입력하고, 인용문 앞뒤로 단락끝이 들어갈 수 있도록 [바꿀 내용]에 \r$1\r을 입력한다. 이렇게

[찾기/바꾸기]를 설정하고 [모두 변경]을 누르면 인용문 위아래로
단락끝이 삽입되는 것을 볼 수 있다(그림 3.60).

그림 3.60
인용문 위아래에 단락끝 삽입

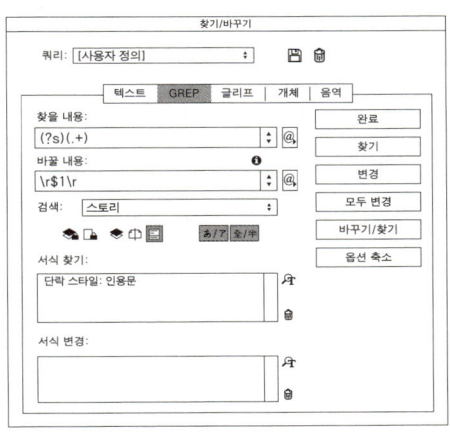

루즈벨트는 스탈린이 유럽 일부 지역을 지배할 수 있다고 경고하자 스탈린과
자신의 관계에 대한 이유를 단적으로 드러내는 말로 대답했다. ¶
¶

  나는 스탈린이 그런 사람이 아니리라고 생각했다. ¶
  나는 만약 내가 그에게 모든 것을 준다면, 나는 아마 그에게 아무것도
  돌려달라고 청할 수 없을 것이다. ¶
  노블레스 오블리주에 따라 그는 아무것도 빼앗지 않고 나와 함께 세계의
  민주주의와 평화를 위해 일할 것이다. ¶

¶
1943년 11월 28일, 미·영·소 3개국 정상회담에서 프랭클린 루스벨트는 다음과
같이 말했다. ¶
¶

  한국인이 완전한 독립을 얻기 전에 약 40년 간의 수습
  기간(apprenticeship)을 필요로 한다. ¶

¶
스탈린은 이에 구두로 동의를 표했다. ¶

이번엔 [이전 공백]과 [이후 공백]으로 문단 사이를 벌려보자. 이 방법이 까다로운 이유는 첫 번째 문단에 [이전 공백]을 적용하고 마지막 문단에 [이후 공백]을 적용해야 하기 때문이다. 이렇게 하기 위해서 인용문 앞뒤에 단락끝을 삽입한 후, 단락끝을 이용해 두 문단을 구분짓는 패턴을 찾아야 한다.

먼저 [찾을 내용]에 **(?s)(.+)**를, [바꿀 내용]에 **\r$1\r**을 입력해 인용문과 본문 사이에 단락끝을 삽입한다.

그다음 인용문 앞에 삽입한 **\r**을 이용해 인용문 첫 문단을 찾는데, 인용문 앞의 **\r**은 **^\r**로 찾을 수 있고 인용문 첫 글자는 **\w**로 검색할 수 있으므로 **^\r\w**를 작성해 인용문 첫 문단을 찾는다. 이때 **^\r**은 삭제해야 하므로 하위표현식을 이용해 **(^\r)(\w)**를 작성해 [찾을 내용]에 입력하고, [바꿀 내용]에는 **$2**를 입력한다. **^\r**은 인용문 단락 스타일이 적용되어 있으므로, [서식 찾기]에서 인용문 단락 스타일을 지정해 치환 범위를 좁힐 수 있으며(그림 3.61), [서식 변경]에서는 새 단락 스타일을 만들지 않고 [이전 공백]만 준다(그림 3.62). 따로 [이전 공백]이 적용된 문자 스타일을 만들면 너무 많은 스타일이 생성될 수 있으므로 주의한다. 이렇게 [찾기/바꾸기]를 설정하고 [모두 변경]을 누르면 인용문 앞의 **\r**만 삭제된 채 [이전 공백]에 의해 간격이 벌어지는 것을 볼 수 있다.

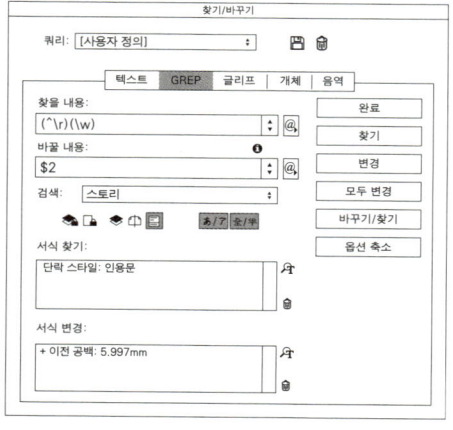

그림 3.61
인용문 위에 [이전 공백] 주기

그림 3.62
인용문 위에
[이전 공백] 주기

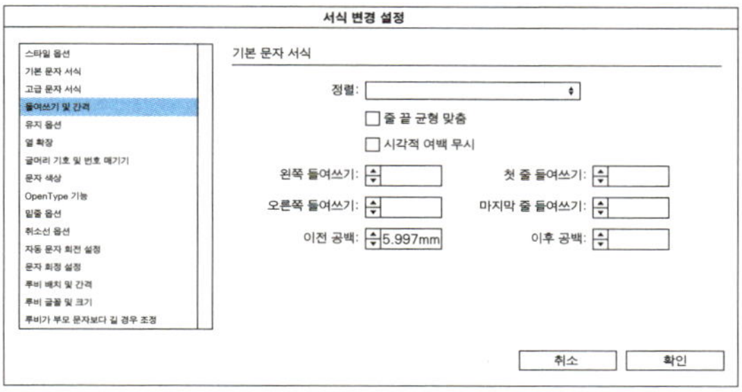

서식 변경 설정

스타일 옵션
기본 문자 서식
고급 문자 서식
들여쓰기 및 간격
문자 옵션
열 확장
글머리 기호 및 번호 매기기
문자 색상
OpenType 기능
밑줄 옵션
취소선 옵션
자동 문자 치환 설정
문자 치환 설정
루비 배치 및 간격
루비 글꼴 및 크기
루비가 부모 문자보다 길 경우 조정

기본 문자 서식

정렬:

☐ 줄 끝 균형 맞춤
☐ 시각적 여백 무시

왼쪽 들여쓰기: 첫 줄 들여쓰기:
오른쪽 들여쓰기: 마지막 줄 들여쓰기:
이전 공백: 5.997mm   이후 공백:

취소   확인

루즈벨트는 스탈린이 유럽 일부 지역을 지배할 수 있다고 경고하자 스탈린과 자신의 관계에 대한 이유를 단적으로 드러내는 말로 대답했다. ¶

나는 스탈린이 그런 사람이 아니리라고 생각했다. ¶
나는 만약 내가 그에게 모든 것을 준다면, 나는 아마 그에게 아무것도 돌려달라고 청할 수 없을 것이다. ¶
노블레스 오블리주에 따라 그는 아무것도 빼앗지 않고 나와 함께 세계의 민주주의와 평화를 위해 일할 것이다. ¶
¶
1943년 11월 28일, 미·영·소 3개국 정상회담에서 프랭클린 루스벨트는 다음과 같이 말했다. ¶

한국인이 완전한 독립을 얻기 전에 약 40년 간의 수습 기간(apprenticeship)을 필요로 한다. ¶
¶
스탈린은 이에 구두로 동의를 표했다. ¶

그다음 인용문 뒤에 삽입한 \r을 이용해 인용문 마지막 문단을 찾아야 하는데, 인용문 마지막 문단은 \r로 끝나고 인용문 뒤에 삽입한 \r은 ^\r로 찾을 수 있으므로, \r^\r로 인용문 마지막 문단을 찾는다. 이때 ^\r은 삭제해야 하므로 하위표현식을 이용해 (\r)(^\r)를 작성해 [찾을 내용]에 입력하고, [바꿀 내용]에는 $1을 입력한다. 앞 단계와 마찬가지로 [서식 찾기]에서 인용문 단락 스타일을 지정해 치환 범위를 제한하고(그림 3.63) [서식 변경]에서는 이후 공백만 설정한다(그림 3.64). 이렇게 [찾기/바꾸기]를 설정하고 모두 변경을 누르면 ^\r이 삭제되고 [이후 공백]에 의해 간격이 벌어지는 것을 확인할 수 있다.

루즈벨트는 스탈린이 유럽 일부 지역을 지배할 수 있다고 경고하자 스탈린과 자신의 관계에 대한 이유를 단적으로 드러내는 말로 대답했다.¶

나는 스탈린이 그런 사람이 아니리라고 생각했다.¶
나는 만약 내가 그에게 모든 것을 준다면, 나는 아마 그에게 아무것도 돌려달라고 청할 수 없을 것이다.¶
노블레스 오블리주에 따라 그는 아무것도 빼앗지 않고 나와 함께 세계의 민주주의와 평화를 위해 일할 것이다.¶

1943년 11월 28일, 미·영·소 3개국 정상회담에서 프랭클린 루스벨트는 다음과 같이 말했다.¶

한국인이 완전한 독립을 얻기 전에 약 40년 간의 수습 기간(apprenticeship)을 필요로 한다.¶

스탈린은 이에 구두로 동의를 표했다.¶

단락끝이 아닌 [이전 공백]과 [이후 공백]으로 문단 사이를 벌리면 문단이 바뀌는 곳에서 페이지가 넘어갈 때 \r에 의해 페이지 맨 윗줄이 비는 것을 막을 수 있다. 일부러 페이지 맨 윗줄을 비워 문단 사이 간격을 보존하는 경우도 있으니, \r을 이용하는 방법과 [이전 공백]과 [이후 공백]을 이용하는 방법 중 하나를 선택하면 된다.

그림 3.63
인용문 아래에
[이후 공백] 주기

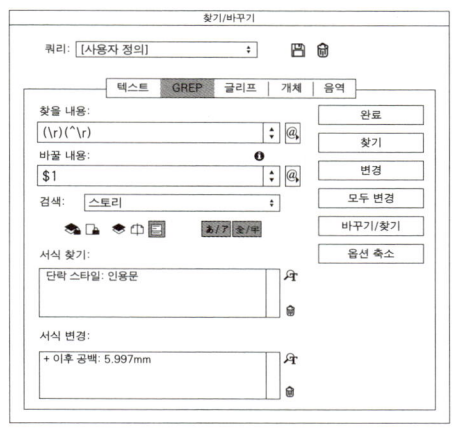

그림 3.64
인용문 아래에
[이후 공백] 주기

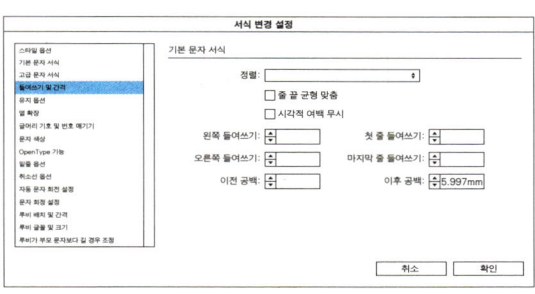

각주 달기

인디자인에서는 [문자] ▶ [각주 삽입]으로 페이지 하단에 각주를 달 수 있으며 각주를 만드는 데 필요한 서식은 [문자] ▶ [문서 각주 옵션…]에서 설정할 수 있다. 여기서는 GREP을 이용해 각주를 좀 더 간단하게 다는 방법에 대해 알아보겠다.

각주를 달기 위해선 각주에 적용할 단락 스타일(그림 3.68-그림 3.70)과 번호에 적용할 문자 스타일(그림 3.67)이 필요하다. 이때 번호 문자 스타일은 본문 중간에 삽입될 '주석 번호'와 각주 앞에 붙는 '각주 번호'에 공통으로 적용되는데, 이 중 주석 번호만 첨자로 만들 것이다.

먼저 [문자] ▶ [문자 각주 옵션…]으로 들어가 그림 3.65와 그림 3.66을 참고해 각주 서식을 만든다. 주석 번호와 각주 번호에 같은 번호 문자 스타일을 적용하면서 주석 번호만 첨자로 만들기 위해, [각주 옵션] ▶ [번호 매기기 및 서식] ▶ [텍스트와 각주 참조 번호] ▶ [위치]에서 '위 첨자 적용'을 선택한다(그림 3.65).

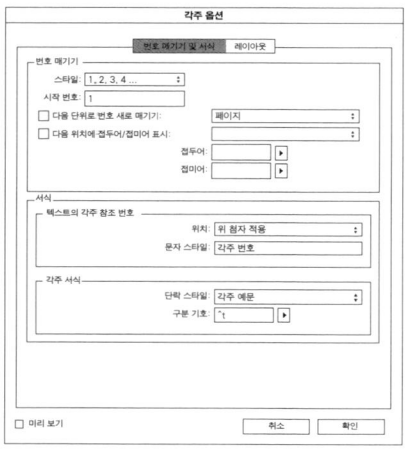

그림 3.65
[각주 옵션] ▶ [번호 매기기 및 서식] 설정

그림 3.66
[각주 옵션] ▶ [레이아웃] 설정

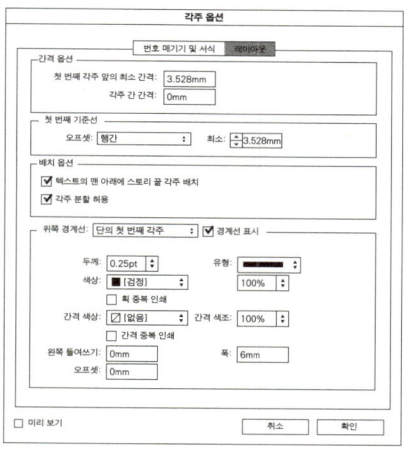

주석번호에 적용할 문자 스타일의 첨자 설정을 [각주 옵션]에서 했기 때문에, 이 문자 스타일의 [기본 문자 서식] ▶ [위치] 항목은 비워둔다(그림 3.67).

그림 3.67
본문 주석 번호와
각주 번호에 적용할
[문자 스타일 옵션] 설정

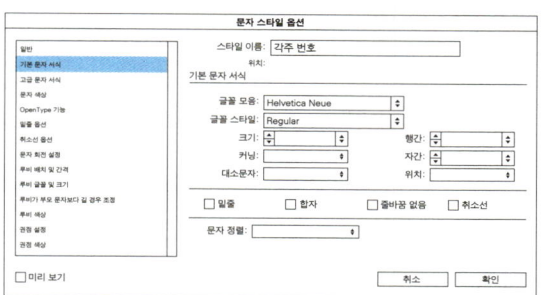

각주 번호에도 주석 번호와 같은 문자 스타일을 적용하기 위해, 각주에 적용할 [단락 스타일 옵션] 창을 열어 [GREP 스타일] ▶ [스타일 적용]에 ~F를 쓰고, [대상 텍스트]에 번호 문자 스타일을 선택한다(그림 3.70). 이렇게 하면 각주 번호와 주석 번호에 같은 문자 스타일이 적용되면서 주석 번호만 첨자로 만들어진다.

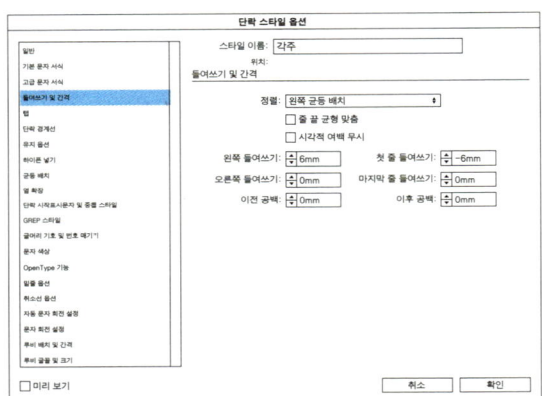

그림 3.68
각주에 적용할
단락 스타일의
[기본 문자 서식]

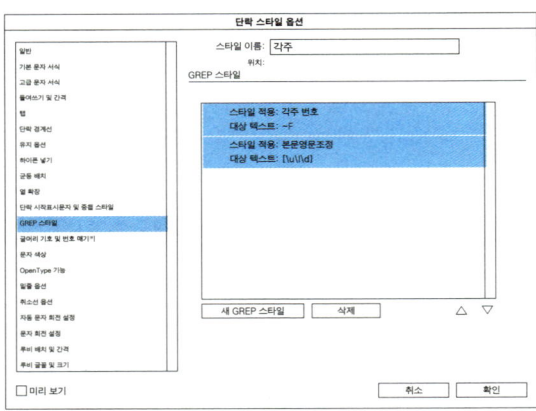

그림 3.69
각주에 적용할
단락 스타일의
[들여쓰기 및 간격]

그림 3.70
각주에 적용할 단락
스타일의 [GREP 스타일]

각주를 만들 때는 원고에서 주석을 복사하고 [문자] ▶ [각주 삽입]으로 각주 자리를 만든 후 '서식 없이 붙여넣기'(Shift+Cmd+V)로 붙여넣지만, 여기서는 GREP으로 이 과정을 단순하게 만들것이다.

먼저 [각주 삽입]에 단축키를 지정한다. 단축키는 [편집] ▶ [단축키]에서 지정할 수 있으며 [제품 영역]에서 '문자 메뉴'를 선택한 후 [명령]에서 '각주 삽입'을 클릭하고 [새 단축키]에 적당한 단축키를 입력한다(그림 3.71). [확인]을 눌러 새 세트를 만들라는 메시지 창이 뜨면(그림 3.72) 적당한 이름을 입력해 [확인]을 누른다(그림 3.73). 인코딩할 수 없는 문자가 있다고 나오면 [확인]을 눌러 넘어간다(그림 3.74). 여기서는 Ctrl+Opt+Cmd+F로 지정했다.

그림 3.71
[각주 삽입]에 단축키 지정하기

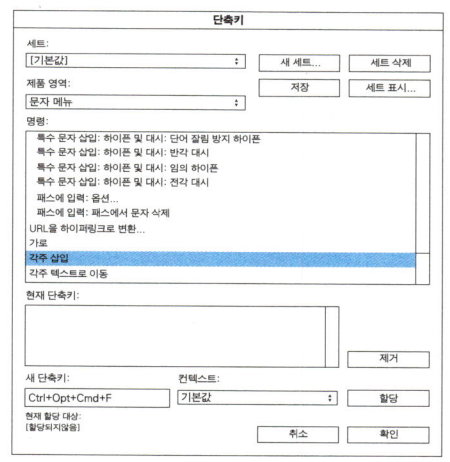

그림 3.72
새 세트 만들기

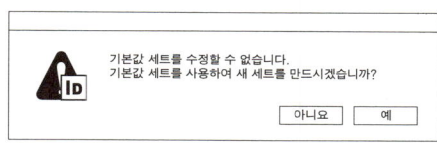

그림 3.73
새 세트 이름 지정

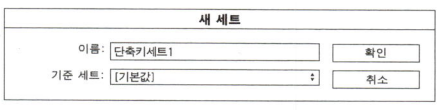

그림 3.74
인코딩 할 수 없는 문자 경고창

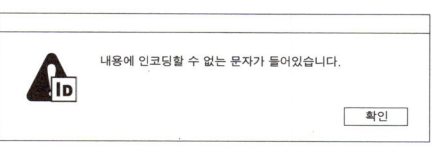

| | 늑대의 기본 사회 단위는 한 쌍의 성인 자손으로 구성된 무리이다. [주석:
과거에는 늑대 무리가 지배를 위해 서로 경쟁하는 개체가 모였다고 알려져,
지배적인 늑대 수컷 또는 암컷을 알파, 그 밑의 부하를 베타와 오메가라고
불렀다. 이 용어는 1947년 바젤 대학교의 루돌프 스첸켈 교수(Rudolf
Schenkel)가 처음 사용하는데, 그는 1999년 공식적으로 이 용어를 부정했다.
이후 연구를 통해 야생 무리의 늑대는 1-3년 이내 서로 모인 늑대와 그의
새끼로 구성된 것으로 밝혀졌다.] 서로 만난 한 쌍은 매년 새끼를 낳으며
새끼가 성인이 되어 흩어지기 전 10-54달 동안 무리에 속하게 된다.[주석:
평균적인 무리의 동물들은 성체 1-2마리와 청소년 3-6마리, 새끼 1-3마리로
구성된다.] 새로운 무리는 보통 서로 무관한 암컷과 수컷이 만나 이루어지며,
다른 적대적 무리가 없는 곳으로 떠난다.

늑대의 기본 사회 단위는 한 쌍의 성인 자손으로 구성된 무리이다.[1] 서로
만난 한 쌍은 매년 새끼를 낳으며 새끼가 성인이 되어 흩어지기 전 10-54달
동안 무리에 속하게 된다.[2] 새로운 무리는 보통 서로 무관한 암컷과 수컷이 만나
이루어지며, 다른 적대적 무리가 없는 곳으로 떠난다.

---

1   과거에는 늑대 무리가 지배를 위해 서로 경쟁하는 개체가 모였다고 알려져, 지배적인 늑대 수컷
    또는 암컷을 알파, 그 밑의 부하를 베타와 오메가라고 불렀다. 이 용어는 1947년 바젤 대학교의
    루돌프 스첸켈 교수(Rudolf Schenkel)가 처음 사용하는데, 그는 1999년 공식적으로 이 용어
    를 부정했다. 이후 연구를 통해 야생 무리의 늑대는 1-3년 이내 서로 모인 늑대와 그의 새끼로
    구성된 것으로 밝혀졌다.
2   평균적인 무리의 동물들은 성체 1-2마리와 청소년 3-6마리, 새끼 1-3마리로 구성된다.

원고의 형태는 '각주 예문 – 원고'와 같으며, 각주가 적용되면 '각주 예문 – 각주 적용 후'와 같은 모습이 될 것이다. 원고에서 주석은 주석 번호가 들어갈 자리에 '[주석:'과 ']'으로 둘러싸여 삽입되어 있다.

먼저 원고에서 주석 부분을 찾는 GREP을 작성한다. 원고에서 주석은 '[주석:'으로 시작해 ']'로 끝나므로 **\[주석: .+?\]**로 찾을 수 있다. 여기서 **\[주석:** 과 **\]**는 나중에 삭제될 부분이므로 하위표현식으로 묶어 **(\[주석:)(.+?)(\])**를 작성한다. [바꿀 내용]에 **$2**를 입력한다(그림 3.75).

그림 3.75
원고에서 주석을 찾는 GREP

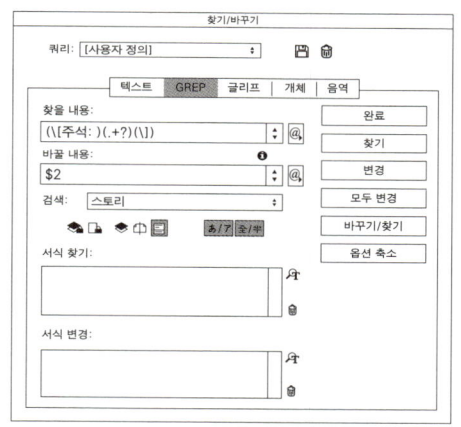

이제 모든 준비가 끝났다. [찾기/바꾸기] 창을 띄워놓고(이때 그림 3.75처럼 [찾을 내용]과 [바꿀 내용]에는 앞에서 작성한 GREP이 입력되어 있어야 한다.) 본문을 전체 선택(Cmd+A)한 후 다음 과정을 진행한다.

1 [찾기/바꾸기] ▶ [찾기]로 본문에서 첫 번째 주석을 선택한다.

늑대의 기본 사회 단위는 한 쌍의 성인 자손으로 구성된 무리이다. [주석: 과거에는 늑대 무리가 지배를 위해 서로 경쟁하는 개체가 모였다고 알려져, 지배적인 늑대 수컷 또는 암컷을 알파, 그 밑의 부하를 베타와 오메가라고 불렀다. 이 용어는 1947년 바젤 대학교의 루돌프 스첸켈 교수(Rudolf Schenkel)가 처음 사용하는데, 그는 1999년 공식적으로 이 용어를 부정했다. 이후 연구를 통해 야생 무리의 늑대는 1-3년 이내 서로 모인 늑대와 그의 새끼로 구성된 것으로 밝혀졌다.] 서로 만난 한 쌍은 매년 새끼를 낳으며 새끼가 성인이 되어 흩어지기 전 10-54달 동안 무리에 속하게 된다.[주석: 평균적인 무리의 동물들은 성체 1-2마리와 청소년 3-6마리, 새끼 1-3마리로 구성된다.] 새로운 무리는 보통 서로 무관한 암컷과 수컷이 만나 이루어지며, 다른 적대적 무리가 없는 곳으로 떠난다.

2 선택된 상태에서 [변경]을 클릭해 '[주석:'과 ']'을 지운다.

늑대의 기본 사회 단위는 한 쌍의 성인 자손으로 구성된 무리이다. 과거에는 늑대 무리가 지배를 위해 서로 경쟁하는 개체가 모였다고 알려져, 지배적인 늑대 수컷 또는 암컷을 알파, 그 밑의 부하를 베타와 오메가라고 불렀다. 이 용어는 1947년 바젤 대학교의 루돌프 스첸켈 교수(Rudolf Schenkel)가 처음 사용하는데, 그는 1999년 공식적으로 이 용어를 부정했다. 이후 연구를 통해 야생 무리의 늑대는 1-3년 이내 서로 모인 늑대와 그의 새끼로 구성된 것으로 밝혀졌다. 서로 만난 한 쌍은 매년 새끼를 낳으며 새끼가 성인이 되어 흩어지기 전 10-54달 동안 무리에 속하게 된다.[주석: 평균적인 무리의 동물들은 성체 1-2마리와 청소년 3-6마리, 새끼 1-3마리로 구성된다.] 새로운 무리는 보통 서로 무관한 암컷과 수컷이 만나 이루어지며, 다른 적대적 무리가 없는 곳으로 떠난다.

3 Cmd+X를 눌러 선택된 부분을 잘라낸다.

> 늑대의 기본 사회 단위는 한 쌍의 성인 자손으로 구성된 무리이다.
> 서로 만난 한 쌍은 매년 새끼를 낳으며 새끼가 성인이 되어 흩어지기 전
> 10-54달 동안 무리에 속하게 된다.[주석: 평균적인 무리의 동물들은 성체
> 1-2마리와 청소년 3-6마리, 새끼 1-3마리로 구성된다.] 새로운 무리는
> 보통 서로 무관한 암컷과 수컷이 만나 이루어지며, 다른 적대적 무리가
> 없는 곳으로 떠난다.

4 Ctrl+Opt+Cmd+F를 눌러 각주가 들어갈 자리를 만든다.

> 늑대의 기본 사회 단위는 한 쌍의 성인 자손으로 구성된 무리이다. [1] 서로
> 만난 한 쌍은 매년 새끼를 낳으며 새끼가 성인이 되어 흩어지기 전 10-54달
> 동안 무리에 속하게 된다.[주석: 평균적인 무리의 동물들은 성체 1-2마리와
> 청소년 3-6마리, 새끼 1-3마리로 구성된다.] 새로운 무리는 보통 서로 무관한
> 암컷과 수컷이 만나 이루어지며, 다른 적대적 무리가 없는 곳으로 떠난다.

———

1

5 Shift+Cmd+V(서식 없이 붙여넣기)를 눌러 각주를 삽입한다.

늘대의 기본 사회 단위는 한 쌍의 성인 자손으로 구성된 무리이다.[1] 서로 만난 한 쌍은 매년 새끼를 낳으며 새끼가 성인이 되어 흩어지기 전 10-54달 동안 무리에 속하게 된다.[주석: 평균적인 무리의 동물들은 성체 1-2마리와 청소년 3-6마리, 새끼 1-3마리로 구성된다.] 새로운 무리는 보통 서로 무관한 암컷과 수컷이 만나 이루어지며, 다른 적대적 무리가 없는 곳으로 떠난다.

[1] 과거에는 늘대 무리가 지배를 위해 서로 경쟁하는 개체가 모였다고 알려져, 지배적인 늘대 수컷 또는 암컷을 알파, 그 밑의 부하를 베타와 오메가라고 불렀다. 이 용어는 1947년 바젤 대학교의 루돌프 스첸켈 교수(Rudolf Schenkel)가 처음 사용하는데, 그는 1999년 공식적으로 이 용어를 부정했다. 이후 연구를 통해 야생 무리의 늘대는 1-3년 이내 서로 모인 늘대와 그의 새끼로 구성된 것으로 밝혀졌다.

6 [찾기/바꾸기] ▶ [찾기]를 클릭해 두 번째 주석을 선택한다.

늘대의 기본 사회 단위는 한 쌍의 성인 자손으로 구성된 무리이다.[1] 서로 만난 한 쌍은 매년 새끼를 낳으며 새끼가 성인이 되어 흩어지기 전 10-54달 동안 무리에 속하게 된다.[주석: 평균적인 무리의 동물들은 성체 1-2마리와 청소년 3-6마리, 새끼 1-3마리로 구성된다.] 새로운 무리는 보통 서로 무관한 암컷과 수컷이 만나 이루어지며, 다른 적대적 무리가 없는 곳으로 떠난다.

[1] 과거에는 늘대 무리가 지배를 위해 서로 경쟁하는 개체가 모였다고 알려져, 지배적인 늘대 수컷 또는 암컷을 알파, 그 밑의 부하를 베타와 오메가라고 불렀다. 이 용어는 1947년 바젤 대학교의 루돌프 스첸켈 교수(Rudolf Schenkel)가 처음 사용하는데, 그는 1999년 공식적으로 이 용어를 부정했다. 이후 연구를 통해 야생 무리의 늘대는 1-3년 이내 서로 모인 늘대와 그의 새끼로 구성된 것으로 밝혀졌다.

7 [찾기/바꾸기] ▶ [변경]을 클릭해 '[주석:'과 ']'를 지운다.

늘대의 기본 사회 단위는 한 쌍의 성인 자손으로 구성된 무리이다.[1] 서로
만난 한 쌍은 매년 새끼를 낳으며 새끼가 성인이 되어 흩어지기 전 10-54달
동안 무리에 속하게 된다. 평균적인 무리의 동물들은 성체 1-2마리와 청소년
3-6마리, 새끼 1-3마리로 구성된다. 새로운 무리는 보통 서로 무관한 암컷과
수컷이 만나 이루어지며, 다른 적대적 무리가 없는 곳으로 떠난다.

---

1 과거에는 늘대 무리가 지배를 위해 서로 경쟁하는 개체가 모였다고 알려져, 지배적인 늘대 수컷
   또는 암컷을 알파, 그 밑의 부하를 베타와 오메가라고 불렀다. 이 용어는 1947년 바젤 대학교의
   루돌프 스첸켈 교수(Rudolf Schenkel)가 처음 사용하는데, 그는 1999년 공식적으로 이 용어
   를 부정했다. 이후 연구를 통해 야생 무리의 늘대는 1-3년 이내 서로 모인 늘대와 그의 새끼로
   구성된 것으로 밝혀졌다.

8 Cmd+X를 눌러 두 번째 주석을 잘라내 복사한다.

늘대의 기본 사회 단위는 한 쌍의 성인 자손으로 구성된 무리이다.[1] 서로
만난 한 쌍은 매년 새끼를 낳으며 새끼가 성인이 되어 흩어지기 전 10-54달
동안 무리에 속하게 된다. 새로운 무리는 보통 서로 무관한 암컷과 수컷이 만나
이루어지며, 다른 적대적 무리가 없는 곳으로 떠난다.

---

1 과거에는 늘대 무리가 지배를 위해 서로 경쟁하는 개체가 모였다고 알려져, 지배적인 늘대 수컷
   또는 암컷을 알파, 그 밑의 부하를 베타와 오메가라고 불렀다. 이 용어는 1947년 바젤 대학교의
   루돌프 스첸켈 교수(Rudolf Schenkel)가 처음 사용하는데, 그는 1999년 공식적으로 이 용어
   를 부정했다. 이후 연구를 통해 야생 무리의 늘대는 1-3년 이내 서로 모인 늘대와 그의 새끼로
   구성된 것으로 밝혀졌다.

9 Ctrl+Opt+Cmd+F를 눌러 각주 자리를 만든다.

늑대의 기본 사회 단위는 한 쌍의 성인 자손으로 구성된 무리이다.[1] 서로
만난 한 쌍은 매년 새끼를 낳으며 새끼가 성인이 되어 흩어지기 전 10-54달
동안 무리에 속하게 된다.[2] 새로운 무리는 보통 서로 무관한 암컷과 수컷이 만나
이루어지며, 다른 적대적 무리가 없는 곳으로 떠난다.

---

[1] 과거에는 늑대 무리가 지배를 위해 서로 경쟁하는 개체가 모였다고 알려져, 지배적인 늑대 수컷
또는 암컷을 알파, 그 밑의 부하를 베타와 오메가라고 불렀다. 이 용어는 1947년 바젤 대학교의
루돌프 스첸켈 교수(Rudolf Schenkel)가 처음 사용하는데, 그는 1999년 공식적으로 이 용어
를 부정했다. 이후 연구를 통해 야생 무리의 늑대는 1-3년 이내 서로 모인 늑대와 그의 새끼로
구성된 것으로 밝혀졌다.

[2]

10 Shift+Cmd+V를 눌러 두 번째 각주를 삽입한다.

늑대의 기본 사회 단위는 한 쌍의 성인 자손으로 구성된 무리이다.[1] 서로
만난 한 쌍은 매년 새끼를 낳으며 새끼가 성인이 되어 흩어지기 전 10-54달
동안 무리에 속하게 된다.[2] 새로운 무리는 보통 서로 무관한 암컷과 수컷이 만나
이루어지며, 다른 적대적 무리가 없는 곳으로 떠난다.

---

[1] 과거에는 늑대 무리가 지배를 위해 서로 경쟁하는 개체가 모였다고 알려져, 지배적인 늑대 수컷
또는 암컷을 알파, 그 밑의 부하를 베타와 오메가라고 불렀다. 이 용어는 1947년 바젤 대학교의
루돌프 스첸켈 교수(Rudolf Schenkel)가 처음 사용하는데, 그는 1999년 공식적으로 이 용어
를 부정했다. 이후 연구를 통해 야생 무리의 늑대는 1-3년 이내 서로 모인 늑대와 그의 새끼로
구성된 것으로 밝혀졌다.
[2] 평균적인 무리의 동물들은 성체 1-2마리와 청소년 3-6마리, 새끼 1-3마리로 구성된다.

이 과정을 반복하면 문서 전체의 주석을 모두 각주로 만들 수 있다. 이때 주석 번호 앞에 스페이스 공백이 들어갈 수 있는데, [찾기/바꾸기]에서 [찾을 내용]에 `(?=~F)`를 입력하고 [모두 변경]을 누르면 일괄적으로 삭제할 수 있다.

그림 3.76
원고에서 주석을 찾는 GREP

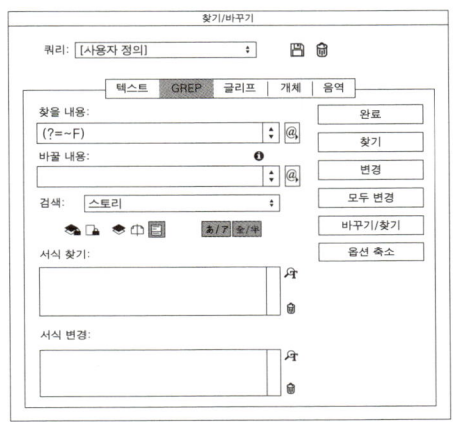

늘대의 기본 사회 단위는 한 쌍의 성인 자손으로 구성된 무리이다.[1] 서로 만난 한 쌍은 매년 새끼를 낳으며 새끼가 성인이 되어 흩어지기 전 10-54달 동안 무리에 속하게 된다.[2] 새로운 무리는 보통 서로 무관한 암컷과 수컷이 만나 이루어지며, 다른 적대적 무리가 없는 곳으로 떠난다.

---

1 과거에는 늘대 무리가 지배를 위해 서로 경쟁하는 개체가 모였다고 알려져, 지배적인 늘대 수컷 또는 암컷을 알파, 그 밑의 부하를 베타와 오메가라고 불렀다. 이 용어는 1947년 바젤 대학교의 루돌프 스첸켈 교수(Rudolf Schenkel)가 처음 사용하는데, 그는 1999년 공식적으로 이 용어를 부정했다. 이후 연구를 통해 야생 무리의 늘대는 1-3년 이내 서로 모인 늘대와 그의 새끼로 구성된 것으로 밝혀졌다.

2 평균적인 무리의 동물들은 성체 1-2마리와 청소년 3-6마리, 새끼 1-3마리로 구성된다.

차례 항목, 점선, 쪽 번호 사이에 공백 넣기

[레이아웃] ▶ [목차]로 차례를 생성할 때 [항목과 번호 사이]를 ^y로 설정하고(그림 3.77) 점선이 설정된 문자 스타일(그림 3.74)을 지정하면 차례 항목과 쪽 번호 사이에 점선을 넣을 수 있다.

1. 문자 검색 27
1.1. 일반문자로 찾기 27
1.2. 유니코드로 찾기 30
1.3. 문자이름으로 찾기 32

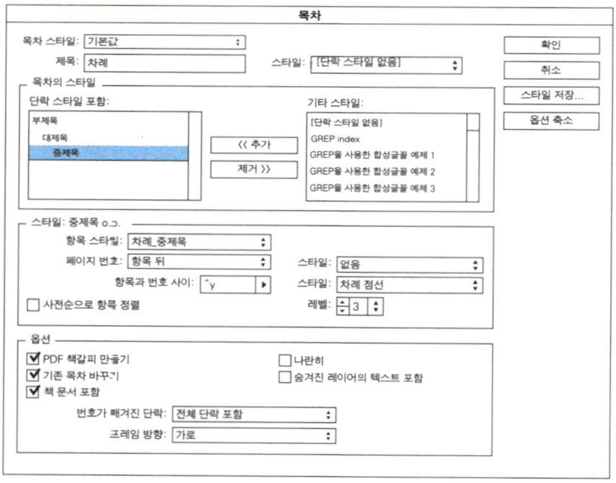

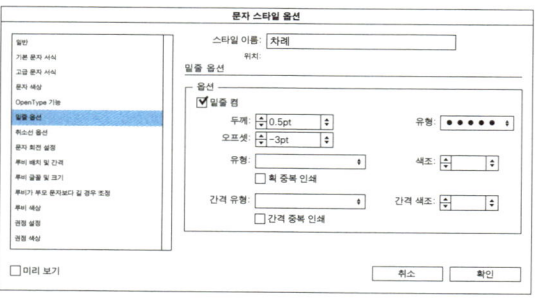

그림 3.77
목차 설정

그림 3.78
점선이 설정된
문자 스타일

이렇게 점선을 설정하면 '항목과 점선 사이'와 '점선과 쪽 번호 사이'가 바투 붙어있어 답답해보일 수 있다. 이 부분의 간격을 벌리기 위해 공백(1/3공백)을 입력하면 시간도 오래 걸리고 '점선과 쪽 번호 사이'는 공백을 입력해도 벌어지지 않는다.

문자 스타일을 사용하지 않고 차례 단락 스타일의 [탭] ▶ [채움 문자]에 온점 등을 입력해 점선을 만들면(그림 3.79) 이 부분이 살짝 벌어지지만, 문자 스타일을 적용할 수 없어 원하는 모양의 점선을 만들기 어렵다.

그림 3.79
목차 단락 스타일에서
[채움 문자] 설정

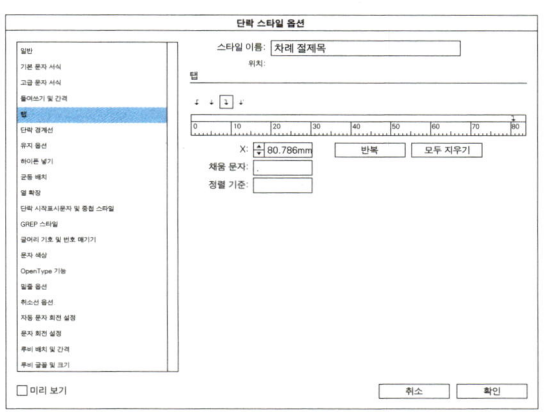

GREP을 사용하면 문자 스타일로 점선을 만든 후 '항목과 점선 사이'
와 '점선과 쪽 번호 사이'에 간격을 줄 수 있다.

먼저 '항목과 점선 사이'에 1/3 공백을 넣어보자. [찾을 내용]에
(.)(?=~y)를 입력하고 [바꿀 내용]에 $1~3을 입력한 후 [모두 변경]
을 누른다(그림 3.80).

항목과 페이지는 오른쪽 들여쓰기 탭으로 구분되어 있으므로, 오른쪽
들여쓰기 탭 앞의 문자를 찾아 그 뒤에 1/3 공백을 준 것이다. 이렇게
GREP을 실행하면 항목과 점선 사이에 1/3 공백이 입력되어 간격이
벌어진다.

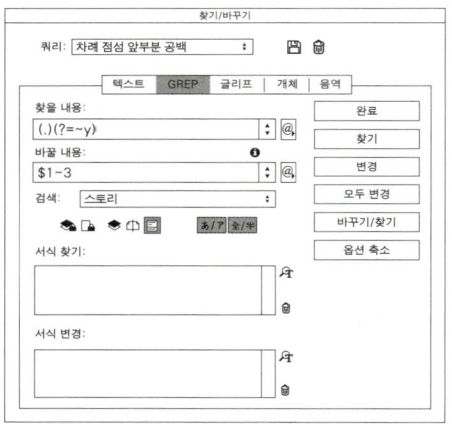

그림 3.80
차례 항목과 점선 사이 공백 입력

다음은 점선과 쪽 번호 사이에 1/3 공백을 넣어보자. [찾을 내용]에
([\d\u\l]+$)을 입력하고 [바꿀 내용]에 ~3$1을 입력한 후 [모두 변
경]을 누른다(그림 3.81).

각 쪽 번호는 모두 문단 끝에 위치해 있으므로 '문단 끝에 위치한 숫자나 영문'을 찾는 [\d\u\l]+$로 쪽 번호를 찾을 수 있으며, 이 값을 $1에 할당한 후 그 앞에 1/3 공백을 줄 수 있도록 [바꿀 내용]에 ~3$1를 입력한 것이다. 이 방법이 좀 복잡하다면 오른쪽 들여쓰기 탭 뒤에 위치한 문자 앞에 1/3 공백을 줄 수 있도록 [찾을 내용]에 (?<=~y)(.)를 입력하고 [바꿀 내용]에 ~3$1을 입력해도 된다.

그림 3.81
점선과 쪽 번호 사이 공백 입력

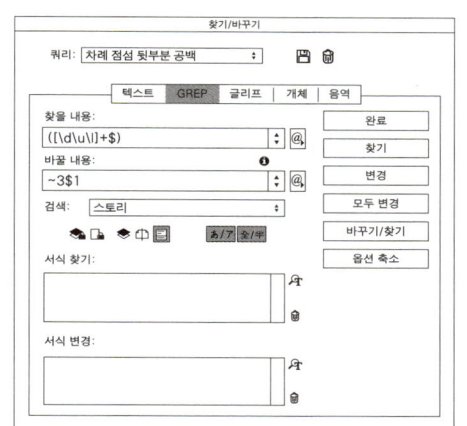

직접 1/3 공백을 입력했을 때 벌어지지 않던 간격이 GREP으로 입력했을 때 벌어진 이유는 1/3 공백에 점선 스타일이 적용되지 않았기 때문이다. 즉 직접 입력한 1/3 공백은 오른쪽 들여쓰기 탭의 점선 스타일이 적용되어 간격이 벌어지지 않은 것처럼 보인 것이다. 하지만 [찾기/바꾸기]의 [바꿀 내용]으로 1/3 공백을 입력하면 [찾을 내용]에서 검색한 패턴(쪽 번호)의 스타일이 1/3 공백에 적용되므로 의도한 대로 간격이 벌어진다.

이 방법을 사용할 때 주의할 점은 목차를 업데이트할 때 입력한 1/3 공백이 사라진다는 점이다. 목차를 업데이트할 때마다 GREP을 다시 작성하고 적용해는 과정이 번거롭다면 GREP을 쿼리로 저장해 업데이트할 때마다 실행하면 된다.

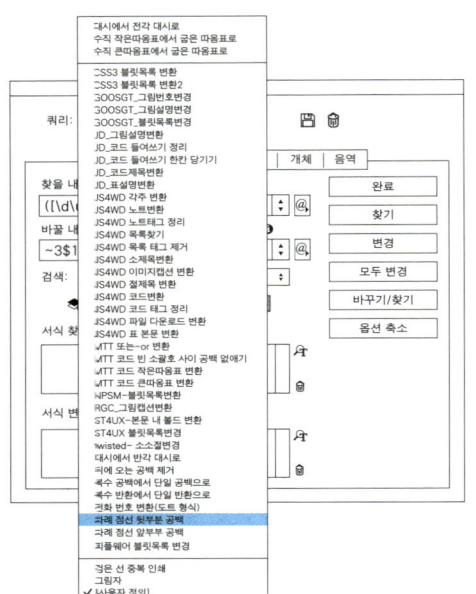

그림 3.82
저장된 쿼리 불러오기

인덱스 정리

인덱스는 인디자인의 '색인' 기능을 사용해 본문에서 키워드를 추가하며 만들 수 있지만, 어떤 경우에는 텍스트 파일이나 엑셀 파일로 색인 원고를 받기도 한다. 이런 경우 디자이너는 색인에 사용할 스타일을 수작업으로 적용해야 하는데, 1,000쪽이 넘는 문서라면 인덱스 항목만 수백 개에 달할 수 있어 단축키를 사용해도 시간이 오래 걸릴 뿐더러 실수도 많아진다. 여기서는 엑셀 파일로 된 색인 원고를 GREP을 이용해 손쉽게 정리하는 방법을 알아본다.

그림 3.83은 엑셀로 정리된 3단 색인의 일부다. 편집자가 가나다순으로 정렬하기 위해 1, 2단 항목을 중복해서 쓰는 경우가 있는데, GREP으로 단을 구분시키기 위해서는 탭으로 변환되는 빈 셀이 필요하므로 중복된 1, 2단 항목은 그림처럼 비워놓아야 한다.

그림 3.83
색인 엑셀파일

15	감소 후 대입 연산자(=)			75
16	값			
17		메모리 상의 객체		192
18		배열		
19			대입하기	299-300
20			저장하기	297
21		변수		
22			대입하기	142-143
23			블록 바깥에서 수정하기	316-318
24			표시하기	26-28

이 엑셀 파일을 전체 복사해 인디자인 문서에 붙여넣고, 전체 선택 후 적당한 단락 스타일을 만들어, '색인 1단'이란 이름으로 저장한다(그림 3.84). 다음 예문은 '색인 1단'만 적용된 상태로 기본 탭 값이 수정되지 않아 산만해 보인다.

'색인 1단'을 기준으로 들여쓰기 값에 차이를 준 '색인 2단' '색인 3단'
을 미리 만들어 둔다(그림 3.85, 그림 3.86).

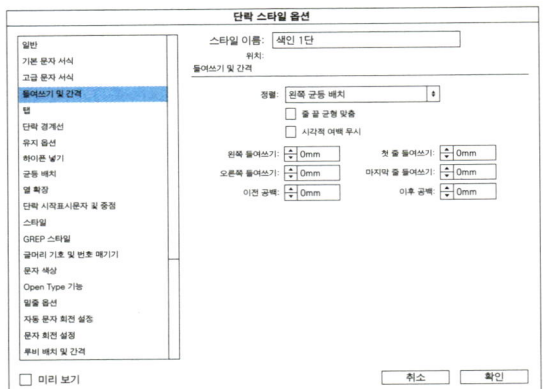

그림 3.84
색인 1단 단락 스타일 설정

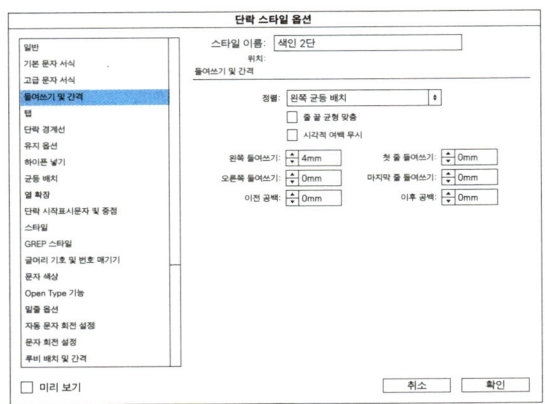

그림 3.85
색인 2단 단락 스타일 설정

그림 3.86
색인 3단 단락 스타일 설정

단락 스타일 옵션

일반
기본 문자 서식
고급 문자 서식
들여쓰기 및 간격
탭
단락 경계선
유지 옵션
하이픈 넣기
균등 배치
열 확장
단락 시작표시문자 및 줄점
스타일
GREP 스타일
글머리 기호 및 번호 매기기
문자 색상
Open Type 기능
밑줄 옵션
자동 문자 회전 설정
문자 회전 설정
루비 배치 및 간격

스타일 이름: 색인 3단
위치:
들여쓰기 및 간격

정렬: 왼쪽 균등 버처
☐ 줄 끝 균형 맞춤
☐ 시각적 여백 무시

왼쪽 들여쓰기: 8mm   첫 줄 들여쓰기: 0mm
오른쪽 들여쓰기: 0mm   마지막 줄 들여쓰기: 0mm
이전 공백: 0mm   이후 공백: 0mm

☐ 미리 보기   취소   확인

259

인덱스 정리

2단과 3단에 각각 다른 단락 스타일을 적용하기 위해서는 2단과 3단 앞에 각각 한 개의 탭과 두 개의 탭이 있는 점을 이용해야 한다.

먼저 2단을 검색하기 위해 '앞에 한 개의 탭이 있는 아무 문자들'을 찾는 ^\t.+를 작성한다. 탭을 지우고 들여쓰기 설정만으로 단을 구분할 것이기 때문에, 하위표현식으로 묶어 (^\t)(.+)를 작성하고, 바꿀 내용에 $2를 입력한다(그림 3.87).

그림 3.87
색인 2단 단락 스타일 적용

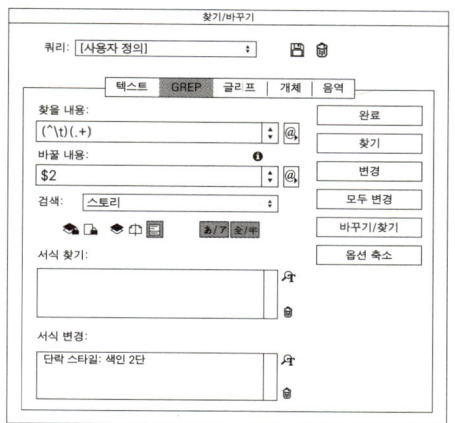

찾기/바꾸기

쿼리: [사용자 정의]   💾 🗑

텍스트 **GREP** 글리프 개체 음역

찾을 내용:
(^\t)(.+)   @,   완료
바꿀 내용: ❶   찾기
$2   @,   변경
검색: 스토리   모두 변경
あ/ア 全/半   바꾸기/찾기
서식 찾기: 옵션 축소

서식 변경:
단락 스타일: 색인 2단

[모두 변경]을 누르면 항목 앞의 탭이 지워지면서 [서식 변경]에서 지정한 '색인 2단' 단락 스타일이 적용된다.

이때 색인 3단도 탭 하나가 지워지면서 '색인 2단' 단락 스타일이 적용된다. 같은 단락 스타일이 적용되었지만, 3단 항목 앞에는 탭이 하나 있으므로 앞 단계에서 작성한 GREP을 그대로 사용해 3단만 검색할 수 있다. '찾을 내용'에 (^\t)(.+)를, [바꿀 내용]에 $2를 쓰고 [서식 변경]에 '색인 3단'을 지정해 [모두 변경]을 누르면 탭이 지워지면서 색인 3단에 '색인 3단' 단락 스타일이 적용된다(그림 3.88).

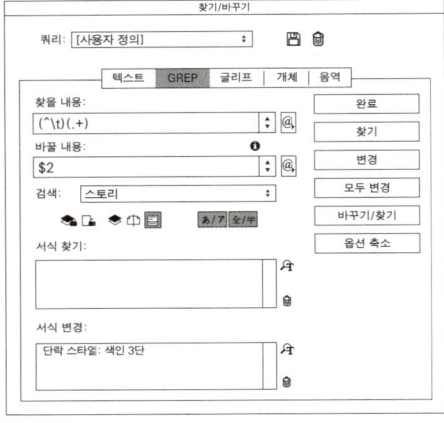

그림 3.88
색인 3단 단락 스타일 적용

이제 남아 있는 탭은 두 종류로 하나는 '섹션 제목이나 쪽 번호가 없는 항목 뒤에 오는 탭'이고, 다른 하나는 '항목과 쪽 번호 사이의 탭'이다. 전자는 전부 삭제해 문서를 정리하고, 후자는 특정 공백으로 치환해 항목과 쪽 번호를 적당히 띄워놓을 수 있도록 한다.

먼저 '섹션 제목이나 쪽 번호가 없는 항목 뒤에 오는 탭'을 삭제해보자. 이 탭은 색인 항목 끝에 한 개 이상 있으므로 '문단 끝에 위치한 반복된 탭'을 찾는 **\t+$**를 사용해 삭제할 수 있다. [바꿀 내용]과 [서식 변경]을 비워두면 [모두 변경]을 누를 때 [찾을 내용]에 해당하는 검색 결과를 삭제할 수 있다(그림 3.89).

그림 3.89
항목 뒤의 탭 제거

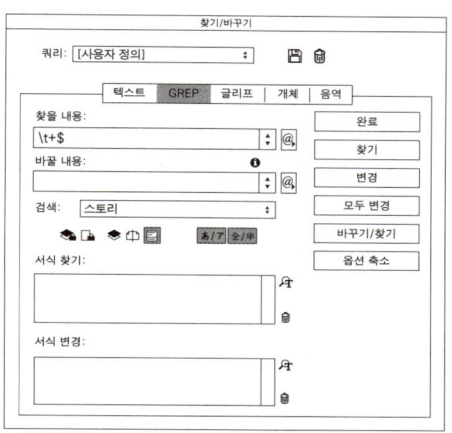

다음으로 항목과 쪽 번호 사이의 탭을 4개의 스페이스 공백으로 바꿔 보자. 항목이 길어져 2줄 이상이 될 경우 자연스럽게 줄바꿈되지 않을 수 있어 전각공백이나 다른 종류의 공백 등을 사용하지 않는다. 또한 연속된 스페이스 공백 4개가 일반적 색인에서 사용될 일이 거의 없으므로, 다음 단계에 필요한 GREP을 스페이스 공백 4개로 쉽게 만들 수 있다.

이미 앞에서 모든 다른 종류의 탭을 제거한 상태이므로 \t+로 항목과 쪽 번호 사이의 탭만 찾을 수 있다. [바꿀 내용]에는 스페이스 공백 4개를 입력한다(그림 3.90). 스페이스 공백은 GREP 입력창에서 보이지 않으므로 입력할 때 불필요한 스페이스 공백이 있는지 주의해야 한다.

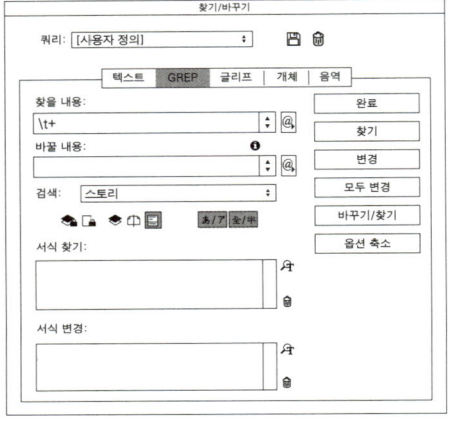

그림 3.90
항목과 쪽 번호 사이의 탭 제거

다음은 쪽 번호와 항목을 구분하기 위해 쪽 번호 색상을 바꿔보자. 먼저 문자 스타일을 새로 만들어 색상만 설정해 '색인 쪽 번호 색상'이란 이름으로 저장한다(그림 3.91). 쪽 번호는 4개의 스페이스 공백 뒤에 있으므로 후방탐색을 이용해 (?=····).+를 작성하고, [서식 변경]에서 미리 만들어둔 '색인 쪽 번호 색상'을 지정한다(그림 3.92).

이때 앞 단계에서 입력한 스페이스 공백 4개가 '바꿀 내용'에 남지 않도록 '바꿀 내용'의 입력창을 확인해 공백을 지운다.

그림 3.91
쪽 번호 색상 변경을 위한
문자 스타일 설정

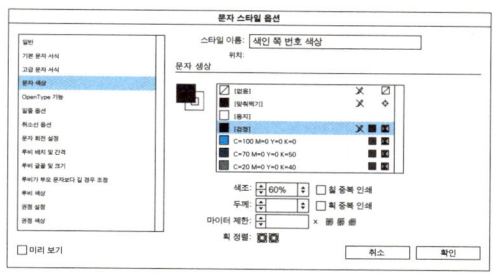

그림 3.92
쪽 번호 색상 변경

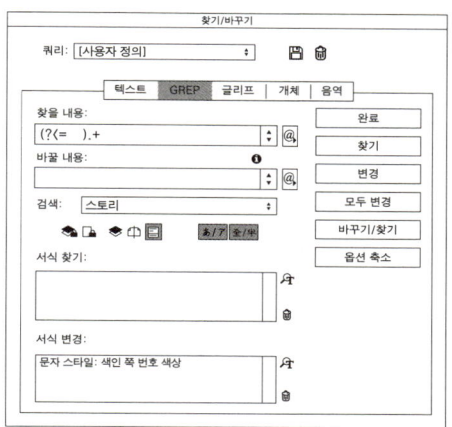

'표시하기' 항목을 보면 쪽 번호 대신 '표시하기 참조'로 되어 있는데, 이런 참조 항목 앞에 화살표를 넣어 쪽 번호와 참조를 구분해보자.

쪽 번호와 참조 항목의 가장 확실한 차이는 맨 뒤에 '참조'가 붙는 다는 것이다. [찾을 내용]에 **(?<=·····)(.+참조)**를 입력하고 [바 꿀 내용]에는 →·**$1**를 입력해 [모두 변경]을 누른다(그림 3.93).

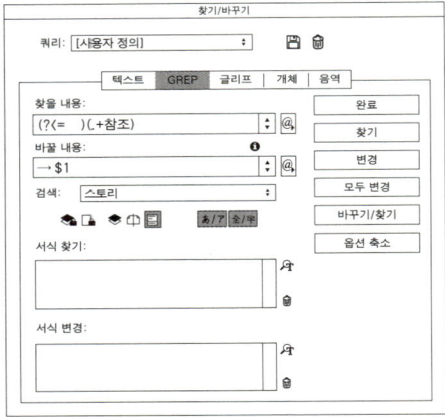

그림 3.93
참조 항목에 화살표 삽입

섹션 제목에 단락 스타일을 적용해보자. 섹션 제목은 항목 수가 적기 때문에 GREP 없이 수작업으로 간단히 단락 스타일을 적용할 수 있다. 군이 GREP으로 검색하려면 ^(기호|[ㄱ-ㅎA-Z])$로 찾을 수 있는데, 섹션 제목의 앞뒤가 단락의 시작과 끝으로 둘러싸여 있으므로 ^와 $를 사용하면 검색 오류를 줄일 수 있다(그림 3.94, 그림 3.95).

그림 3.94
섹션 제목 단락 스타일 적용

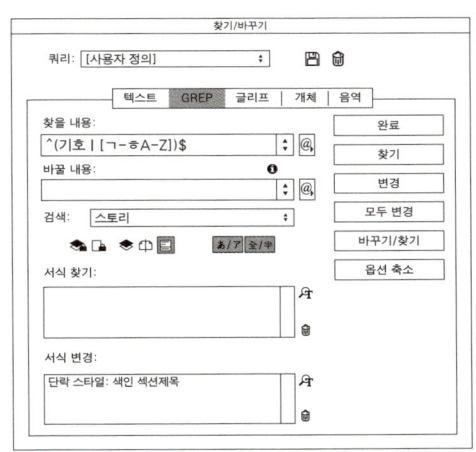

그림 3.95
섹션 제목 단락 스타일 설정

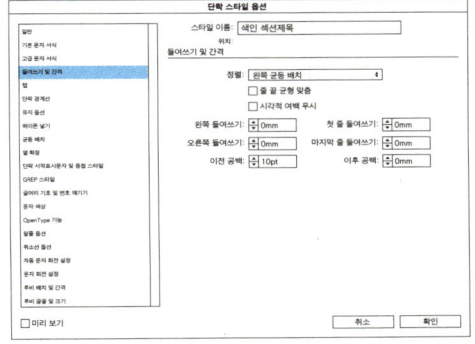

'대입하기' 항목은 스페이스 공백 없이 '142-143,'과 '341-342'가 붙어 있는데, 쉼표 뒤에 스페이스 공백을 넣어보자.

스페이스 공백이 붙지 않는 쉼표는 그 앞에 공백 대신 숫자가 위치하고 있으므로 전방탐색을 이용해 **, (?=\d)**로 검색하고, 바꿀 내용에 쉼표와 스페이스 공백을 입력한다. 쪽 번호가 아닌 항목을 검색하는 오류를 막기 위해 '서식 찾기'에서 '색인 쪽 번호 색상'를 지정해 검색 범위를 쪽 번호로 한정한다(그림 3.96).

ㄱ
값
　메모리 상의 객체　192
　배열
　　대입하기　299-300
　　저장하기　297
　변수
　　대입하기　142-143, 341-342
　　블록 바깥에서 수정하기　316-318
　　표시하기　→ 표시하기 참조

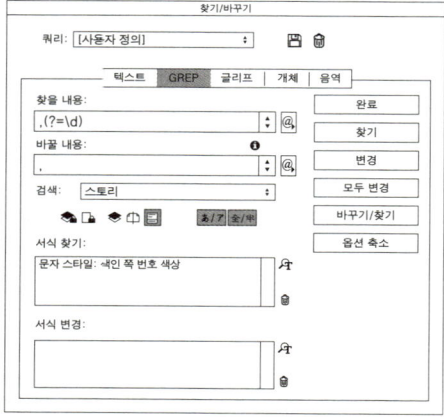

그림 3.96
쉼표 뒤 공백 규칙 통일

부록 1 찾을 내용과 바꿀 내용에서 입력할 수 있는 메타문자

명칭		메타문자	찾을 내용	바꿀 내용
탭		\t	○	○
강제 줄바꿈		\n	○	○
단락끝		\r	○	○
찾음	찾은 텍스트	$0		○
	찾음 1	$1		○
	찾음 2	$2		○
	찾음 3	$3		○
	찾음 4	$4		○
	찾음 5	$5		○
	찾음 6	$6		○
	찾음 7	$7		○
	찾음 8	$8		○
	찾음 9	$9		○
기호	글머리 기호 문자(•)	~8	○	○
	가나 글머리 기호(·)	~5	○	○
	역슬래시 문자(\)	\\	○	
	캐럿 문자(^)	\^	○	○
	저작권 기호(©)	~2	○	○
	줄임표(…)	~e	○	○
	단락 기호(¶)	~7	○	○
	등록 상표 기호(®)	~r	○	○
	섹션 기호(§)	~6	○	○
	상표 기호(TM)	~d	○	○
	여는 괄호 문자(()	\(	○	
	닫는 괄호 문자())	\)	○	
	여는 중괄호 문자({)	\{	○	
	닫는 중괄호 문자(})	\}	○	
	여는 대괄호 문자([)	\[	○	
	닫는 대괄호 문자(])	\]	○	
표시자	모든 쪽 번호	~#	○	
	현재 쪽 번호	~N	○	○
	다음 쪽 번호	~X	○	○
	이전 쪽 번호	~V	○	○

명칭		메타문자	찾을 내용	바꿀 내용
	섹션 표시자	~x	○	○
	연결 개체 표시자	~a	○	
	각주 참조 표시자	~F	○	
	색인 표시자	~I	○	
하이픈 및 대시	전각 대시(─)	~_	○	○
	반각 대시(–)	~=	○	○
	임의 하이픈	~-	○	○
	단어 잘림 방지 하이픈(-)	~~	○	○
공백	전각 공백	~m	○	○
	반각 공백	~〉	○	○
	표의 문자 공백	~(	○	○
	1/3 공백	~3	○	○
	1/4 공백	~4	○	○
	1/6 공백	~%	○	○
	강제 공백	~f	○	○
	1/10-1/16 공백	~|	○	○
	단어 잘림 방지 공백	~S	○	○
	단어 잘림 방지 공백(고정폭)	~s	○	○
	1/5 공백	~〈	○	○
	숫자 공백	~/	○	○
	구두점 공백	~.	○	○
따옴표	모든 큰따옴표	"	○	
	모든 작은따옴표(아포스트로피)	'	○	
	수직 큰따옴표	~"	○	○
	여는 큰따옴표(")	~{	○	○
	닫는 큰따옴표(")	~}	○	○
	수직 작은따옴표(아포스트로피)	~'	○	○
	여는 작은따옴표(')	~[	○	○
	닫는 작은따옴표(')	~]	○	○
줄바꿈 문자	표준 캐리지 리턴	~b	○	○
	단 나누기	~M	○	
	프레임 나누기	~R	○	○
	페이지 나누기	~P	○	○
	홀수 페이지 나누기	~L	○	○
	짝수 페이지 나누기	~E	○	○
	임의 줄바꿈	~k	○	○
변수	모든 변수	~v	○	

명칭		메타문자	찾을 내용	바꿀 내용
	(단락 스타일) 머리글 실행 중	~Y	○	
	(단락 스타일) 머리글 실행 중	~Z	○	
	사용자 정의 텍스트	~u	○	
	마지막 쪽 번호	~T	○	
	장 번호	~H	○	
	만든 날짜	~O	○	
	수정 날짜	~o	○	
	출력 날짜	~D	○	
	파일 이름	~I	○	
기타	오른쪽 들여쓰기 탭	~y	○	○
	들여쓰기 위치	~i	○	○
	중첩 스타일 끝 위치	~h	○	○
	비연결자	~j	○	○
	클립보드 내용, 서식 있음	~c		○
	클립보드 내용, 서식 없음	~C		○
와일드 카드	모든 숫자	\d	○	
	모든 글자	[\l\u]	○	
	모든 문자	.	○	
	모든 공백	\s	○	
	모든 단어 문자	\w	○	
	모든 대문자	\u	○	
	모든 소문자	\l	○	
	모든 간지	~K	○	
위치	단어 처음	\<	○	
	단어 끝	\>	○	
	단어 경계	\b	○	
	단락 처음	^	○	
	단락끝	$	○	
반복	0 또는 1회	?	○	
	0회 이상	*	○	
	1회 이상	+	○	
	0 또는 1회(가장 짧은 일치)	??	○	
	0회 이상(가장 짧은 위치)	*?	○	
	1회 이상(가장 짧은 일치)	+?	○	
일치	하위 표현식 표시	()	○	
	하위 표현식 표시 안 함	(?:)	○	
	문자 세트	[]	○	

명칭		메타문자	찾을 내용	바꿀 내용
	또는	|	○	
	뒤쪽을 살펴보고 일치하면, 참	(?<=)	○	
	뒤쪽을 살펴보고 일치하지 않으면, 거짓	(?<!)	○	
	앞쪽을 살펴보고 일치하면, 참	(?=)	○	
	앞쪽을 살펴보고 일치하지 않으면, 거짓	(?!)	○	
수정자	대소문자 구분 안 함 켬	(?i)	○	
	대소문자 구분 안 함 끔	(?-i)	○	
	여러 줄 켬	(?m)	○	
	여러 줄 끔	(?-m)	○	
	단일 줄 켬	(?s)	○	
	단일 줄 끔	(?-s)	○	
Posix	[[:space:]]	[[:space:]]	○	
	[[:alpha:]]	[[:alpha:]]	○	
	[[:digit:]]	[[:digit:]]	○	
	[[:lower:]]	[[:lower:]]	○	
	[[:punct:]]	[[:punct:]]	○	
	[[:space:]]	[[:space:]]	○	
	[[:upper:]]	[[:upper:]]	○	
	[[:word:]]	[[:word:]]	○	
	[[:xdigit:]]	[[:xdigit:]]	○	
	[[=a=]]	[[=a=]]	○	

부록 2 텍스트 메타문자와 GREP 메타문자 비교

명칭		GREP 메타문자	텍스트 메타문자
탭		\t	^t
강제 줄바꿈		\n	^n
단락끝		\r	^p
찾음	찾은 텍스트	$0	
	찾음 1	$1	
	찾음 2	$2	
	찾음 3	$3	
	찾음 4	$4	
	찾음 5	$5	
	찾음 6	$6	
	찾음 7	$7	
	찾음 8	$8	
	찾음 9	$9	
기호	글머리 기호 문자(•)	~8	^8
	가나 글머리 기호(·)	~5	
	역슬래시 문자(\)	\\	
	캐럿 문자(^)	\^	^^
	저작권 기호(©)	~2	^2
	줄임표(…)	~e	^e
	단락 기호(¶)	~7	^7
	등록 상표 기호(®)	~r	^r
	섹션 기호(§)	~6	^6
	상표 기호(TM)	~d	^d
	여는 괄호 문자(()	\(	
	닫는 괄호 문자())	\)	
	여는 중괄호 문자({)	\{	
	닫는 중괄호 문자(})	\}	
	여는 대괄호 문자([)	\[	
	닫는 대괄호 문자(])	\]	
표시자	모든 쪽 번호	~#	^#
	현재 쪽 번호	~N	^N
	다음 쪽 번호	~X	^X
	이전 쪽 번호	~V	^V
	섹션 표시자	~x	^x

명칭		GREP 메타문자	텍스트 메타문자
	연결 개체 표시자	~a	^a
	각주 참조 표시자	~F	^F
	색인 표시자	~I	^I
하이픈 및 대시	전각 대시(—)	~_	^_
	반각 대시(–)	~=	^=
	임의 하이픈()	~-	^-
	단어 잘림 방지 하이픈(–)	~~	^~
공백	전각 공백	~m	^m
	반각 공백	~>	^>
	표의 문자 공백	~(	^(
	1/3 공백	~3	^3
	1/4 공백	~4	^4
	1/6 공백	~%	^%
	강제 공백	~f	^f
	1/10~1/16 공백	~|	^|
	단어 잘림 방지 공백	~S	^S
	단어 잘림 방지 공백(고정 폭)	~s	^s
	1/5 공백	~<	^<
	숫자 공백	~/	^/
	구두점 공백	~.	^.
따옴표	모든 큰따옴표	"	"
	모든 작은따옴표(아포스트로피)	'	'
	수직 큰따옴표	~"	^"
	여는 큰따옴표(")	~{	^{
	닫는 큰따옴표(")	~}	^}
	수직 작은따옴표(아포스트로피)	~'	^'
	여는 작은따옴표(')	~[	^[
	닫는 작은따옴표(')	~]	^]
줄바꿈 문자	표준 캐리지 리턴	~b	^b
	단 나누기	~M	^M
	프레임 나누기	~R	^R
	페이지 나누기	~P	^P
	홀수 페이지 나누기	~L	^L
	짝수 페이지 나누기	~E	^E
	임의 줄바꿈	~k	^k
변수	모든 변수	~v	^v
	(단락 스타일) 머리글 실행 중	~Y	^Y

명칭			GREP 메타문자	텍스트 메타문자
		(단락 스타일) 머리글 실행 중	~Z	^Z
		사용자 정의 텍스트	~u	^u
		마지막 쪽 번호	~T	^T
		장 번호	~H	^H
		만든 날짜	~O	^O
		수정 날짜	~o	^o
		출력 날짜	~D	^D
		파일 이름	~l	^l
기타		오른쪽 들여쓰기 탭	~y	^y
		들여쓰기 위치	~i	^i
		중첩 스타일 끝 위치	~h	^h
		비연결자	~j	^j
		클립보드 내용, 서식 있음	~c	^c
		클립보드 내용, 서식 없음	~C	^C
와일드 카드		모든 숫자	\d	^9
		모든 글자	[\l\u]	^$
		모든 문자	.	^?
		모든 공백	\s	^w
		모든 단어 문자	\w	
		모든 대문자	\u	
		모든 소문자	\l	
		모든 간지	~K	^K
위치		단어 처음	\<	
		단어 끝	\>	
		단어 경계	\b	
		단락 처음	^	
		단락끝	$	
반복		0 또는 1회	?	
		0회 이상	*	
		1회 이상	+	
		0 또는 1회(가장 짧은 일치)	??	
		0회 이상(가장 짧은 위치)	*?	
		1회 이상(가장 짧은 일치)	+?	
일치		하위 표현식 표시	()	
		하위 표현식 표시 안 함	(?:)	
		문자 세트	[]	
		또는			

명칭		GREP 메타문자	텍스트 메타문자
	뒤쪽을 살펴보고 일치하면, 참	(?<=)	
	뒤쪽을 살펴보고 일치하지 않으면, 거짓	(?<!)	
	앞쪽을 살펴보고 일치하면, 참	(?=)	
	앞쪽을 살펴보고 일치하지 않으면, 거짓	(?!)	
수정자	대소문자 구분 안 함 켬	(?i)	
	대소문자 구분 안 함 끔	(?-i)	
	여러 줄 켬	(?m)	
	여러 줄 끔	(?-m)	
	단일 줄 켬	(?s)	
	단일 줄 끔	(?-s)	
Posix	[[:space:]]	[[:space:]]	
	[[:alpha:]]	[[:alpha:]]	
	[[:digit:]]	[[:digit:]]	
	[[:lower:]]	[[:lower:]]	
	[[:punct:]]	[[:punct:]]	
	[[:space:]]	[[:space:]]	
	[[:upper:]]	[[:upper:]]	
	[[:word:]]	[[:word:]]	
	[[:xdigit:]]	[[:xdigit:]]	
	[[=a=]]	[[=a=]]	

부록 3 아스키와 유니코드

아스키(ASCII)는 '미국 정보 교환 표준 부호(American Standard Code for Information Interchange)'의 약자로 영문 문자 정보를 전송하는 문자 인코딩이다. 사람이 사용하는 문자는 컴퓨터가 사용하는 2진수 코드와 다르기 때문에 어떤 문자를 어떤 2진수 코드에 할당할지 미리 정해놓은 후, 문자를 컴퓨터에 저장하고 전송할 때 2진수 코드로 변환하는 과정을 거치는데 이를 인코딩(부호화)이라고 한다. 아스키는 주로 영문과 숫자 등을 여덟 자리의 2진수에 할당해놓은 문자인코딩 표준이다. 아스키는 1967년 처음 만들어졌고, 1986년 마지막으로 개정되어 현재에 이르고 있다.

아스키 같은 문자인코딩이 만들어진 이유는 두 컴퓨터 사이에서 문자 정보를 주고받을 때의 효율성을 위해서다. 'A'라는 문자를 전송하는 경우를 생각해보자. 문자를 전송하기 위해 문자의 형태가 고스란히 담긴 이미지를 주고받는 것보다, 미리 정해둔 코드만 전달해 코드에서 'A'를 읽어내는 것이 더 효율적이다. 이때 문자를 주고받는 두 컴퓨터가 각자 다른 방식으로 'A'의 코드를 정해놓고 변환한다면, 정보를 제대로 주고받을 수 없으므로 이를 표준으로 만들 필요가 있다. 이런 표준 중 가장 기본적인 형태가 아스키다.

초기 컴퓨터 분야에서 사용된 영문, 숫자, 특수문자를 0과 1로 표현하기 위해서는 128개의 아스키(7자리의 2진수, $2^7=128$)가 필요했다. 그리고 나중에 컴퓨터가 발전하고 더 많은 문자가 필요해지면서 128개가 추가되어 256개의 아스키(8자리의 2진수, $2^8=256$)로 확장되었다. 확장된 128개의 아스키는 주로 유럽권 언어, 그래픽과 선 그리기에 관련된 기호다.

영문 키보드로 입력할 수 있는 문자들은 모두 아스키에 해당하며, GREP을 포함한 많은 프로그래밍 언어는 아스키로만 입력할 수 있게 만들어진 경우가 많다.

아스키가 주로 미국과 유럽 언어만 표현하다 보니 다른 나라의 문자들을 표현하는게 어려웠고, 이로 인해 다양한 문자 인코딩 표준이 나왔다. 하지만 이런 표준들은 서로 호환되지 않는 부분이 있었기 때문에 전 세계 문자를 모두 표현할 수 있는 통일된 표준이 제정되었는데, 이것이 유니코드(Unicode)다. 유니코드는 1991년 첫 버전(1.0.0)이 나왔으며 최신 버전(7.0)은 2014년 6월에 나왔다. 아스키가 8비트 표준인데 반해 유니코드는 공식적으로 31비트 표준이며, 현재까지 21비트 이내에서 모든 문자를 표현하고 있다.

한글은 유니코드가 만들어지기 전 여러 표준이 만들어졌는데(흔히 알고 있는 완성형, 조합형 한글이 여기에 해당한다.) 유니코드는 처음 나왔을 때부터 한글을 포함하도록 설계되었다. 다만 초기 버전에서는 할당된 한글이 6,656자로 전체 한글을 포함하지 않았으며, 전체 11,172자가 포함된 것은 1996년 재정된 유니코드 2.0 부터다. 아무래도 4,516자가 추가되다 보니 유니코드에서 한글이 할당된 영역이 변경되었고, 이로 인해 유니코드 2.0 이후 버전은 그 이전 버전과 호환되지 않는 문제가 발생했다. 이때부터 유니코드에 한번 할당된 문자는 절대 옮기지 않는다는 규칙이 만들어졌다.

유니코드의 인코딩에는 UCS-2와 UCS-4, UTF-7, UTF-8, UTF-16, UTF-32 등이 있다. 이 중 UTF-8은 아스키와 하위호환성이 있으며, 유니코드를 지원하는 대부분의 프로그램이 UTF-8을 기본 인코딩 방식으로 정해 놓았기 때문에 가장 자주 사용된다.

부록 4 아스키 테이블

아스키는 33개의 출력 불가능한 제어문자(0-31, 127), 출력 가능한 문자(32-126), 확장된 문자(129-255)로 구분된다.

2진법	10진법	16진법	부호	2진법	10진법	16진법	부호
000 0000	0	00	NUL	010 0101	37	25	%
000 0001	1	01	SOH	010 0110	38	26	&
000 0010	2	02	STX	010 0111	39	27	'
000 0011	3	03	ETX	010 1000	40	28	(
000 0100	4	04	EOT	010 1001	41	29	)
000 0101	5	05	ENQ	010 1010	42	2A	*
000 0110	6	06	ACK	010 1011	43	2B	+
000 0111	7	07	BEL	010 1100	44	2C	,
000 1000	8	08	BS	010 1101	45	2D	-
000 1001	9	09	HT	010 1110	46	2E	.
000 1010	10	0A	LF	010 1111	47	2F	/
000 1011	11	0B	VT	011 0000	48	30	0
000 1100	12	0C	FF	011 0001	49	31	1
000 1101	13	0D	CR	011 0010	50	32	2
000 1110	14	0E	SO	011 0011	51	33	3
000 1111	15	0F	SI	011 0100	52	34	4
001 0000	16	10	DLE	011 0101	53	35	5
001 0001	17	11	DC1	011 0110	54	36	6
001 0010	18	12	DC2	011 0111	55	37	7
001 0011	19	13	DC3	011 1000	56	38	8
001 0100	20	14	DC4	011 1001	57	39	9
001 0101	21	15	NAK	011 1010	58	3A	:
001 0110	22	16	SYN	011 1011	59	3B	;
001 0111	23	17	ETB	011 1100	60	3C	<
001 1000	24	18	CAN	011 1101	61	3D	=
001 1001	25	19	EM	011 1110	62	3E	>
001 1010	26	1A	SUB	011 1111	63	3F	?
001 1011	27	1B	ESC	100 0000	64	40	@
001 1100	28	1C	FS	100 0001	65	41	A
001 1101	29	1D	GS	100 0010	66	42	B
001 1110	30	1E	RS	100 0011	67	43	C
001 1111	31	1F	US	100 0100	68	44	D
010 0000	32	20		100 0101	69	45	E
010 0001	33	21	!	100 0110	70	46	F
010 0010	34	22	"	100 0111	71	47	G
010 0011	35	23	#	100 1000	72	48	H
010 0100	36	24	$	100 1001	73	49	I

2진법	10진법	16진법	부호
100 1010	74	4A	J
100 1011	75	4B	K
100 1100	76	4C	L
100 1101	77	4D	M
100 1110	78	4E	N
100 1111	79	4F	O
101 0000	80	50	P
101 0001	81	51	Q
101 0010	82	52	R
101 0011	83	53	S
101 0100	84	54	T
101 0101	85	55	U
101 0110	86	56	V
101 0111	87	57	W
101 1000	88	58	X
101 1001	89	59	Y
101 1010	90	5A	Z
101 1011	91	5B	[
101 1100	92	5C	\
101 1101	93	5D	]
101 1110	94	5E	^
101 1111	95	5F	_
110 0000	96	60	`
110 0001	97	61	a
110 0010	98	62	b
110 0011	99	63	c
110 0100	100	64	d
110 0101	101	65	e
110 0110	102	66	f
110 0111	103	67	g
110 1000	104	68	h
110 1001	105	69	i
110 1010	106	6A	j
110 1011	107	6B	k
110 1100	108	6C	l
110 1101	109	6D	m
110 1110	110	6E	n
110 1111	111	6F	o
111 0000	112	70	p
111 0001	113	71	q
111 0010	114	72	r
111 0011	115	73	s
111 0100	116	74	t
111 0101	117	75	u
111 0110	118	76	v
111 0111	119	77	w
111 1000	120	78	x

2진법	10진법	16진법	부호
111 1001	121	79	y
111 1010	122	7A	z
111 1011	123	7B	{
111 1100	124	7C		
111 1101	125	7D	}
111 1110	126	7E	~
111 1111	127	7F	DEL
1000 0000	128	80	ç
1000 0001	129	81	ü
1000 0010	130	82	é
1000 0011	131	83	â
1000 0100	132	84	ä
1000 0101	133	85	à
1000 0110	134	86	å
1000 0111	135	87	ç
1000 1000	136	88	ê
1000 1001	137	89	ë
1000 1010	138	8A	è
1000 1011	139	8B	ï
1000 1100	140	8C	î
1000 1101	141	8D	ì
1000 1110	142	8E	Ä
1000 1111	143	8F	Å
1001 0000	144	90	É
1001 0001	145	91	æ
1001 0010	146	92	Æ
1001 0011	147	93	ô
1001 0100	148	94	ö
1001 0101	149	95	ò
1001 0110	150	96	û
1001 0111	151	97	ù
1001 1000	152	98	ÿ
1001 1001	153	99	Ö
1001 1010	154	9A	Ü
1001 1011	155	9B	ø
1001 1100	156	9C	£
1001 1101	157	9D	Ø
1001 1110	158	9E	×
1001 1111	159	9F	ƒ
1010 0000	160	A0	á
1010 0001	161	A1	í
1010 0010	162	A2	ó
1010 0011	163	A3	ú
1010 0100	164	A4	ñ
1010 0101	165	A5	Ñ
1010 0110	166	A6	ª
1010 0111	167	A7	º

2진법	10진법	16진법	부호
1010 1000	168	A8	¿
1010 1001	169	A9	®
1010 1010	170	AA	¬
1010 1011	171	AB	½
1010 1100	172	AC	¼
1010 1101	173	AD	¡
1010 1110	174	AE	«
1010 1111	175	AF	»
1011 0000	176	B0	▒
1011 0001	177	B1	▓
1011 0010	178	B2	█
1011 0011	179	B3	│
1011 0100	180	B4	┤
1011 0101	181	B5	Á
1011 0110	182	B6	Â
1011 0111	183	B7	À
1011 1000	184	B8	©
1011 1001	185	B9	╣
1011 1010	186	BA	║
1011 1011	187	BB	╗
1011 1100	188	BC	╝
1011 1101	189	BD	¢
1011 1110	190	BE	¥
1011 1111	191	BF	┐
1100 0000	192	C0	└
1100 0001	193	C1	┴
1100 0010	194	C2	┬
1100 0011	195	C3	├
1100 0100	196	C4	─
1100 0101	197	C5	┼
1100 0110	198	C6	ã
1100 0111	199	C7	Ã
1100 1000	200	C8	╚
1100 1001	201	C9	╔
1100 1010	202	CA	╩
1100 1011	203	CB	╦
1100 1100	204	CC	╠
1100 1101	205	CD	═
1100 1110	206	CE	╬
1100 1111	207	CF	¤
1101 0000	208	D0	ð
1101 0001	209	D1	Đ
1101 0010	210	D2	Ê
1101 0011	211	D3	Ë
1101 0100	212	D4	È
1101 0101	213	D5	ı
1101 0110	214	D6	Í

2진법	10진법	16진법	부호
1101 0111	215	D7	Î
1101 1000	216	D8	Ï
1101 1001	217	D9	┘
1101 1010	218	DA	┌
1101 1011	219	DB	█
1101 1100	220	DC	▄
1101 1101	221	DD	¦
1101 1110	222	DE	Ì
1101 1111	223	DF	▀
1110 0000	224	E0	Ó
1110 0001	225	E1	ß
1110 0010	226	E2	Ô
1110 0011	227	E3	Ò
1110 0100	228	E4	õ
1110 0101	229	E5	Õ
1110 0110	230	E6	µ
1110 0111	231	E7	þ
1110 1000	232	E8	Þ
1110 1001	233	E9	Ú
1110 1010	234	EA	Û
1110 1011	235	EB	Ù
1110 1100	236	EC	ý
1110 1101	237	ED	Ý
1110 1110	238	EE	¯
1110 1111	239	EF	´
1111 0000	240	F0	
1111 0001	241	F1	±
1111 0010	242	F2	‗
1111 0011	243	F3	¾
1111 0100	244	F4	¶
1111 0101	245	F5	§
1111 0110	246	F6	÷
1111 0111	247	F7	¸
1111 1000	248	F8	°
1111 1001	249	F9	¨
1111 1010	250	FA	·
1111 1011	251	FB	¹
1111 1100	252	FC	³
1111 1101	253	FD	²
1111 1110	254	FE	■
1111 1111	255	FF	nbsp

부록 5 유니코드 평면

유니코드는 전세계 문자를 코드에 할당하기 위해 일정한 규칙에 따라 전체 코드를 구획으로 나누는데, 이 구획을 유니코드 평면(plane)이라고 한다. 유니코드 평면은 0번부터 16번까지 모두 17개가 있으며 각 평면은 65,536개 (2^{16}개)의 코드로 구성된다. 전체 유니코드 평면에 모든 문자가 할당된 것은 아니며 현재까지 할당된 부분은 전체 평면의 일부에 불과하다. 각 평면은 다음과 같이 구성되어 있다.

평면	코드 영역	영문 이름	한글 이름
0번	0000-FFFF	BMP(Basic multilingual plane)	기본 다국어 평면
1번	10000-1FFFF	SMP(Supplementary Multilingual Plane)	보조 다국어 평면
2번	20000-2FFFF	SIP(Supplementary Ideographic Plane)	보조 표의문자 평면
3번	30000-3FFFF	TIP(Supplementary Special-purpose Plane)	삼차 표의문자 평면
4번	40000-4FFFF		
5번	50000-5FFFF		
6번	60000-6FFFF		
7번	70000-7FFFF		
8번	80000-8FFFF	Unassigned planes	미지정 평면
9번	90000-9FFFF		
10번	A0000-AFFFF		
11번	B0000-BFFFF		
12번	C0000-CFFFF		
13번	D0000-DFFFF		
14번	E0000-EFFFF	SSP(Supplementary Special-purpose Plane)	보조 특수목적 평면
15번	F0000-FFFFF	S PUA-A(Supplementary Private Use Area A)	사용자 자유 영역
16번	100000-10FFFF	S PUA-B(Supplementary Private Use Area B)	사용자 자유 영역

0번 평면은 기본 다국어 평면으로 대부분의 근대문자와 특수문자가 포함되며 한글과 한중일 통합 한자도 포함된다. 1번 평면인 보조 다국어 평면은 오래된 형태의 문자나 음악기호, 수학기호 등이 할당되어 있으며, 2번 평면인 보조 상형문자 평면은 초기 유니코드에 포함되지 않은 한중일 통합 한자가 포함되어 있다. 3번 평면인 삼차 표의문자 평면은 갑골 문자, 금문(金文), 소전(小篆), 추가적 한중일 통합 한자, 오래된 상형 문자 등을 위해 예약된 평면으로 현재 아무 문자도 지정되어 있지 않으며, 4번에서 13번 평면 또한 미지정 평면으로 현재 아무 문자나 기호도 지정되어 있지 않다. 14번 평면인 보조 특수목적 평면은 제어용 문자가 일부 할당되어 있으며 15, 16번 평면인 사용자 자유 영역은 사용자가 자유롭게 문자를 할당해 사용하는 영역으로 이 부분에 대해선 글꼴 간 호환성이 보장되지 않는다.

현재까지 할당된 유니코드의 범위는 옆의 표와 같다. 한글과 한자가 상당히 많은 영역을 차지하고 있음을 알 수 있다.

코드 영역	개수	영문 이름	한글 이름
BMP(Basic Multilingual Plane)			
0000~007F	128	Controls and Basic Latin	제어 문자와 라틴 기본
0080~00FF	128	Controls and Latin-1 Supplement	제어 문자와 라틴 보충
0100~017F	128	Latin Extended-A	라틴 확장-A
0180~024F	208	Latin Extended-B	라틴 확장-B
0250~02AF	96	IPA Extensions	국제 음성 기호 확장
02B0~02FF	80	Spacing Modifier Letters	조정 문자
0300~036F	112	Combining Diacritical Marks	조합 분음 기호(악센트)
0370~03FF	144	Greek and Coptic	그리스 문자와 콥트 문자
0400~04FF	256	Cyrillic	키릴 문자
0500~052F	48	Cyrillic Supplementary	키릴 문자 보충
0530~058F	96	Armenian	아르메니아 문자
0590~05FF	112	Hebrew	히브리 문자
0600~06FF	256	Arabic	아랍 문자
0700~074F	80	Syriac	시리아 문자
0750~077F	48	Arabic Supplement	아랍 문자 보충
0780~07BF	64	Thaana	타나 문자
07C0~07FF	64	N'Ko	응코 문자
0900~097F	128	Devanagari	데바나가리 문자
0980~09FF	128	Bengali	벵골 문자
0A00~0A7F	128	Gurmukhi	굴무키 문자
0A80~0AFF	128	Gujarati	구자라트 문자
0B00~0B7F	128	Oriya	오리야 문자
0B80~0BFF	128	Tamil	타밀 문자
0C00~0C7F	128	Telugu	텔루구 문자
0C80~0CFF	128	Kannada	칸나다 문자
0D00~0D7F	128	Malayalam	말라얄람 문자
0D80~0DFF	128	Sinhala	싱할라 문자
0E00~0E7F	128	Thai	타이 문자
0E80~0EFF	128	Lao	라오 문자
0F00~0FFF	256	Tibetan	티베트 문자
1000~109F	160	Myanmar	미얀마 문자
10A0~10FF	96	Georgian	조지아 문자
1100~11FF	256	Hangul Jamo	한글 자모
1200~137F	384	Ethiopic	에티오피아 문자
1380~139F	32	Ethiopic Supplement	에티오피아 문자 보충
13A0~13FF	96	Cherokee	체로키 문자

코드 영역	개수	영문 이름	한글 이름
1400–167F	640	Unified Canadian Aboriginal Syllabics	캐나다 원주민 음절문자
1680–169F	32	Ogham	오검 문자
16A0–16FF	96	Runic	룬 문자
1700–171F	32	Tagalog	타갈로그 문자
1720–173F	32	Hanunoo	하누노오 문자
1740–175F	32	Buhid	부히드 문자
1760–177F	32	Tagbanwa	타그반와 문자
1780–17FF	128	Khmer	크메르 문자
1800–18AF	176	Mongolian	몽골 문자
1900–194F	80	Limbu	림부 문자
1950–197F	48	Tai Le	타이 러 문자
1980–19DF	96	New Tai Lue	새 타이 루에 문자
19E0–19FF	32	Khmer Symbols	크메르 기호
1A00–1A1F	32	Buginese	부기 문자
1B00–1B7F	128	Balinese	발리 문자
1D00–1D7F	128	Phonetic Extensions	음성 부호 확장
1D80–1DBF	64	Phonetic Extensions Supplement	음성 부호 확장 보충
1DC0–1DFF	64	Combining Diacritical Marks Supplement	조합 분음 부호(악센트) 보충
1E00–1EFF	256	Latin Extended Additional	라틴 추가 확장
1F00–1FFF	256	Greek Extended	그리스 문자 확장
2000–206F	112	General Punctuation	일반 구두점
2070–209F	48	Superscripts and Subscripts	위 첨자와 아래 첨자
20A0–20CF	48	Currency Symbols	통화 기호
20D0–20FF	48	Combining Diacritical Marks for Symbols	조합 분음 부호(기호)
2100–214F	80	Letterlike Symbols	글자를 변형한 기호
2150–218F	64	Number Forms	여러 가지 수
2190–21FF	112	Arrows	화살표
2200–22FF	256	Mathematical Operators	수학 연산자
2300–23FF	256	Miscellaneous Technical	여러 가지 기술 기호
2400–243F	64	Control Pictures	제어 문자 기호
2440–245F	32	Optical Character Recognition	문자 인식(OCR) 기호
2460–24FF	160	Enclosed Alphanumerics	괄호 문자
2500–257F	128	Box Drawing	괘선 기호
2580–259F	32	Block Elements	블록 기호
25A0–25FF	96	Geometric Shapes	도형 기호
2600–26FF	256	Miscellaneous Symbols	여러 가지 기호
2700–27BF	192	Dingbats	딩뱃 기호

코드 영역	개수	영문 이름	한글 이름
27C0-27EF	48	Miscellaneous Mathematical Symbols-A	여러 가지 수학기호-A
27F0-27FF	16	Supplemental Arrows-A	화살표 보충-A
2800-28FF	256	Braille Patterns	점자
2900-297F	128	Supplemental Arrows-B	화살표 보충-B
2980-29FF	128	Miscellaneous Mathematical Symbols-B	여러 가지 수학기호-B
2A00-2AFF	256	Supplemental Mathematical Operators	수학 연산자 보충
2B00-2BFF	256	Miscellaneous Symbols and Arrows	여러 가지 기호와 화살표
2C00-2C5F	96	Glagolitic	글라골 문자
2C60-2C7F	32	Latin Extended-C	라틴 확장-C
2C80-2CFF	128	Coptic	콥트 문자
2D00-2D2F	48	Georgian Supplement	조지아 문자 보충
2D30-2D7F	80	Tifinagh	티피나그 문자
2D80-2DDF	96	Ethiopic Extended	에티오피아 문자 보충
2E00-2E7F	128	Supplemental Punctuation	구두점 보충
2E80-2EFF	128	CJK Radicals Supplement	한중일 부수 보충
2F00-2FDF	224	KangXi Radicals	강희자전 부수
2FF0-2FFF	16	Ideographic Description characters	한자 생김꼴 지시 부호
3000-303F	64	CJK Symbols and Punctuation	한중일 기호 및 구두점
3040-309F	96	Hiragana	히라가나
30A0-30FF	96	Katakana	가타카나
3100-312F	48	Bopomofo	주음 부호
3130-318F	96	Hangul Compatibility Jamo	호환용 한글 자모
3190-319F	16	Kanbun	훈독 순서 지시 부호
31A0-31BF	32	Bopomofo Extended	주음 부호 확장
31C0-31EF	48	CJK Strokes	한중일 한자 획
31F0-31FF	16	Katakana Phonetic Extensions	가타카나 음성 확장
3200-32FF	256	Enclosed CJK Letters and Months	한중일 괄호 문자
3300-33FF	256	CJK Compatibility	한중일 호환용
3400-4DBF	6592	CJK Unified Ideographs Extension A	한중일 통합 한자 확장-A
4DC0-4DFF	64	Yijing Hexagram Symbols	역경 6줄 기호
4E00-9FBF	20928	CJK Unified Ideographs	한중일 통합 한자
A000-A48F	1168	Yi Syllables	이 소리 마디
A490-A4CF	64	Yi Radicals	이 부수
A700-A71F	32	Modifier Tone Letters	어조 조정 문자
A720-A7FF	224	Latin Extended-D	라틴 확장-D
A800-A82F	48	Syloti Nagri	실헤티 나가리
A840-A87F	64	Phags-Pa	파스파 문자

코드 영역	개수	영문 이름	한글 이름
A960-A97F	32	Hangul Jamo Extended-A	한글 자모 확장-A
AC00-D7AF	11184	Hangul Syllables	한글 음절
D7B0-D7FF	80	Hangul Jamo Extended-B	한글 자모 확장-B
D800-DBFF	1024	High Surrogate Area	상위 서러게이트 영역
DC00-DFFF	1024	Low Surrogate Area	하위 서러게이트 영역
E000-F8FF	6400	Private Use Area	사용자 영역
F900-FAFF	512	CJK Compatibility Ideographs	한중일 호환용 한자
FB00-FB4F	80	Alphabetic Presentation Forms	알파벳 표현꼴
FB50-FDFF	688	Arabic Presentation Forms-A	아랍 문자 표현꼴-A
FE00-FE0F	16	Variation Selectors	모양 구별 문자
FE10-FE1F	16	Vertical Forms	세로쓰기 모양
FE20-FE2F	16	Combining Half Marks	조합용 반쪽 기호
FE30-FE4F	32	CJK Compatibility Forms	한중일 호환용 꼴
FE50-FE6F	32	Small Form Variants	작은꼴 변형
FE70-FEFF	144	Arabic Presentation Forms-B	아랍 문자 표현꼴-B
FF00-FFEF	240	Halfwidth and Fullwidth Forms	전각/반각 모양
FFF0-FFFF	16	Specials	특수 제어 문자

SMP(Supplementary Multilingual Plane)

코드 영역	개수	영문 이름	한글 이름
10000-1007F	128	Linear B Syllabary	선상 B 음절 문자
10080-100FF	128	Linear B Ideograms	선상 B 상형 문자
10100-1013F	64	Aegean Numbers	에게 숫자
10140-1018F	80	Ancient Greek Numbers	옛 그리스 숫자
10300-1032F	48	Old Italic	옛 이탈리아 문자
10330-1034F	32	Gothic	고트 문자
10380-1039F	32	Ugaritic	우가리트 문자
103A0-103DF	64	Old Persian	옛 페르시아 문자
10400-1044F	80	Deseret	데저렛 문자
10450-1047F	48	Shavian	샤우 문자
10480-104AF	48	Osmanya	오스마냐 문자
10800-1083F	64	Cypriot Syllabary	키프로스 음절 문자
10900-1091F	32	Phoenician	페니키아 문자
10A00-10A5F	96	Kharoshthi	카로슈티
12000-123FF	1024	Cuneiform	쐐기 문자
12400-1247F	128	Cuneiform Numbers and Punctuation	쐐기 문자 숫자 · 문장부호
1D000-1D0FF	256	Byzantine Musical Symbols	비잔틴 시대의 악보용 기호
1D100-1D1FF	256	Musical Symbols	악보용 기호
1D200-1D24F	80	Ancient Greek Musical Notation	고대 그리스 시대 악보 기호

코드 영역	개수	영문 이름	한글 이름
1D300-1D35F	96	Tai Xuan Jing Symbols	태현경 기호
1D400-1D7FF	1024	Mathematical Alphanumeric Symbols	수학식에서 쓰이는 알파벳
1F000-1F02B	44	Mahjong Tiles	마작패
1F030-1F093	100	Domino Tiles	도미노패
1F0A0-1F0DF	59	Playing Cards	트럼프
1F100-1F1FF	169	Enclosed Alphanumeric Supplement	영숫자 원 문자 보조
1F200-1F251	58	Enclosed Ideographic Supplement	한자 원 문자 보조
1F300-1F5FF	529	Miscellaneous Symbols And Pictographs	그 외 기호와 에모지 (絵文字, Emoji)
1F600-1F64F	76	Emoticons	이모티콘
1F680-1F6C5	70	Transport And Map Symbols	교통과 지도의 기호
1F700-1F773	116	Alchemical Symbols	연금술 기호

SIP(Supplementary Ideographic Plane)

코드 영역	개수	영문 이름	한글 이름
20000-2A6DF	42720	CJK Unified Ideographs Extension B	한중일 통합 한자 확장-B
2A700-2B73F	4149	CJK Unified Ideographs Extension C	한중일 통합 한자 확장-C
2B740-2B81F	222	CJK Unified Ideographs Extension D	한중일 통합 한자 확장-D
2F800-2FA1F	544	CJK Compatibility Ideographs Supplement	한중일 호환용 한자 보충

SSP(Supplementary Special-purpose Plane)

코드 영역	개수	영문 이름	한글 이름
E0000-E007F	128	Tags	태그
E0100-E01EF	240	Variation Selectors Supplement	모양 구별 문자 보충

PUA(Private Use Area)

코드 영역	개수	영문 이름	한글 이름
F0000-FFFFF	65536	Supplementary Private Use Area-A	사용자 영역 보충-A
100000-10FFFF	65536	Supplementary Private Use Area-B	사용자 영역 보충-B

유니코드 엿보기

참고자료 및 예문 출처

참고자료

벤 포터, 김경우 옮김, 『손에 잡히는 정규표현식』,
인사이트, 2009.

Peter Kahrel, 『GREP in InDesign CS3/4』,
O'reilly, 2008.

제프리 프리들, 서환후 옮김, 『정규 표현식
완전 해부와 실습』, 한빛미디어, 2003.

마이클 피츠제럴드, 이수진·이성희 옮김,
『처음 시작하는 정규표현식』, 한빛미디어, 2013.

잰 고이바에르츠·스티븐 리바이선 지음,
김지원 옮김, 『한 권으로 끝내는 정규표현식』,
한빛미디어, 2010.

www.kahrel.plus.com/indesign/grep_mapper.html

www.regexr.com

www.unicode.org

예문 출처

예문 1.1, 1.2, 1.3, 1.4, 1.5, 8.10
helpx.adobe.com/kr/indesign/using/drop-caps-
nested-styles.html

예문 1.6
ko.wikipedia.org/wiki/이우

예문 1.7, 1.8, 1.9
ko.wikipedia.org/wiki/감칠맛

예문 2.1, 2.2, 2.3, 2.4
ko.wikipedia.org/wiki/디자인

예문 2.5
ko.wikipedia.org/wiki/속씨식물

예문 2.6, 2.7
en.wikipedia.org/wiki/Coffee

예문 2.8, 2.9, 2.10, 2.11, 2.12, 2.13
ko.wikipedia.org/wiki/DNA_수선

예문 2.14, 2.15, 2.16, 2.17
ko.wikipedia.org/wiki/붙임표

예문 3.1, 3.2, 3.3, 3.4, 3.5
ko.wikipedia.org/wiki/요하네스_구텐베르크

예문 3.6, 3.7
ko.wikipedia.org/wiki/제2차_세계_대전

예문 3.8, 3.9, 3.16, 3.17, 3.18, 3.19, 3.20, 3.21, 3.22,
3.24, 3.25, 3.26, 3.27, 3.28, 3.29
ko.wikipedia.org/wiki/밑줄_문자

예문 3.10, 3.11, 3.12, 3.13, 3.14, 3.15, 3.23
ko.wikipedia.org/wiki/Tab_키

예문 3.31, 3.32
en.wikipedia.org/wiki/Digraph_(orthography)

예문 4.1, 4.2
ko.wikipedia.org/wiki/괄호

예문 4.9, 4.10, 4.11
ko.wikipedia.org/wiki/신용등급

예문 4.12, 4.13, 4.14, 4.15, 4.16, 10.4, 10.5, 10.6
ko.wikipedia.org/wiki/제1차_세계_대전

예문 4.17, 4.18, 4.19, 4.23, 4.24
ko.wikipedia.org/wiki/명성황후

예문 4.20, 4.21, 4.22
en.wikipedia.org/wiki/C_standard_library

예문 5.1, 5.2
ko.wikipedia.org/wiki/IP_주소

예문 5.3, 5.4
ko.wikipedia.org/wiki/차_(음료)

예문 5.5, 5.6, 5.7
ko.wikipedia.org/wiki/분석심리학

예문 6.1, 6.2, 6.3, 6.4, 8.13, 8.14, 8.15, 8.16, 8.18
ko.wikipedia.org/wiki/대한민국의_조세제도

예문 6.5
ko.wikipedia.org/wiki/꽃

예문 6.6
ko.wikipedia.org/wiki/케이크

예문 6.7, 6.8, 6.21, 6.22, 6.23
ko.wikipedia.org/wiki/카스텔라

예문 6.9, 6.10, 6.11, 6.12, 6.13, 6.14, 6.15, 6.16, 6.17,
6.18, 6.19, 6.20
ko.wikipedia.org/wiki/공포_장애

예문 7.1, 7.2, 7.6
ko.wikipedia.org/wiki/정신분석학

예문 7.3, 7.4, 7.5, 7.9
en.wikipedia.org/wiki/Cat_communication

예문 7.7, 7.8, 7.10, 7.11, 7.12, 7.13
ko.wikipedia.org/wiki/가시광선

예문 8.1, 8.2, 8.3, 8.4, 8.5, 8.6, 8.7, 8.8, 8.9, 8.17
ko.wikipedia.org/wiki/피아노

예문 9.1, 9.2, 9.3, 9.4, 9.5, 9.6
ko.wikipedia.org/wiki/오덴

예문 9.7, 9.8
ko.wikipedia.org/wiki/앤디_워홀

예문 10.1, 10.2, 10.3
ko.wikipedia.org/wiki/커피

글꼴 섞어 쓰기 예문, 첨자 예문
ko.wikipedia.org/wiki/윌리엄_셰익스피어

고정된 개체 일괄 삽입하기 예문
ko.wikipedia.org/wiki/Home_키

태그로 원고 정리하기 예문
ko.wikipedia.org/wiki/포메라니안

목록 변환 예문
ko.wikipedia.org/wiki/서울_암사동_유적

인용문 간격 벌리기 예문
ko.wikipedia.org/wiki/프랭클린_D._루스벨트

각주 예문
ko.wikipedia.org/wiki/회색늑대

찾아보기